人の暮らしを変えた

植物の化学戦略

香り・味・色・薬効

黒柳正典

築地書館

はじめに

　地球上の生物は、食料となる何らかの有機化合物を摂取し代謝することでエネルギーを作り、生命を維持し子孫を残している。我々人間も例外でなく、毎日食事をして栄養となるものを体内に取り込みエネルギーとして生命を維持し、繁栄している。そのもととなる有機化合物は究極的には一次生産者である植物によって与えられたものである。まさに植物に生かされていることになる。

　植物は光合成を行うことで自ら生きていくためのエネルギーを作ることができるようになり、動物とは異なる生き方をするために二次代謝産物という、いわゆる植物成分を生合成しこれを利用する生存戦略を確立した。人類は、植物が自らのために生合成する二次代謝産物の存在は知らなかったが、植物の有用性を知り、有史以前から香料、スパイス、色素や生薬として利用してきた。科学技術の進歩した現代においても香料、甘味物質、色素、機能性物質、医薬品などの多くを植物基原の二次代謝産物に依存することで我々の生活を豊かにしている。我々人類は植物から計り知れない恩恵を受けていることになる。

　前著『植物　奇跡の化学工場』では植物がかくも多彩な二次代謝産物をなぜ生合成しているのかに焦点を絞り、どのようにして己の生存に用いているのかという視点でお話しした。今回は、植物が生産する二次代謝産物を我々人間がいかに利用し日々の生活を豊かにしているのかという視点でお話しする。

植物は光合成を行うことで地球のエネルギー循環を駆動し生命維持を担うとともに大地に根を下ろして生きる選択をした。その結果、二次代謝産物を利用する生存戦略を進化させている。植物の二次代謝産物の生合成は人知の及ばないほど合理的かつ巧みであり、人類の最先端の合成化学技術を凌駕するものである。植物の二次代謝産物は多彩な化学構造と機能を持っている。そんな二次代謝産物をなぜ植物は生合成するのか、どのように役立てているのか、二次代謝産物とはどんなものなのかなどについて第1章で述べる。

植物は子孫を残すため受粉を効率的に行うことが必要である。また、熟した種子を広く放散し生息域を広げていく必要がある。そのため他の生物の力を借りる目的で、花から魅力的な香りを発散し、甘い蜜を提供して花粉の媒介者を誘っている。また、熟した種子を広く散布してもらうため、果実を甘くし良い香りを放ち、媒介者を誘う方法を進化させている。これらの香りや味覚は我々にとっても魅力的で、人々の生活を豊かにしているが、それらの二次代謝産物は植物によりさまざまだ。身近なバラの香りから植物由来の甘味物質まで、第2章で紹介する。

植物は、多くの草食動物や昆虫にとって魅力的な、そして必須なエネルギー源である。そのため多くの植物が食害を受けるが、植物も黙っていない。植食者が嫌がるような刺激的な味や香りを持つ物質を生合成して体内に蓄え、食害から我が身を守る方法を進化させている。しかし人間はこれらの刺激物質を嗜好品に変え、スパイスやハーブとして利用することで食生活などを豊かにするという抜け目なさを発揮している。植物が生み出す辛味や刺激物質について第3章で述べる。

四季それぞれに咲きほこる美しい花は、我々にとっても日々の生活に潤いを与えてくれるが、目立つ花の形や特に色彩は花粉の媒介を助けてくれる昆虫を誘うための植物の化学戦略である。また、熟した果実のさまざまな色も、種を広く放散し子孫繁栄のために他の生物の力を借りる植物が編み出した方法である。これらの植物基原の色素も我々人間の日々の生活に彩りを与えてくれる重要な植物からの贈り物となっている。この植物基原の色素について第4章で述べる。

植物は光合成を効率的に行うために葉を広げ、枝を伸ばしている。そのため植物は有害な紫外線を容赦なく受けることになり、多くの過酸化物にも晒されることになる。そこで、植物は有害紫外線の遮蔽や酸化ストレスを防ぐための手段として、フラボノイドやカロテノイドを生合成している。フラボノイドやカロテノイドは抗酸化活性作用をはじめとするいろいろな機能性を持っており、生活習慣病などの緩和や予防に効果がある食品中の機能性物質として期待され利用されている。食品中の機能性物質に関して、フラボノイドおよびカロテノイドを中心に第5章で述べる。

5000年以上の昔から、エジプト、メソポタミア、インド、中国など世界の文明の開かれた土地で、植物には何らかの生理活性のあることが知られており、植物基原の生薬が病気の治療に用いられてきた。その伝統は今でも医療の現場で生きている。我が国では漢方処方などに多くの生薬が用いられている。特に有名な生薬や身近な植物が生薬として用いられている例について第6章で述べる。

植物が生産する二次代謝産物の中で、特にアルカロイドをはじめとする生理活性の強いものは、古くからその存在が知られている。特に強い生理活性を含む植物の多くは有毒植物としても知られていたが、ヒトの知恵でうまくコントロールすることにより医薬品である生薬として病気の治療に用いられるようになっている。このような薬用植物の中から医薬品を取り出すことも行われ、19世紀の半ば頃から次々と生理活性物質が分離され、多くの植物基原の医薬品が開発され治療に用いられてきた。これら植物基原の医薬品について第7章で述べる。

本文中では記述できなかった関連事項で、特に興味が持たれるものについては、コラムとして紹介しているので、参考にしていただきたい。また、本文中で説明できない専門用語はできるだけわかりやすくなるように心掛けて、巻末の用語解説で説明した。

植物は単に食品として我々の栄養源になっているだけでなく、植物が生合成する二次代謝産物が我々の日々の生活を豊かにし、そして健康に大きく寄与してくれていることを感じていただければと考える。

目次

第2章　鳥・虫・人を引きつける香りと甘味

第3章　食害忌避の辛味と刺激物質　81

第6章　植物は生薬の宝庫

第1章　植物が支える地球の生命

生命誕生と進化

地球以外に生命は存在するのか、我々は広い宇宙で唯一の生き物なのか？　我々はいつどんなふうに生まれてきたのか？　生命誕生に関してはほとんどわかっていないのが現実である。そのため、神が生命を誕生させた超自然説、生命は宇宙から地球にやってきたという宇宙起源説（パンスペルミア説）、地球の中で化学進化が起こりこれに続いて原始生命が誕生したという地球起源説がある。まったく光の届かない深海の熱水噴出孔の周りに多くの生物が棲む生物圏が世界中で見つかったことから、地球起源説に注目が集まっている。

諸説あるが、地球上に生命が誕生したのは約38億年前とされる。化学進化により低分子の化合物から作られたより複雑なペプチドや核酸のような高分子が集合することにより原始生命が誕生したと考えられている。この原始的な生命体から現在の細菌に相当する原核細胞に進化して繁栄した。その頃の地球は高濃度の二酸化炭素に覆われ、酸素が存在せず嫌気性細菌が繁栄していた。約27億年前には、太陽のエネルギーを利用して二酸化炭素と水から有機化合物を作り酸素を放出する細菌であるシアノバクテリアが嫌気性菌から進化し、海中で大繁殖した。その結果、生物に有害な酸素分子が地球の大気中に現れることになった。

有害な酸素を避けて生活していた嫌気性細菌の中から、酸素を利用して有機物質から効率的にエネルギーを取り出すことのできる好気性細菌が誕生した。一方、遺伝子が細胞質中に分散して存在する原核細胞から遺伝子を膜組織で包んだ核を持つより高機能の真核細胞が誕生した。真核細胞は好気性細菌であるミトコンドリアと共生し、代謝能力が格段に向上した生物が誕生した。この高い代謝能力を持つ単細胞生物は多細胞生物となり、動物へと進化した。

やがて、ミトコンドリアが共生した真核細胞に光合成能力を持ったシアノバクテリアが共生することで自ら栄養を作り出すことのできる光自立栄養生物が誕生し、多細胞生物に進化し植物となった。自らエネルギーを作り出すことができる植物は、餌を求めて動き回るという無駄なエネルギーを使わなくてすむよう、地に根を下ろして生活する生き方を選択したのである。

炭素循環と窒素循環

植物は、二酸化炭素（CO_2）と水（H_2O）を材料に、太陽エネルギーを利用し光合成を行い、ブドウ糖（グルコース）を作り出すことができる。このブドウ糖を出発物質として、解糖系、糖代謝、アミノ酸代謝、脂肪酸代謝、タンパク質合成、核酸合成など生物が必要な生体成分が供給されている。草食動

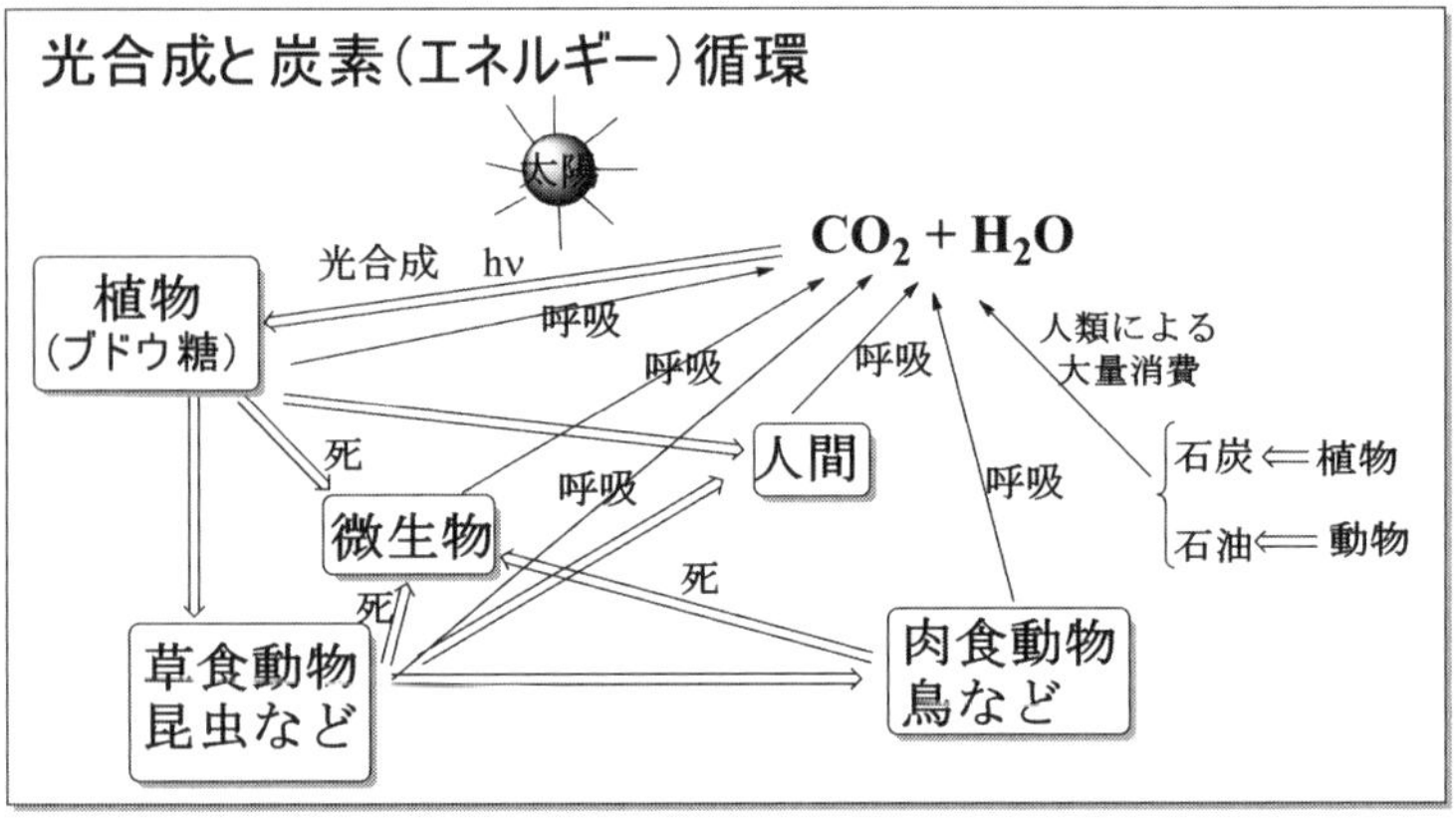

図1-1　植物は二酸化炭素と水を原料に、太陽の光を利用して光合成を行いブドウ糖を合成する。ブドウ糖から一次代謝を経由して、生きていくために必要な生体成分を合成し成長していく。その植物を草食動物や昆虫が食べ成長する。その草食動物を肉食動物が、昆虫を鳥が食べ、食物連鎖が回転する。人間や微生物もそれぞれ関連してくる。すべての生物が呼吸を行い有機物は二酸化炭素と水になり、炭素循環が一周する。

物や昆虫は植物を食料とし生きていく。肉食動物は草食動物を、鳥などは昆虫を食料として生活している。

そしてこれら生物の死骸や排泄物は微生物により代謝(呼吸)され炭酸ガスと水になる。すべての生物は摂取したものを代謝(呼吸)し最終的には二酸化炭素と水に戻し、炭素循環が一周する(**図1-1**)。この炭素循環により供給される食物を代謝してエネルギーを得ることで、我々生物は生きている。我々人間は、この食物連鎖の頂上に位置して繁栄を享受している。

好気性生物である植物や動物の解糖系で得られる最終産物のアセチル-CoAは、クエン酸回路に取り込まれクエン酸はじめコハク酸、リンゴ酸などの有機酸に変化し、さらにさまざまなアミノ酸に変換される。クエン酸回路はさらに、酸素を用いた呼吸鎖につながるこ

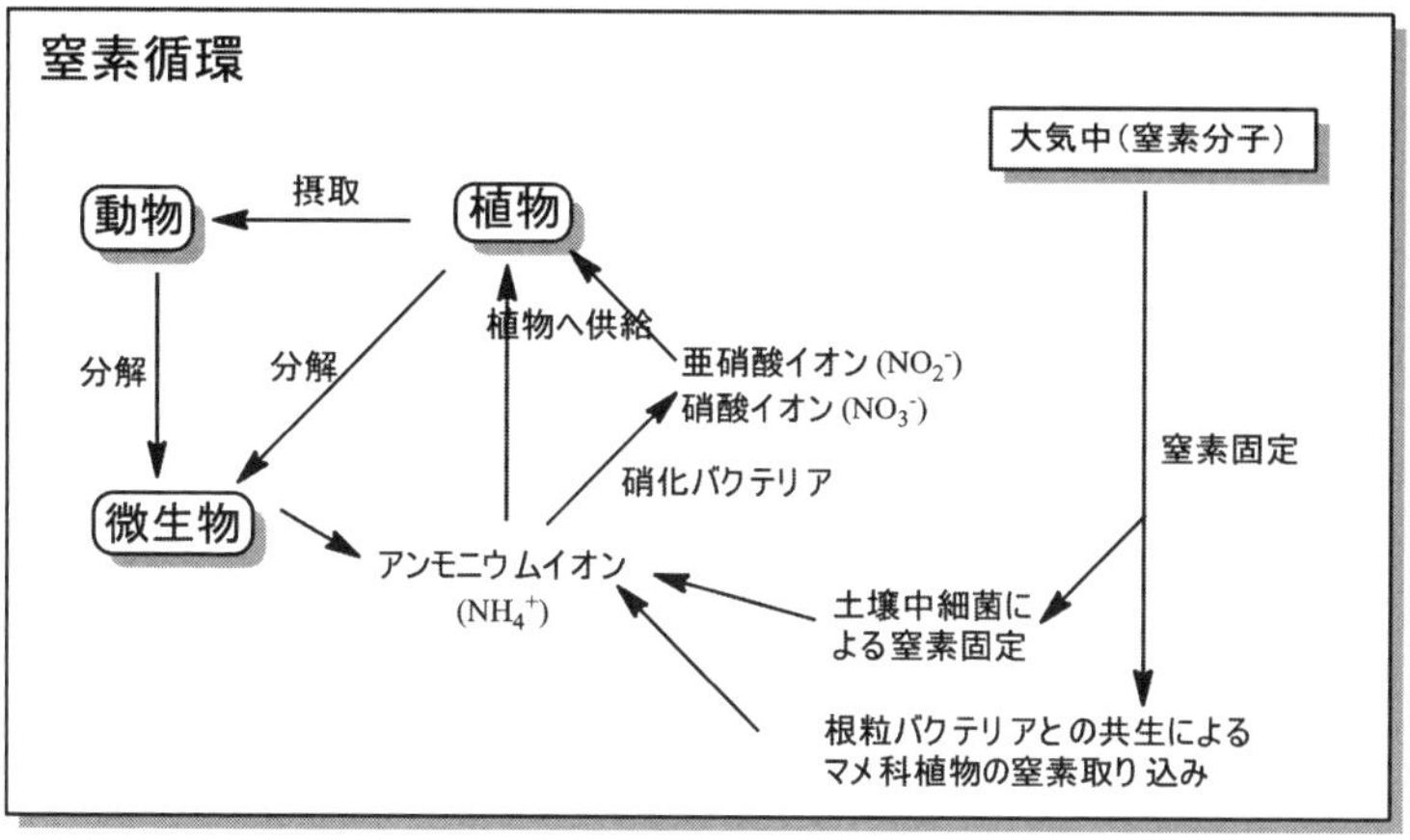

図1-2　炭素の循環がエネルギーの循環であったのに対して、窒素の循環は生命維持に必須な窒素を生物が効率よく取り込むために働いている。植物は窒素固定を行うことができないが、微生物が固定した無機窒素化合物を取り込み、食物連鎖を経由してすべての生物に窒素がいきわたるように働いている。

とで生物のエネルギー源であるアデノシン三リン酸（ATP）を効率的に供給する。その結果好気性生物は活発に生活し、成長し、繁殖することができる。

　もし地球上から植物が姿を消せば、動物たちはもちろん人間も、生きていくための糧を失い絶滅していく運命である。我々動物は植物によって生かされていることになる。

　炭素とともに我々生物に必須な元素として窒素がある。窒素は生物の生命現象を司る酵素や受容体、筋肉などのタンパク質を構成するアミノ酸の必須元素であり、また遺伝子であるDNAや、タンパク質合成における転写や翻訳で働くRNAなどの核酸にもなくてはならないものだ。この窒素循環においても我々は植物の恩恵を受けている（**図1－2**）。地球大気中には窒素分子（N_2）が78％を占めているが、窒素分子は非常に安定で、化学的に変換し利用することは容易ではない。

我々動物はもちろん植物も、窒素分子を還元したり酸化したりすることはできないため窒素を直接体内に取り込むことはできないが、ニトロゲナーゼという酵素を持った一部の微生物は窒素分子を無機窒素化合物として利用する能力を持っている。マメ科などの一部の植物は、窒素分子を固定することができる根粒バクテリアと共生することで、アンモニウムイオン（NH_4^+）の形で窒素を利用することが可能となっている。

この他には、土壌細菌が窒素固定したり、生物の排泄物や死骸を微生物が分解することで供給されるアンモニウムイオンや、消化バクテリアでさらに代謝された亜硝酸イオン（NO_2^-）、硝酸イオン（NO_3^-）などの無機の窒素化合物を植物が吸収しアミノ酸などに取り込んだりすることで、タンパク質や核酸を合成し生命活動を行っている。

この植物への取り込みを出発とする食物連鎖で、動物も窒素を体内に取り込むことができる。我々人間は、野菜、果物、肉や魚を食べることで窒素を取り込む。このように、タンパク質や核酸への窒素原子の取り込みには、植物によるアンモニアや亜硝酸塩、硝酸塩などの無機窒素化合物の取り込みが生物における窒素の循環で重要な駆動力になっている。

地球の生物は、植物による光合成が駆動力となる炭素循環と、微生物の助けを借りた植物による無機窒素の吸収をきっかけとする窒素循環のおかげで生かされているのである。

生物の２つの代謝

生物が行う代謝には一次代謝と二次代謝という2つの代謝があり、一次代謝はすべての生物が生きていくために必須の基本的な代謝で、生物種によらず同じ代謝系が働いている。二次代謝は、動物のように能動的な生き方が困難な植物と微生物が行うもので、二次代謝産物という化学物質を用いて他の生物との生存競争に対応する。

一次代謝——生命維持のための基本的な代謝

一次代謝は、炭素循環の中で獲得した有機化合物や窒素循環の過程で取り込んだアミノ酸などを用いて行われる。一次代謝は生物にとって生命維持と子孫の繁栄のために必要不可欠な代謝系で、微生物でも、植物でも、動物でも生物種によらず基本的に同じ代謝系が働いている。

図1-3に示すように、植物が光合成で作り出したブドウ糖（グルコース）がもととなり、解糖系を経てアセチル-CoAやピルビン酸、グリセロアルデヒドなどに誘導され、糖代謝により各種の糖誘導体が合成される。アセチル-CoAは、脂質代謝により脂肪酸に合成されるだけでなく、クエン酸回路に入り各種のカルボン酸誘導体になり、これらカルボン酸誘導体がアミノ酸に変換される。糖代謝、アミノ酸代謝、脂質代謝などを経由し、各種の糖、アミノ酸、脂質が供給される。アミノ酸からはタンパク質や核酸が合成される。このようにして、生物が生きていくために必要なアミノ酸、タンパク質、核酸、糖、脂質等の生合成や代謝が行われる。

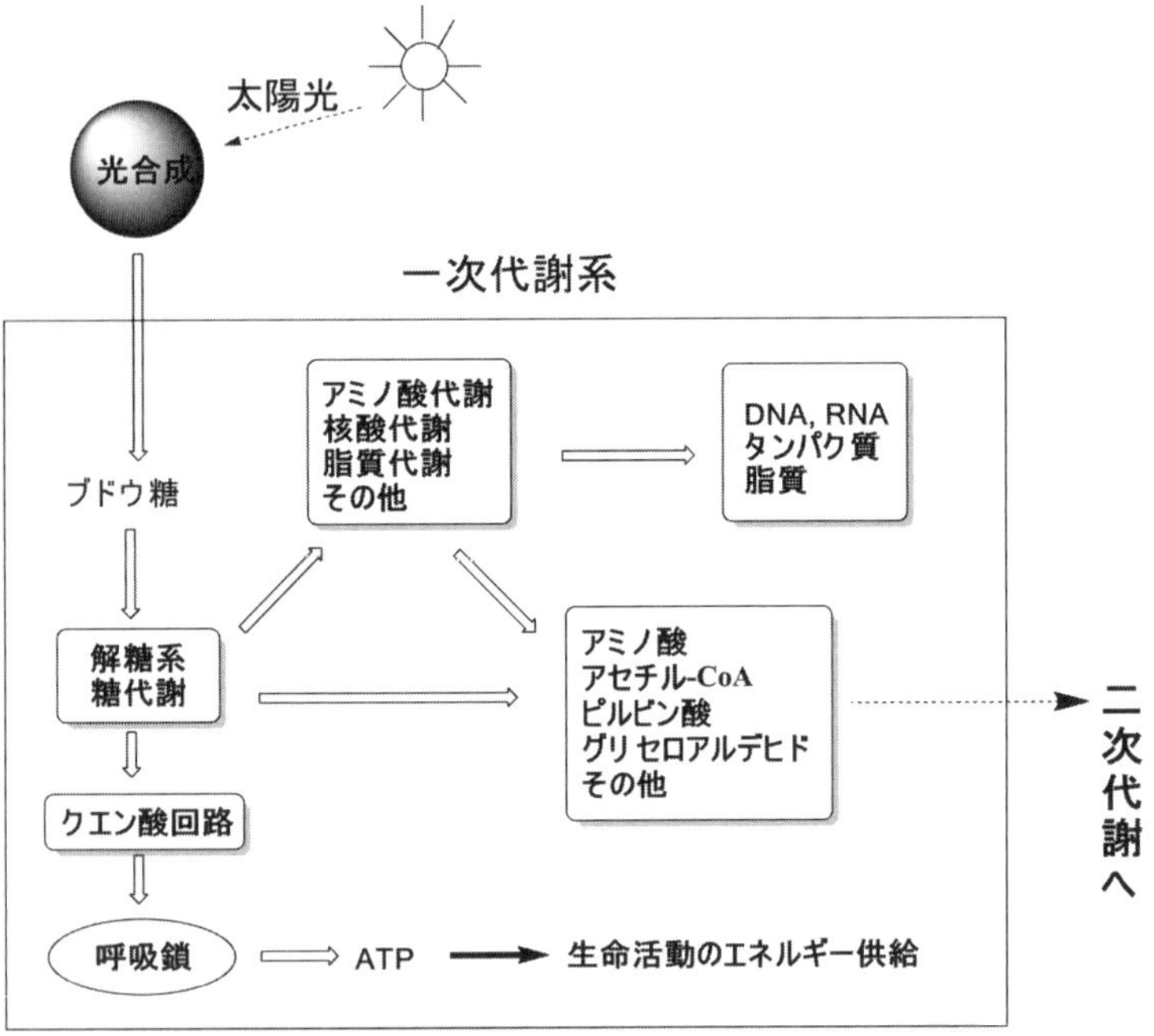

図 1-3　すべての生物は生命維持のために一次代謝を行っている。基本的に一次代謝系は、動物、植物、微生物のすべての生物で共通である。

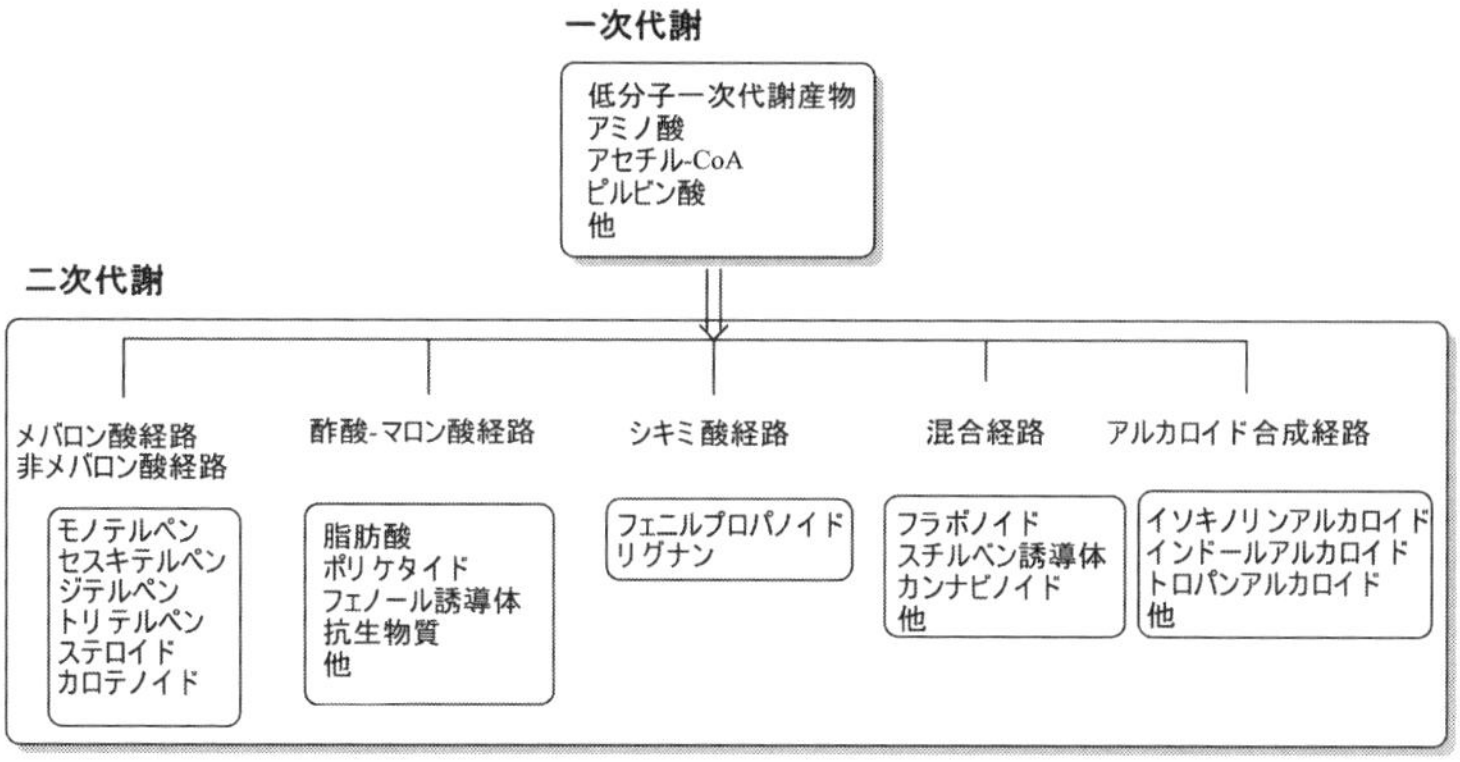

図1-4　低分子の一次代謝産物を材料として、いくつかの生合成経路を経て二次代謝産物が生合成される。生合成経路により炭素骨格が異なり、多彩な二次代謝産物が生合成される。植物はすべての二次代謝産物を生合成することができるが、微生物は酢酸-マロン酸経路を経由する二次代謝産物の生合成を得意としている。

クエン酸回路から供給されるNADHやNADPHは呼吸鎖へ受け継がれ、酸素を用いることで生物が生きるためのエネルギー源となるATPの合成が行われている。呼吸鎖を持たない嫌気的な生物に比べ、ミトコンドリアの共生で呼吸鎖を持つ好気的な生物は19倍の高率でATPの供給を行うことができる。

二次代謝——植物と微生物の化学戦略

一次代謝から供給されるアミノ酸や糖、低分子化合物を材料にして、植物と微生物は二次代謝産物を生合成し、自らの生存と繁栄のため利用するという化学戦略を進化させた。二次代謝産物の化学構造は生物種により異なり、テルペノイド、ポリケタイド、フェニルプロパノイド、フラボノイド、アルカロイドなど多彩な炭素骨格を持つ二次代謝産物が生合成される。二次代謝産物は、植物と微生物では大きな違いがあり、植物の種類によっても違いがある。

さらに図1-4に示すように、多くの生合成経路がある。テルペノイドの生合成はメバロン酸経路や非メバロン酸経路によって、脂肪酸誘導体や抗生物質類は酢酸-マロン酸経路によって、フェニルプロパノイドやリグナン類はシキミ酸経路によって、フラボノイドなどはシキミ酸経路と酢酸-マロン酸経路の混合経路によって生合成される。生理活性の強いアルカロイドは基本的にアミノ酸から生合成される。

植物は多くの経路を経由して盛んに生合成を行い、多彩な二次代謝産物を生産している。植物の生合成する二次代謝産物は変化に富む化学構造を持っているとともに、生理活性も強いものから穏やかなものまで幅広い。そのため医薬品だけでなく、健康のための機能性物質や生活を豊かにするさまざまな物質として利用されている。一方、微生物は、酢酸-マロン酸経路を経由する生合成を得意としている。微生物の生合成する二次代謝産物は生理活性の強いものが多く、もっぱら抗生物質をはじめとする先端の医薬品として利用されている例が多い。

生合成経路による二次代謝産物の分類

二次代謝産物は、その生合成経路の違いにより、それぞれ特徴的な炭素骨格を持ち、その生合成経路から、テルペノイド、ポリケタイド、フェニルプロパノイド、フラボノイド、アルカロイド、そして混合経路による誘導体に分類される。

高等植物から得られ報告されている天然有機化合物は5万種余りとされ、タイプ別では、アルカロイド等窒素を含有する誘導体が2万3000種余り、テルペノイド誘導体が2万2000種余り、ポリフェノールの代表でもあるフラボノイド誘導体が約5000種などといわれている。

以下、生合成経路別の各グループの特徴を見ていこう。

●テルペノイド——多彩な炭素骨格を持つ

イソプレンという言葉を聞いたことがあると思う。天然ゴムは、炭素数5個のイソプレン単位が多数重合した物質である。このイソプレンがつながった化合物群をテルペノイドあるいはイソプレノイドと総称する。そのため、テルペノイドは基本的には炭素数が5の整数倍の炭素骨格を持っている。

長い間、テルペノイドはメバロン酸（MVA）経路で生合成されるイソペンテニル二リン酸（IPP）を経由し生合成されるとされ、教科書にもそのように記載されていた。しかし、MVA経路を経由しない非メバロン酸（MEP）経路の存在が明らかになった。MVA経路では、3つのアセチル-CoAから合成されるMVAを経由してIPPが生合成される。一方、MEP経路では、ピルビン酸とグリセルアルデヒド三リン酸から、比較的複雑な経路を経てメチルエリスリトールリン酸（MEP）経由でIPPが生合成される。MVA経路は、陸上植物の細胞質、動物、古細菌などで、MEP経路は、陸上植物の葉緑体、シアノバクテリア、細菌などで働いている。

IPP以降の生合成経路は両者共通で、炭素数5のイソプレンが重合して各種テルペノイドが生合成される（**図1-5**）。IPPはジメチルアリル二リン酸（DMAPP）と相互に変換する形で存在し、IPPの頭の部分にDMAPPの二リン酸が外れた尻尾の部分（head to tail）がつながってゲラニル二

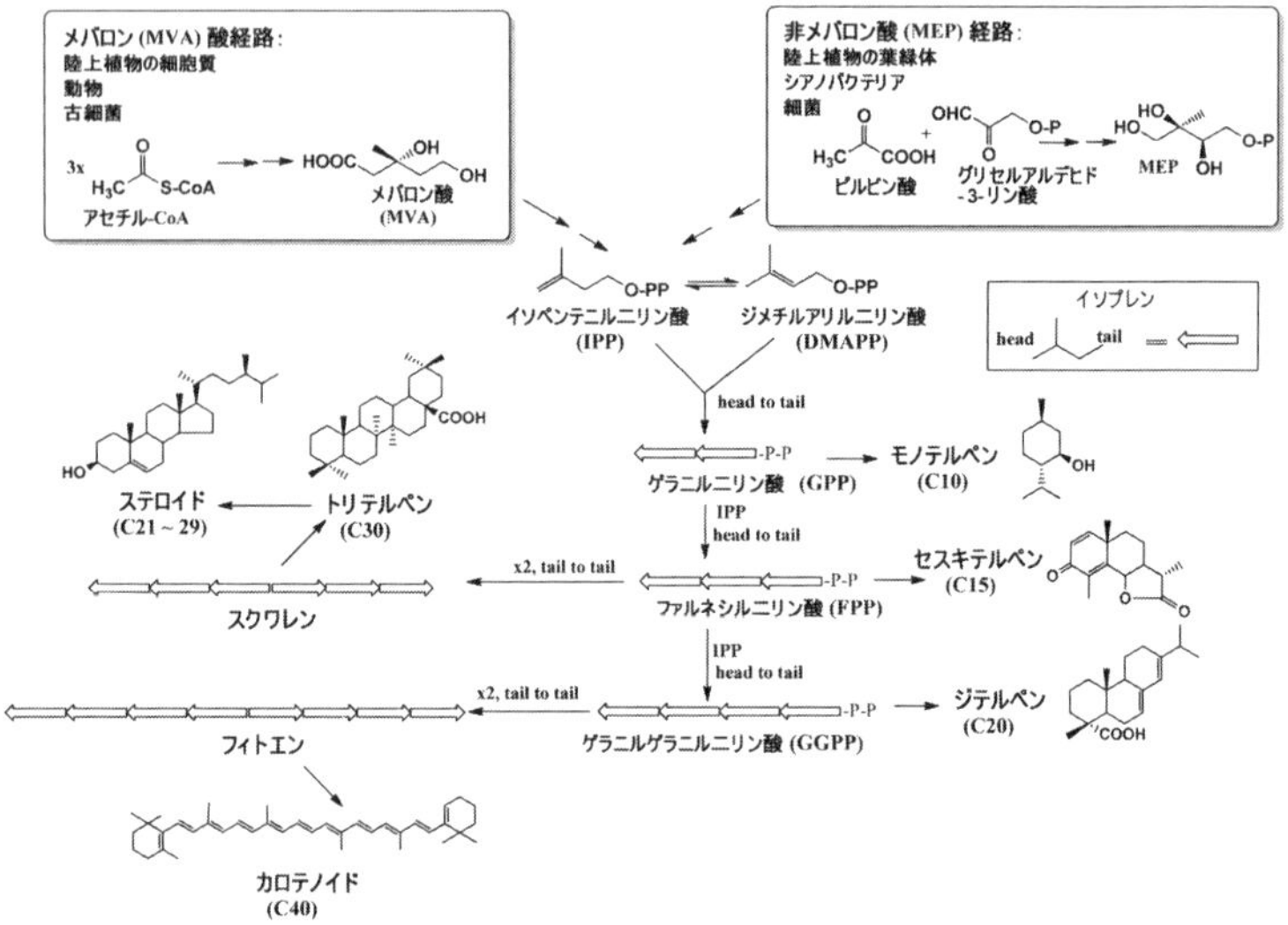

図 1-5　IPP の生合成には、MVA 経路と MEP 経路の２つの経路がある。IPP を出発物質として、モノテルペン、セスキテルペン、ジテルペン、トリテルペン、ステロイド、カロテノイドが生合成される。

リン酸（ＧＰＰ）となる。ＩＰＰの頭にＧＰＰの尻尾がつながりファルネシル二リン酸（ＦＰＰ）になる。同様の反応でＩＰＰとＦＰＰがつながりゲラニルゲラニル二リン酸（ＧＧＰＰ）になる。

　ＧＰＰから二リン酸が外れて環化して炭素数10の環状のモノテルペンが誘導される。同様の反応で、ＦＰＰから炭素数15の環状のセスキテルペンが、ＧＧＰＰからは炭素数20の環状のジテルペンが誘導される。

　一方、2分子のＦＰＰが尻尾と尻尾（tail to tail）でつながり生成するスクワレンを経由して炭素数30のトリテルペンが誘導され、さらに変化してステロイドへ誘導される。2分子のＧＧＰＰが尻尾と尻尾でつながるとフィトエンを経由して炭素数40のカロテノイドが誘導される。

　炭素数の違いによるテルペノイドの代表

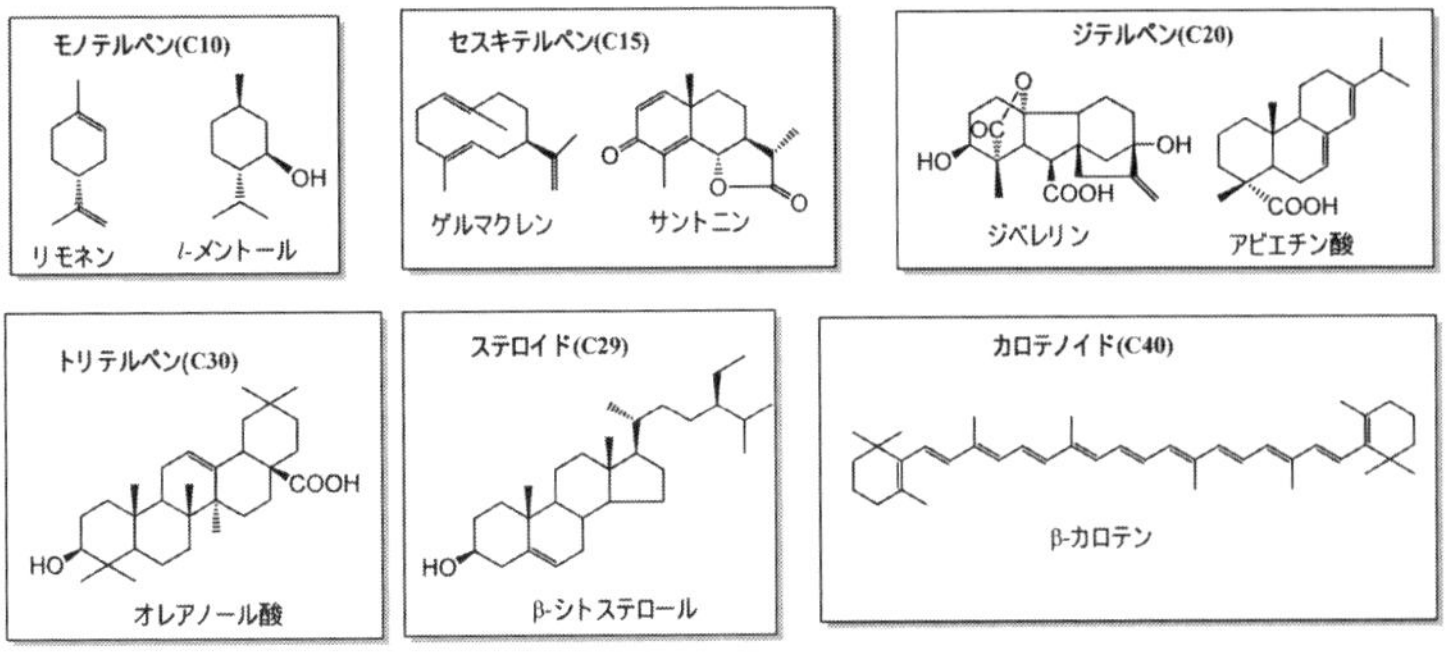

図1-6　モノテルペンは揮発性があるため香気物質として知られたものが多い。セスキテルペンの一部のものは揮発性があり香気物質として、またサントニンなどの医薬品としても知られている。ジテルペンは比較的生理活性の強いものが多く、ジベレリンなどの植物ホルモンやアコニチンなどの有毒物質などが知られている。トリテルペンは植物に大量に存在し比較的穏やかな生理活性を持ったものが多い。ステロイドは細胞膜の構成成分やホルモンなどとして重要な働きを持っている。植物が生合成するカロテノイドを我々は摂取し視覚に役立てている。

的な化合物の例を紹介する（**図1-6**）。

炭素数10のものをモノテルペンと称し、分子サイズが小さく、その多くは揮発しやすいため、リナロール、リモネン、*l*-メントール、ボルネオール、ピネン、カンファーなど独特の香りを持つ。ハーブや果実、花の香りや、森林の香りフィトンチッドのもとになる。

炭素数15のものはセスキテルペンと称し、ゲルマクレンやファルネソールのような一部の揮発しやすいものは香気物質として知られている。生理活性の強いものは比較的少ないが、一部には、駆虫薬サントニンやマラリア治療薬アルテミシニンのような生理活性物質、あるいはシキミの有毒物質ツチン、ワラビの発がん物質プタキロサイドなどが知られている。

炭素数20のものはジテルペンと称し生理

活性の強いものが多く、ジベレリンのような植物ホルモンや、松柏類の主要成分であるアビエチン酸のような抗菌物質、トリカブトのアコニチンやツツジの仲間の植物に含まれるグラヤノトキシンといった有毒物質、抗がん薬であるタキソールなどが知られている。

炭素数30のものはトリテルペンと称し、比較的生理活性の強いものが少なく、代表的化合物としてオレアノール酸が広く植物に分布している。また、その配糖体はトリテルペンサポニンと称し、多くの薬用植物の主要成分として知られている。

トリテルペンから派生するステロイドと呼ばれる化合物は、動物や昆虫、植物のホルモンとして重要な働きを持つものが知られている。男性ホルモン、女性ホルモン、副腎皮質ホルモンもステロイドである。ステロイドの一つであるコレステロールは、動物の細胞膜の構成成分としても重要な働きをしている。また、β-シトステロールは植物ステロイドとして広く分布している。

炭素数が40のカロテノイドと呼ばれる化合物の仲間は、代表的なものとして、β-カロテンやリコペンなどが有名である。第4章で後述するように、カロテノイドは重要な植物色素であり、また、いろいろな生理活性を有していることから我々の健康にも大きく関係している。植物の体内で変換を受け植物ホルモンとして働き、一方で我々人間の体内で変換され視覚に関係した重要な働きを持つ化合物の原料としての役割を担っている。

以上のように、テルペノイドは一般に環状構造を持っている。そして酸化反応が進むことで、水酸基、カルボニル基、カルボキシル基などが加わるとさらに多彩な化学構造を持つ。生理活性を持つものが多く、注目される化合物グループである。

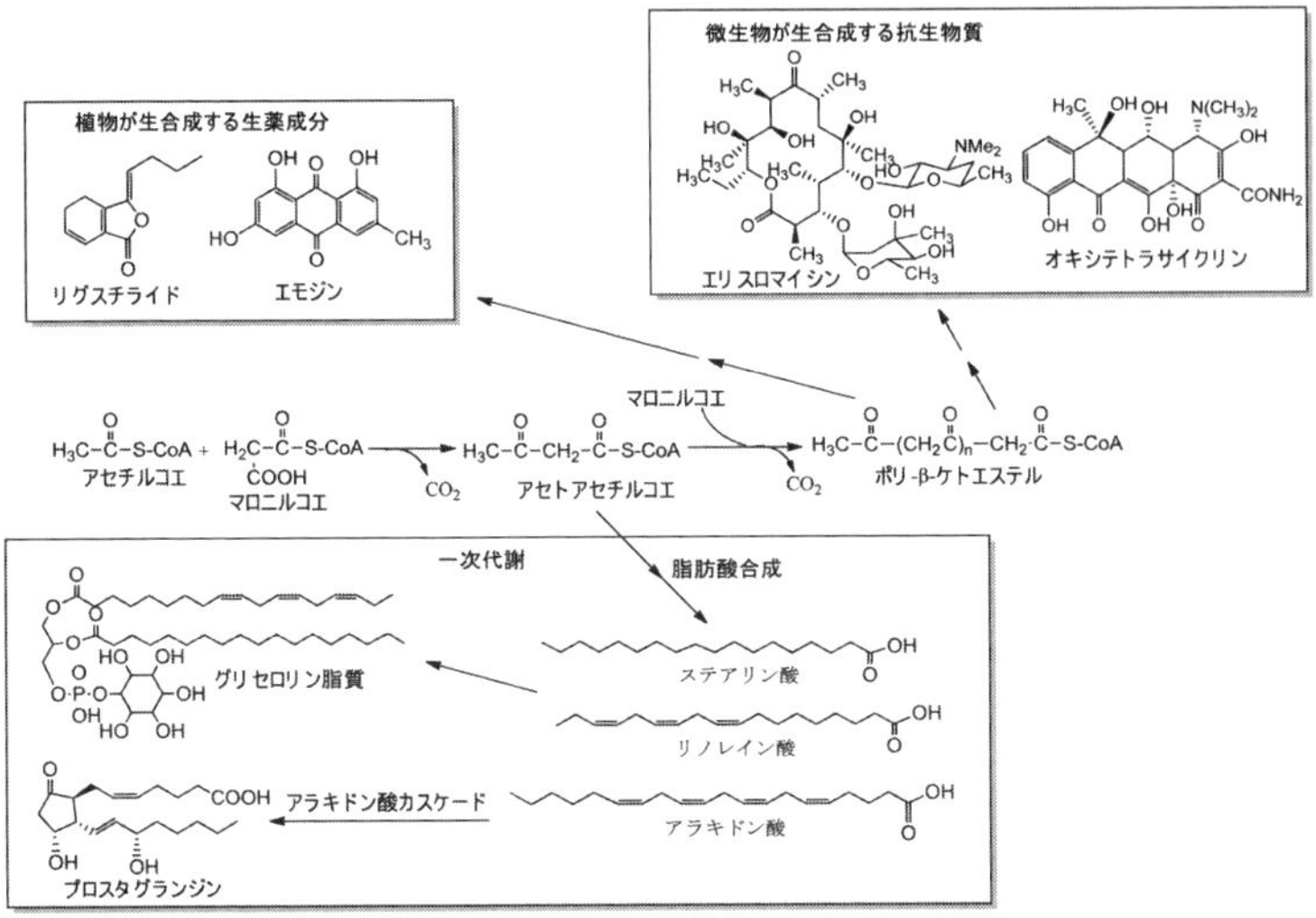

図1-7　酢酸-マロン酸経路はポリケタイドと脂肪酸の生合成の重要な経路で、一次代謝と二次代謝の両方に深く関係している。特に微生物による二次代謝産物の生合成では重要な経路である。

●ポリケタイド——抗生物質の宝庫

ポリケタイドはアセトジェニンともいわれ、酢酸-マロン酸経路により生合成される（**図1-7**）。これらの化合物の生合成経路では、炭素数2の酢酸の誘導体であるアセチル-CoAを先頭にして、炭素数3のマロニル-CoAが脱炭酸を伴って順次縮合することから、酢酸-マロン酸経路と呼ばれている。結果的には炭素数2の酢酸のユニット（$-CH_2-CO-$）がつながっていくことになる。

代表的な成分としては、カルボニル基が一つ置きに存在するポリケタイドと呼ばれる中間体から、さらに環化により芳香族化合物が生合成される。植物成分としては、リグスチライドなどのフタリド誘導体、エモジンなどのアンスラキノン誘導体があり、生薬の有効成分として重要な生理作用を持つものがある。

微生物は酢酸-マロン酸経路を盛んに働かせるため、微生物の二次代謝産物は生理活性ポリケタイド誘導体の宝庫である。ポリケタイドが部分的に還元された大環状誘導体であるエリスロマイシン、オキシテトラサイクリンなどが抗生物質や制がん剤として用いられている。また、マイコトキシンと総称されるカビの成分である芳香族化合物は強力な発がん物質として知られている。

一方、炭素数2のユニットがつながるたびにカルボニル基が還元され脂肪酸が合成される経路も生物にとって重要である。脂肪酸は長いアルキル側鎖を持った有機酸で、炭素数は基本的には2の整数倍で偶数になる。一般的な脂肪酸は、一次代謝産物として重要な働きを担っており、パルミチン酸、ステアリン酸などの飽和脂肪酸、オレイン酸、リノール酸、リノレイン酸などの不飽和脂肪酸がある。これら脂肪酸は、グリセロール、糖やリン酸などが結合し、グリセロリン脂質として細胞膜の重要な構成要素となる。また、栄養素の一つとしてエネルギー源にもなっている。

不飽和脂肪酸であるアラキドン酸からアラキドン酸カスケードという代謝経路を経由して誘導されるプロスタグランジン類は非常に生理活性が強く、炎症、疼痛、発熱、子宮収縮、血管透過性、高血圧、細胞性免疫応答などの多くの生理現象と関係している。

●フェニルプロパノイド――環境問題にも関与

芳香族アミノ酸であるL-フェニルアラニンは、フォスフォエノールピルビン酸とエリトロース-4-リン酸を出発原料としてシキミ酸という重要な中間体を経由し、多段階の反応を経て生合成され、さら

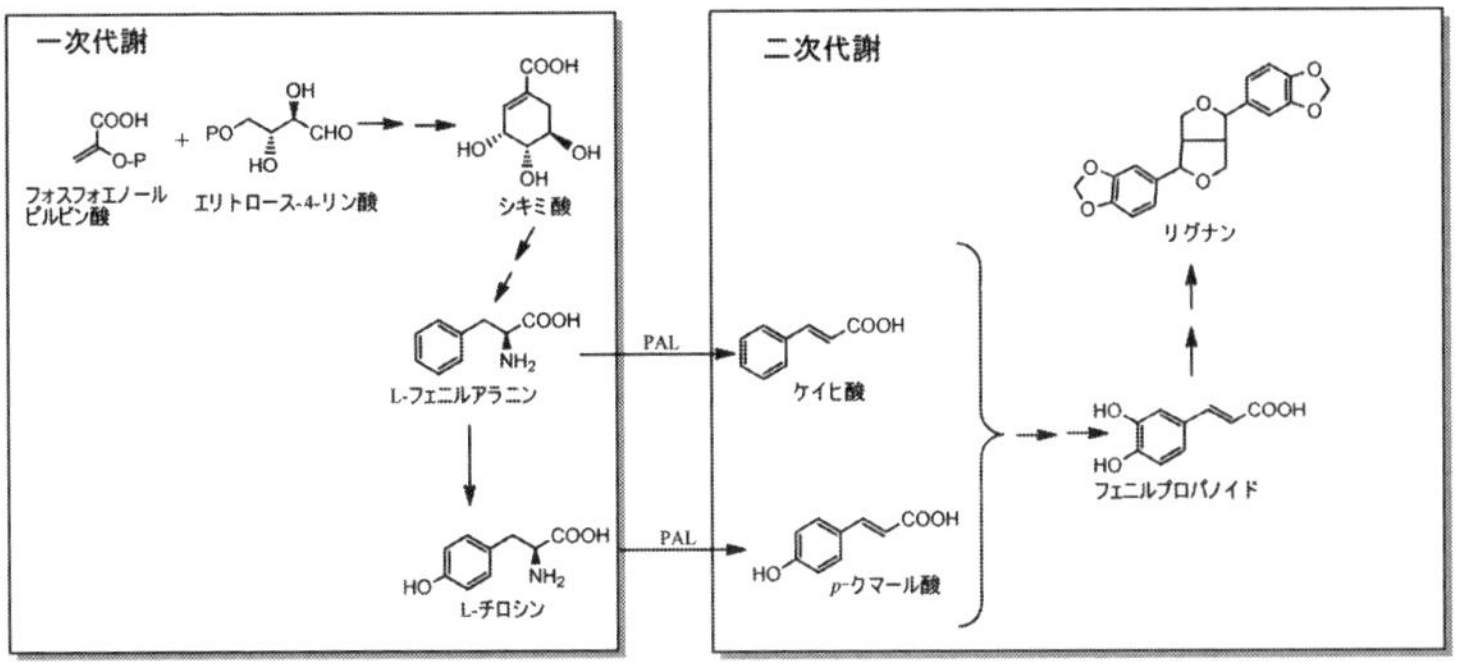

図1-8　シキミ酸が重要な中間体として関与するシキミ酸経路を経て芳香族アミノ酸であるL-フェニルアラニンおよびL-チロシンが合成される。L-フェニルアラニンおよびL-チロシンはPALによりケイヒ酸および*p*-クマール酸が誘導され、さらに各種フェニルプロパノイドやリグナンへ誘導される。

に水酸化を受けてL-チロシンに誘導される。

L-フェニルアラニンおよびL-チロシンはタンパク質を構成する芳香族アミノ酸として重要な一次代謝産物であるが、フェニルアラニンアンモニアリアーゼ（PAL）という酵素によりアミノ基（$-NH_2$）がアンモニア（NH_3）として取り除かれ、炭素-炭素二重結合が形成され、ケイヒ酸および*p*-クマール酸に変換される。つまり、PALという酵素は、一次代謝産物から二次代謝産物へのゲートを開く重要な酵素ということになる。フェニルプロパノイドは、二量化してリグナン誘導体へ変換される（**図1-8**）。

このように、シキミ酸を中間体として進行する生合成経路がシキミ酸経路である。この経路で生合成されるフェニルプロパノイドは、基本的にC_6-C_3の炭素骨格を持つ9個の炭素から構成されている。炭素が酸化的に除去されたC_6-C_2やC_6-C_1の炭素骨格を持つものもある（**図1-9**）。

C_6-C_3骨格にはシナモンの特徴である甘い香りの成

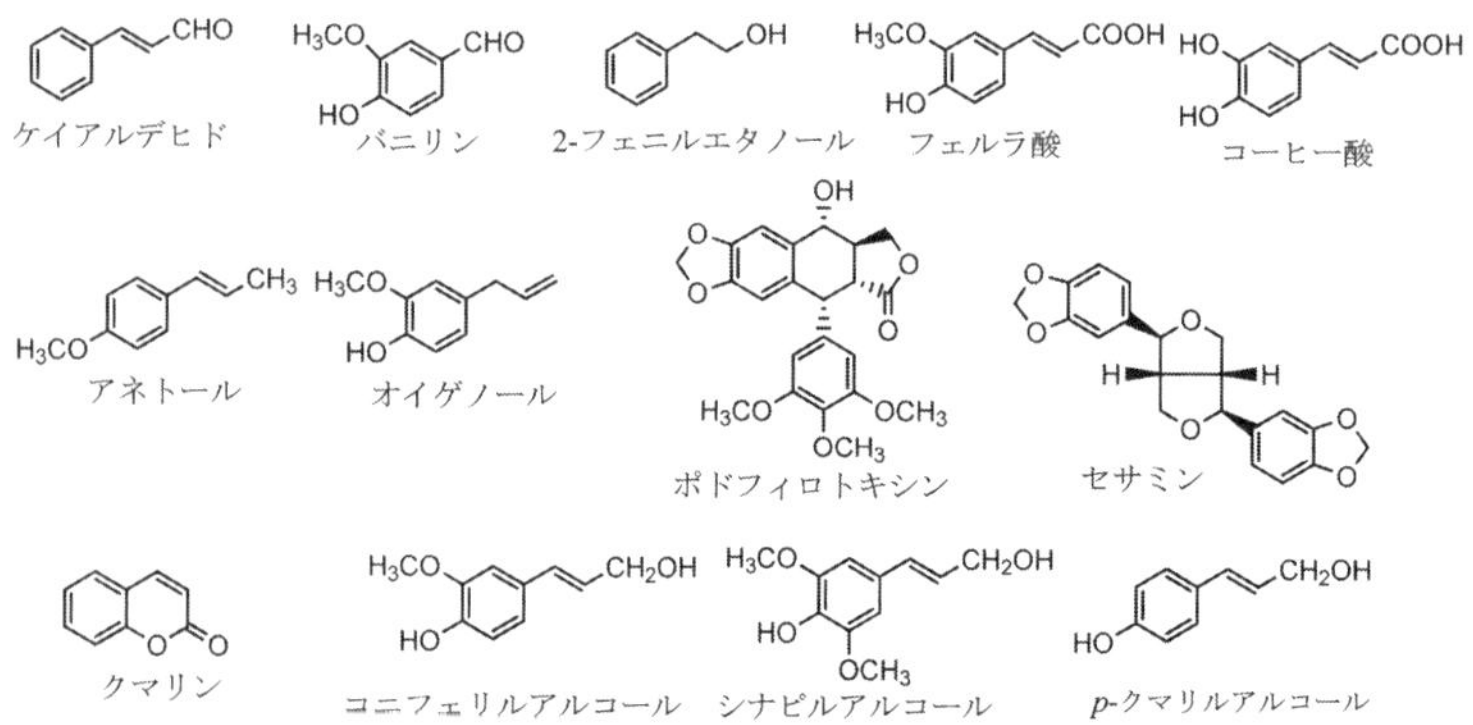

図 1-9　フェニルプロパノイドは基本的に C_6-C_3 および $2 \times C_6$-C_3 の炭素骨格を有しているが、時には一部炭素が欠損し、C_6-C_1 や C_6-C_2 の炭素骨格を有するものもある。

分のケイアルデヒド、C_6-C_1 骨格はバニラの独特の香気成分であるバニリン、C_6-C_2 骨格はバラの花の香りの代表的成分である2-フェニルエタノールなどが知られている。この他、フェルラ酸やコーヒー酸も広く植物に分布している。ウイキョウやアニスの主要成分アネトールやチョウジの主要成分オイゲノールは揮発性があるため香辛料の特徴的な香気成分として知られている。

フェニルプロパノイドが二量化したリグナンには、ポドフィロトキシンのような抗がん薬、セサミンのような食品の機能性成分として知られているものがある。また、フェニルプロパノイドから誘導されるクマリン誘導体も植物の主要成分の一つである。桜餅の独特の香りは、オオシマザクラを塩漬けにしたときに生じるクマリンの香りである。

なお、樹木の木部の構造物として、セルロースとリグニンが知られている。鉄筋コンクリートの建築物でいえば、セルロースは鉄筋に対応し、リグニンはコンクリートにあたる。このリグニンはフェニルプロパノイドであるコニフェリルアルコール、シナピルアルコール、p-クマリルアルコールなどが重合したポリマーで、木化した組織に充塡されている。

よく似た名前であるが、リグナンは、フェニルプロパノイドの二量体、時には三量体の成分の総称であるのに対して、リグニンは、植物の木化した組織に充塡され、植物の硬い形態を維持するために働くフェニルプロパノイドの多量体のことである。植物のセルロースから紙を製造するときにリグニンは不要な物質なので、製紙工場ではリグニンの除去が行われる。過去に、製紙工場の出すリグニンを大量に含む排水が原因で大きな環境問題（静岡県田子《たご》の浦《うら》港のヘドロ公害）になった。

●フラボノイド――食べて健康維持

フラボノイドは維管束植物に広く分布する植物色素として代表的なポリフェノールで、5000種以上が知られている。フラボンという名は、ラテン語の flavus（黄色）にちなんで命名された。

図1-10に示すように、シキミ酸経路で生合成されたp-クマロイル-CoAを先頭に、マロニル-CoAの3分子が脱炭酸を伴って、酢酸単位が3つ縮合してできた中間体から、カルコンシンターゼという酵素によりルートAで環化が起こり、2つの環を持つカルコンが誘導される。カルコンはさらに環化することにより3つの環で構成されるフラバノンになる。

フラバノンは酸化反応等を経て各種フラボン誘導体に変化していく。一方、炭素が一つずれてルートBで環を巻くとスチルベン誘導体に変化する。フラボノイドとスチルベン誘導体は、構造的には大きく異なっているが、その生合成過程を考えれば兄弟同士といえる。

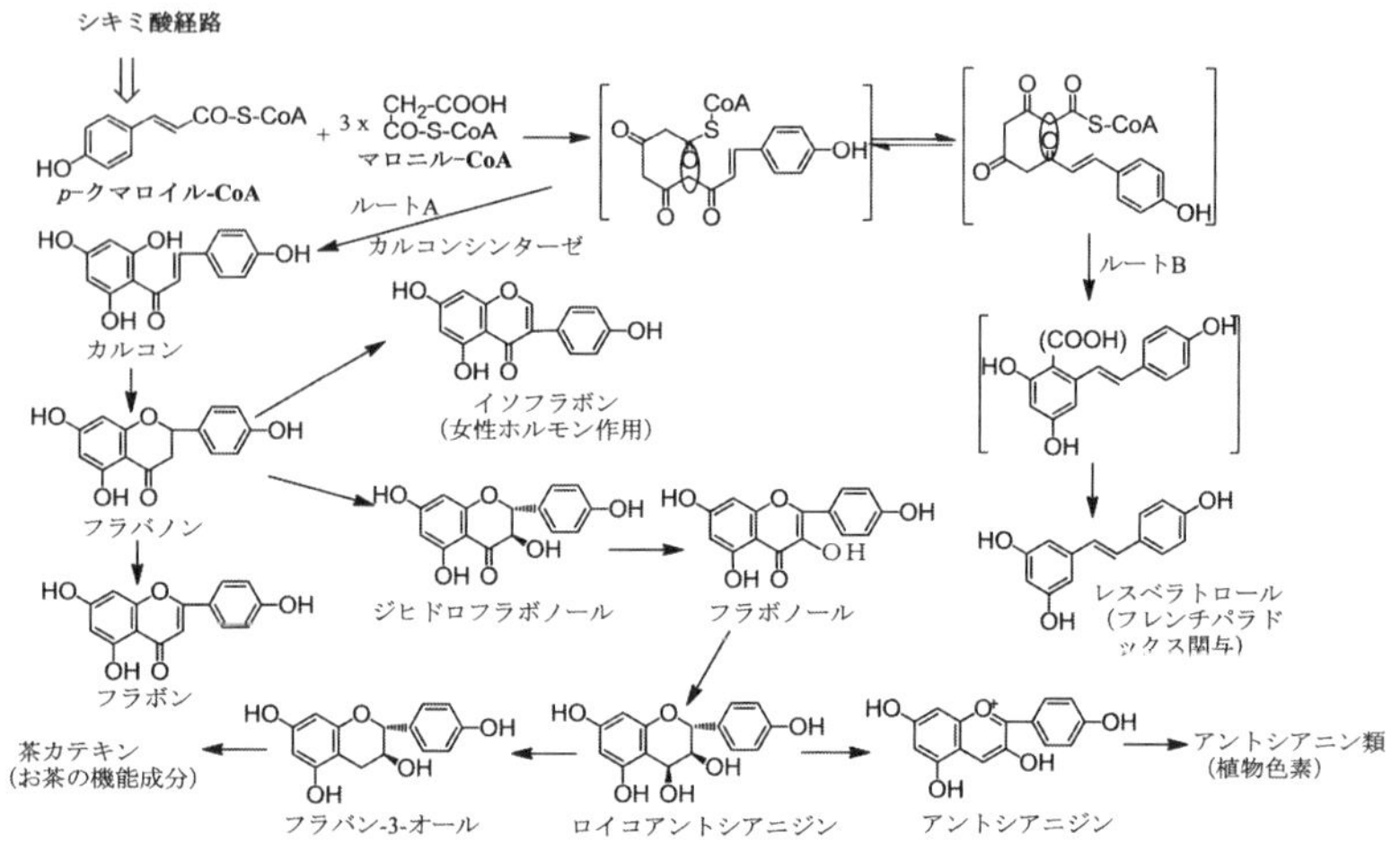

図 1-10　シキミ酸経路で合成されたp-クマロイル-CoA を先頭に、酢酸-マロン酸経路と同じメカニズムで 3 分子のマロニル-CoA が脱炭酸しながら結合して得られる共通中間体が、カルコンシンターゼによりルート A でカルコンに誘導され、さらに各種フラボン誘導体に変換される。他方、共通中間体からルート B で環化することによりスチルベン誘導体であるレスベラトロールが得られる。これら複数のフェノール性水酸基を持つポリフェノール誘導体は、いろいろな生理活性が期待される。

フラボノイドは植物に広く分布し、植物の生理現象に関わっている。フラボノイドはカルコン、フラバノン、フラボン、フラボノール、ジヒドロフラボノール、アントシアニジン、イソフラボン、フラバン-3-オールなどのグループに分類される。多くのフラボノイドは強い生理活性はないが、植物色素として抗酸化活性、有害紫外線の防御作用をはじめとして多彩かつ穏やかな機能性を持つ。活性酸素が多くの生活習慣病の原因となることから、強い抗酸化活性を持つフラボノイドはいろいろな疾病の予防に対する効果が期待されている。詳しくは第5章で述べる。

我々人間は、野菜や果物を食べる普段の食生活の過程で自然にフラボノイドを摂取することになり、その結果、フラボノイドは我々の健康維持にも大きく貢献している。例えばお茶の主成分であるカテキン類は最も注目されている機能性物質で、多くの生理活性が報告されている。アントシアニジンから誘導されるアントシアニンは、後述するように、花や果実の色の最も重要な色素として機能している。

一方、ブドウの果皮に含まれるレスベラトロールなどのスチルベン誘導体は、植物体内では目立った役割を果たしていないが、健康に対する赤ワインの機能性のもととなる物質として最近見直されている。

●アルカロイド――強い生理活性で毒にも薬にも

アルカロイドは窒素原子を含有する有機化合物で、多くの植物によって生合成されている。含まれる窒素の影響で塩基（アルカリ）性を有していることからアルカロイドと呼ばれてきたが、必ずしもアルカリ性を示さないアルカロイドもあるため現在は単に「窒素原子を含む有機化合物」をアルカロイドと定義している。塩基性を示さないアルカロイドの例として、イヌサフランの成分で染色体を倍加する作用のあるコルヒチンが有名である。

アルカロイドは、その前駆体となるアミノ酸により多彩な骨格のものが知られており、モルヒネなどのイソキノリンアルカロイドとビンブラスチンなどのインドールアルカロイドが広く知られている。イソキノリンアルカロイドは、L-チロシンから誘導されるドーパミンとp-ヒドロキシフェニルアセトアルデヒドから生成されるパパベリンを中間体として合成される。インドールアルカロイドは、L-トリプトファンから誘導されるトリプタミンに、モノテルペン誘導体であるセコロガニンが縮合することにより生合成される。

通常アルカロイドはアミノ酸を前駆物質として生合成される。そのうち、アミノ酸のアミノ基由来の窒素原子を含むものを真正アルカロイド、テルペノイド誘導体などの酸素原子が窒素原子に置き換わったアルカロイドをプソイドアルカロイドと呼ぶ。プソイドアルカロイドとして、セスキテルペンアルカロイド、ジテルペンアルカロイド、ステロイドアルカロイドなどがある。

トリカブトのアコニチン、ケシのモルヒネなど多くのアルカロイドが強い生理活性を持っている。そのため、医薬品として用いられることも多く有用である半面、強い毒性により有害なものも多い。医薬品として、タキソールやカンプトテシンのように抗がん薬として利用されているもの、マラリアの特効薬として長い間多くの人々の命を救ってきたキニーネなどが有名である。

麻薬として悪評の高いモルヒネは、一方では最も優れた鎮痛薬として、医療の現場にはなくてはならないものである。多くの有毒なアルカロイドがあり、トリカブトのアコニチン、ロート根のアトロピン、タバコのニコチンなどが特に知られている。アコニチンやアトロピンなどは専門家が厳格にコントロー

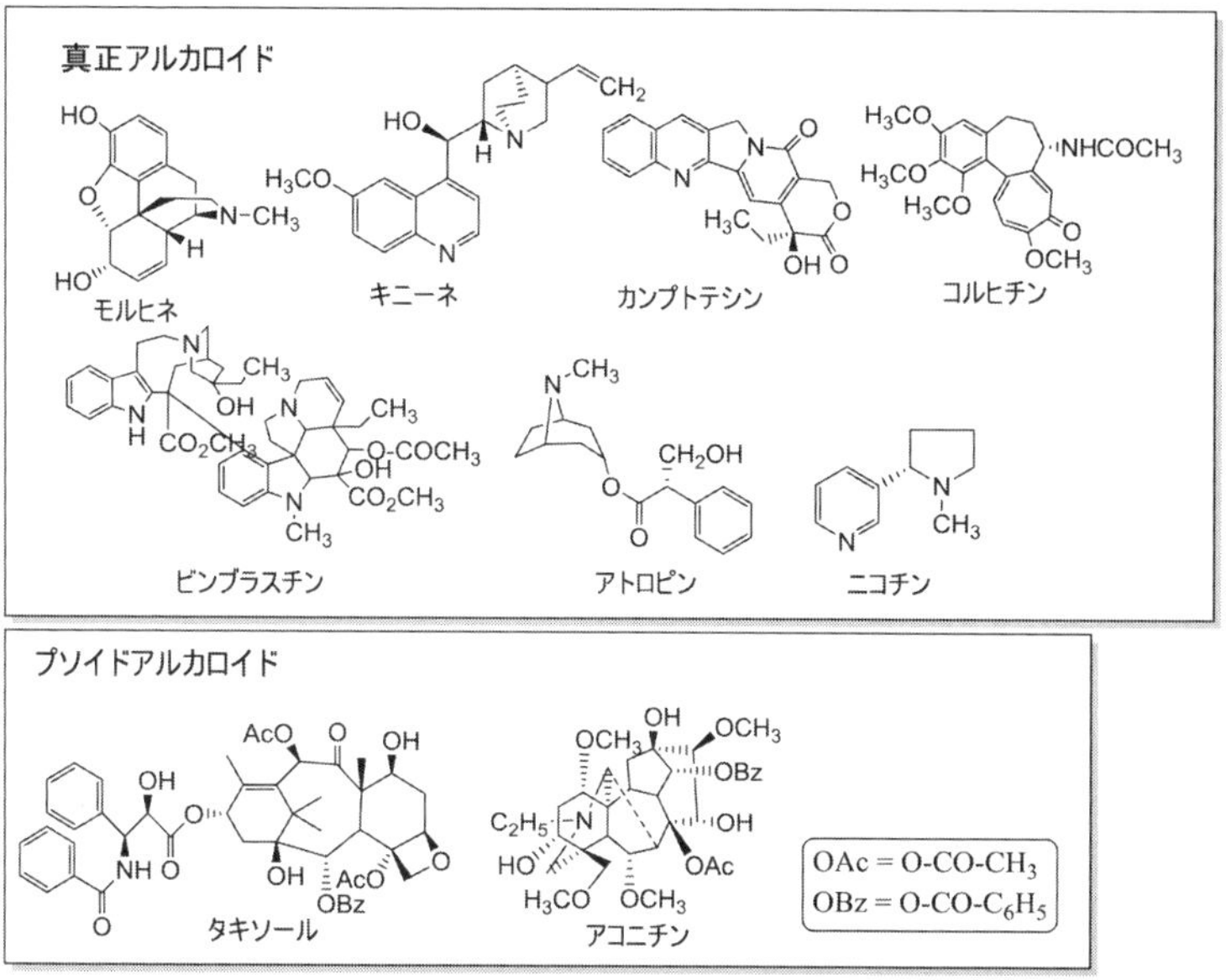

図1-11　分子中に窒素原子を含むアルカロイドは生理活性の強いものが多く、アルカロイドのほとんどが塩基性を持っているが、窒素原子がアミド結合に含まれるタキソールやコルヒチンのようなものは塩基性を示さない。鎮痛薬、抗がん薬、抗マラリア薬などとして用いられているものや、有毒物質が知られている。アルカロイドは、大きく分けて、アミノ酸から生合成される真正アルカロイドと、アミノ酸以外から生合成されるプソイドアルカロイドに分類される。

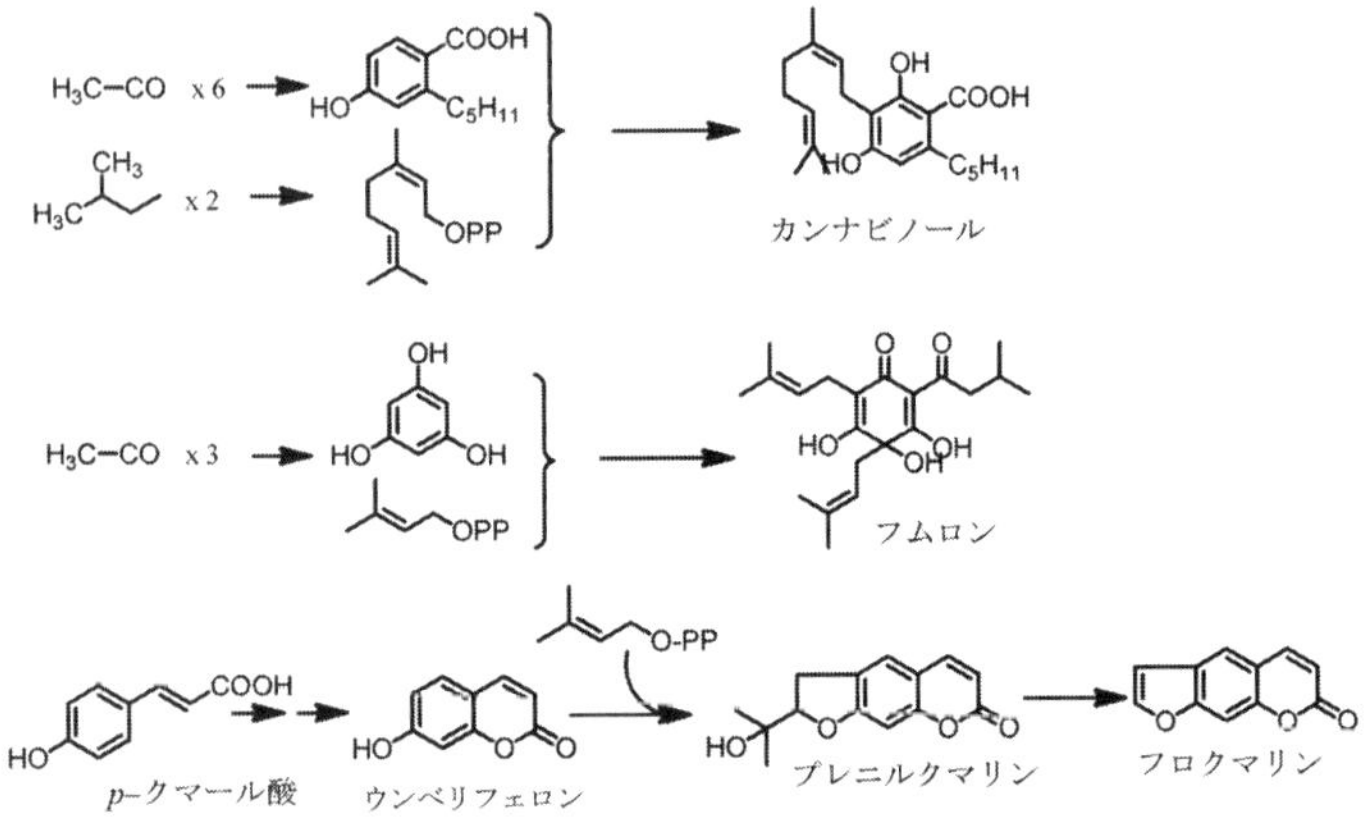

図1-12　カンナビノールは、酢酸ユニット6つから誘導されるアルキルベンゼン誘導体とモノテルペンから生合成される。フムロンは、酢酸ユニット3つから誘導されるフロログルシノールにプレニル基が結合し生合成される。一方、フェニルプロパノイドにプレニル基が結合してフロクマリンが誘導される。

ルして使用することにより医薬品として役立つ例も多い。

図1-11に代表的なアルカロイドの例を示す。窒素原子を含有するアルカロイドの多くが強い生理活性を持っていることが参考とされ、窒素を含んだ合成医薬品が数多く開発されている。

●混合経路による誘導体——大麻からビールまで

複数の生合成経路が関与する混合経路も多い。フラボンやスチルベンも混合経路の一つであるが、フラボン誘導体は大きなグループを構成するので別扱いとした。混合経路としては、大麻の成分であるカンナビノイド誘導体が有名で、テルペノイドであるモノテルペンとポリケタイド誘導体であるアルキルベンゼン誘導体が縮合してできた化合物である。

ビールの風味にとってなくてはならないホッ

プの成分フムロンやルプロンも、ポリケタイドから誘導されたフロログルシノールとプレニル基の混合経路で生合成される。

柑橘類の精油などに含まれるフロクマリンといわれる化合物は、フェニルプロパノイドであるクマリン骨格にプレニル基が結合した後、フラン環に変換され生合成される（**図1-12**）。

植物の生存戦略

植物は光合成を行う光自己栄養生物として生きる道を選択した結果、無駄なエネルギーを使わないようにするために、大地に根を張り生きていくことになった。動物とは異なる生き方を選択した植物は多彩な二次代謝産物を用いた化学戦略で繁栄してきた。この項では二次代謝物質を用いた植物の生存戦略を見ていこう。

有害紫外線と活性酸素を防ぐ戦い

植物が盛んに光合成を行うためには、より多くの太陽の光を受ける必要がある。しかしその結果、太陽光に含まれる有害紫外線を浴び、そこで生成される活性酸素にも晒されることになった。そこで、植物は有害な紫外線を防御し活性酸素を無害とするために、カロテノイドとフラボノイドを生合成し体内に蓄積する方法を進化させた。そのため、フラボノイドは植物色素として特異的に生合成され、カロテノイドもシアノバクテリアなど一部の微生物を除いては植物により独占的に生合成されている。この2

つのグループは植物が特異的に生合成する重要な二次代謝産物である。

フラボノイドは有害な紫外線の波長領域の光を吸収し有害紫外線を遮蔽するとともに、強い抗酸化活性を発揮し活性酸素の害を抑制している。

一方カロテノイドは、光合成に必要な波長領域の光を吸収し、そのエネルギーをクロロフィルに受け渡し光合成の補助色素として働いている。その強い抗酸化活性により植物を活性酸素から守っているのである。カロテノイドから誘導されるアブシジン酸は種子の休眠や気孔の開閉に関わる植物ホルモンとして働いている。

植物間の戦い——生育立地をめぐって

植物は光合成を効率的に行うためより多くの光に当たり、より多くの地中の無機栄養分を取り込む必要がある。そのため植物間では立地の争奪戦を避けることはできない。そこで、植物は他感作用（アレロパシー）といわれる方法を進化させ、他感作用物質を根や葉などから放出し、他の植物の発芽や成長を抑えることで有利な立地を獲得してきた。他感作用物質は比較的低分子のものが多く、植物の種類によって構造が異なっている。

最近はやや落ち着いたが、キク科で、アメリカからの帰化植物であるセイタカアワダチソウ（*Solidago altissima*）が日本中に広がり、秋になると休耕地や河川敷、高速道路の法面、空き地などに黄色の花を咲かせその繁殖力のすごさを見せつけた。セイタカアワダチソウは他感作用物質として、アセチレン誘導体であるシス-デヒドロマトアカリア酸メチルエステルを根から放出し他の植物の発芽や成長を抑えて自らの立地を獲得して優勢に繁殖してきた。

ヘアリーベッチ（*Vicia villosa*）と呼ばれる植物は、マメ科であるため根粒バクテリアとの共生で窒素固定を行うことができ、しかも高い他感作用を持つ。田畑や果樹園で育てられ、成長するとすき込んで肥料兼除草剤として利用されている。ちなみに、ヘアリーベッチの他感作用物質はシアナミドと呼ばれるシンプルな物質である。

微生物との戦い——ファイトアレキシン

我々と同様、植物は病原菌による感染の危険に日常的に晒されている。そこで植物は、ヒトの免疫システムと異なる方法で病原菌の感染を防いでいる。静的な方法としては、ワックス、クチクラ、細胞壁などにより葉や枝、幹の表面を固める物理的防御や、タンニンやフラボノイドなどの抗菌物質を体内に蓄積することによる化学的防御が行われている。動的な方法としては、病原菌の攻撃を受けたときに、過敏感反応やファイトアレキシン生産による防御、あるいはPRタンパク質生産による防御反応が起こる。ファイトアレキシンは通常は生産していないが、病原菌の感染などのストレスが加わったときに合成し感染部位の周辺に放出される抗菌物質である。

ファイトアレキシンは一般的に低分子の二次代謝産物で、植物が属するグループに特異的な構造を有している。ナス科の植物はリシチン、ルビミンなどのセスキテルペン誘導体を、マメ科の植物はピサチン、グリセオリンなどのプテロカルパン誘導体を、アブラナ科の植物はブラシニン、シクロブラシニンなどのインドール誘導体を、ファイトアレキシンとして生産する。

植物の生理を操る植物ホルモン

植物は動物と同じように、精緻な生理現象を正確にコントロールしなければならない。そこで、動物のホルモンとは異なる植物ホルモンといわれる低分子化合物を生合成し、発芽、成長、成熟、生殖などの繊細な生理現象を確実にコントロールしている。植物ホルモンとしては、オーキシン、サイトカイニン、エチレン、ジベレリン、アブシジン酸、ブラシノステロイド、ジャスモン酸、ストリゴラクトンの8種類が認知されている。どれも比較的小さな分子であるが、特にエチレンはエタノールから水の分子が脱離した化合物で、メタンやアセチレンに次いで小さな有機化合物の一つであるにもかかわらず、植物における多彩な生理現象に関与している。

なお、植物ホルモンはいろいろなことに有効利用されている。エチレンが果実の成熟に関与しており、防疫上青い状態で輸入したバナナの追熟に利用されている話はよく知られている。また、身近な農業では、ジベレリンが種無しブドウの作成に用いられている。オーキシンやサイトカイニンは植物ホルモンの中では最も基本的な発芽、成長、分化など多くの生理現象で役割を果たしている。これら植物ホルモンは動物ホルモンと異なり、特別な合成器官や分泌器官を持たず、すべての植物細胞で生合成と分泌が行われている。

食害との戦い——刺激物質や有毒物質

植物は、地球における生物の炭素循環における食物連鎖の最初に位置し、昆虫や草食動物などによる食害が運命づけられている。これは地球生命の繁栄には必要なステップであるが、植物にとっては甘受できないことである。そこで植物は植食生物が忌み嫌うような刺激物質を生合成し、体内に蓄積して食害を避けている。さらには有毒物質を合成して食害を防ぐ方法も進化させている。トウガラシやショウガ、サンショウなどの辛味物質、タンニンやカテキンといったポリフェノールなどの苦味物質、トリカブトやドクウツギ、ドクゼリ、アセビなどの有毒植物、タバコのニコチンなどはその例である。

植物が辛い物質とか苦い物質を生合成して食害を防ごうとしているにもかかわらず、人間はこれらの刺激物質を味覚の嗜好の一つとして利用する強《したた》かさを発揮している。また、有毒物質は生物に対して何かしらの生理活性を示すため、医薬品開発の格好のターゲットとなり、多くの有毒植物に含まれる成分が医薬品として開発されている。

微生物・昆虫・鳥と助けあう

植物は外敵に対抗するだけでなく、他の生物、特に微生物と協力することでより有利に生存する方法を進化させている。先にも述べたが、地球の大気の約78％は窒素分子であるにもかかわらず、窒素分子が非常に安定であるため、植物や動物は生命維持に必要なアミノ酸や核酸の構成元素である窒素を大気中から体内に取り込むことはできない。そこで、マメ科の植物などは、窒素分子を無機窒素化合物の形にして体内に取り込むことのできる根粒バクテリアとの共生により、窒素化合物の効率的な取り込みを行っている。

また、菌根菌との共生はリン酸、カリウムイオン、水などの無機物質の効率的な取り込みをも助けてくれる。これらの菌との共生がなければ今の植物の繁栄はないといわれている。じつは、高級食品であるマツタケやトリュフは菌根菌の子実体である。一方、食害昆虫に寄生されたときは警報物質を合成し放出することで、その昆虫に対する天敵を呼び寄せて食害害虫を駆除してもらうなどの方法を編み出している。そこで植物は、これらの共生を行うために必要なコミュニケーション物質となる二次代謝産物を生産している。

効率的な繁殖にも他の生物の力を借りている。植物は能動的に求愛して繁殖したり、熟した種を散布したりすることが困難なため、自然現象の風を利用したり、昆虫などの助けを借りる必要がある。そこで、甘い香りや蜜を生合成し、花に目立つ色をつけ、媒介者である昆虫を誘い花粉を運んでもらっている。また、熟した種子を運んでもらうため、香りや味や色で鳥や動物を引きつけ食べてもらい、排泄物と一緒に種を放散してもらっている。植物の種類によっては、媒介者の消化管を経由することで発芽が促されるものもある。

column

1・・・食物連鎖

化学合成生物など一部の特殊な微生物を除いて、植物以外の生物は自らエネルギーのもととなるものを作り出すことができない。そのため、エネルギー源となる食物を摂取しなければならない。

特に動物においてはこのことは重要である。地球の炭素循環の中で、光合成で有機化合物を生合成して育った植物を昆虫や草食動物が食べ、昆虫を鳥が食べ、草食動物を肉食動物が食べるという大きな循環がある。例えば海の中を見ていくと、光合成微生物である藻類や、コンブなどの褐藻類を小さな魚が食べ、小さな魚をより大きな魚が食べ、これらの魚を海に棲む爬虫類や哺乳類が食べるという流れがある。これを食物連鎖という。

地球の生態系はこのような食物連鎖がうまく回ることで成り立ち、生き続けている。本文中でも述べたように、ヒトはカロテノイドを作り出すことはできないが、植物が作ってくれたプロビタミンAであるβ-カロテンを摂取し、2つに分解することでビタミンAに変換して視覚を働かせるように進化してきた。β-カロテンなどのカロテノイドの供給が絶たれれば地球上の動物は物を見ることができなくなり、動物にとって、地球は真っ暗闇の世界となってしまう。

海の中では、ヘマトコッカス藻類が自らのためにカロテノイドであるアスタキサンチンを生産し蓄えているが、これを食べた甲殻類のエビやカニの甲羅に蓄積するため、調理後のエビやカニは独特の赤い色になる。同様に、藻類が生産したアスタキサンチンが食物連鎖で魚に蓄積され、魚肉や体表に色がつくことになる。本来白身魚のサケの身がピンク色だったり、タイの体表が赤色だったりするのは、食物連鎖により取り込まれたアスタキサンチンおよびその誘導体によるものである。

基本的には光合成を行うことのできる藻類や植物が一次生産者ということになり、左記のように食物連鎖が続いていく。

植物→昆虫（バッタ、チョウなどの幼虫）→両生類（カエル）→爬虫類（ヘビ）→鳥（フクロウ、猛禽類）
光合成微生物（プランクトン）→甲殻類（エビ、カニ）→小型魚類→大型魚類→海生哺乳類（イルカ、アザラシ）

肉食動物や猛禽類が食物連鎖ピラミッドの頂点を極めているが、ヒトはさらに高位に位置しているであろうと考えられる。

食物連鎖の中で特殊な位置を占めているのが微生物で、多くの微生物は植物や動物が死んだ後、これらを炭素源として呼吸し炭酸ガスと水に換える分解者としての大きな役割を果たしている。微生物が働かなかったら、植物や動物の死体が地上に積み重なり、炭酸ガスと水の供給が不足し、植物による光合成も滞ることになる。

食物連鎖は生物の生存にとって重要なシステムであるが、これが地球生物、特に我々人間にとって都合の悪いシステムになることがある。放射能関連事故では、大気、水、土の汚染が食物連鎖でより高次の生物に濃縮される生物濃縮が起こることで、人間が口にする農作物、牛乳、食肉、特に魚類の高度の汚染が問題になっている。同様に、環境に放出された有害化学物質についても、生物濃縮による人間への影響が懸念される。水俣病の発生はまさにこの食物連鎖により高濃度に魚に蓄積した有機水銀を摂取したことが原因なのは周知のことである。

第2章 鳥・虫・人を引きつける香りと甘味

植物は子孫を残すために効率的な受粉を行う必要がある。受粉の方法は2通りあり、風の力で受粉を行う風媒花と、昆虫などの助けを借りる虫媒花がある。虫媒花は、昆虫を芳香で誘い、甘い物質を提供することで花の受粉を手伝ってもらう。また、実った果実を鳥や動物に食べてもらい、果実の中に含まれる種子を各地に運搬してもらうことで植物の繁殖地を広げていく。熟したことをアピールするために果実を甘くし、香りを発散している。

そして、植物が自分の生存を有利に進めるために生合成して蓄えている香り物質や味覚物質などさまざまな物質が、我々人間の日常生活を豊かにしている。

外界からのいろいろな刺激を感ずる感覚は五感と呼ばれ、味覚、嗅覚、視覚、聴覚、触覚があり、最初にアリストテレスが提唱したといわれている。触覚に代表される皮膚感覚は、圧覚、温覚、冷覚、痛覚などに分けられる。五感のうち、化学物質を感ずる感覚は味覚と嗅覚である。痛覚の一部も化学物質を感ずる感覚である。また、視覚は光を感ずる感覚であるが、そのためには光受容体として働く化学物質の構造が関係している。

植物が子孫繁栄のために生合成している香気物質や甘味物質から、我々人間がいかに多くの恩恵を受けているかを、以下に述べる。

食事や生活環境に潤いを与える香気物質

視覚や聴覚はヒトの生活において非常に重要で、これを失うと大きな不便が生ずるが、匂いの感覚である嗅覚を失っても生活に大きな支障を及ぼすことはない。もともと嗅覚はヒトが野生の生活を行っていた時代、食べるものが危険なものか、食べることが可能なものかをかぎ分けるために発達してきた非常に重要な感覚であった。そのような危険なものをかぎ分ける必要性が低くなったため、現代のヒトの嗅覚の感度はかなり低下している。感度だけでなく匂いの種類をかぎ分ける能力も重要である。東京大学の新村芳人らが行った嗅覚遺伝子の種類数に関する研究によると、ヒトの遺伝子数が400弱であるのに対してイヌやウサギではその2倍、ウシ、ウマ、マウスでは約3倍、アフリカゾウでは約5倍の2000弱となっている。チンパンジーやオランウータンではヒトとほぼ同数である。約1億年前に哺乳類の共通の祖先は約800の遺伝子を持っていたが、ゾウがさらに嗅覚を発達させたのに対して、ヒトを含む霊長類は視覚に頼る生き方を選んだ結果、嗅覚への依存度が低下し嗅覚遺伝子を減らすことになったとの見方がある。

ヒトでは、約350種の嗅覚受容体が働いていると考えられているが、個人間で嗅覚受容体の発現量が異なることから、匂いに関する感受性や好き嫌い、匂いの感じ方に個人差が大きいとされている。悪臭があると一般的に嫌われているドクダミが、東南アジアの国では魚料理などに欠かせない素材になっていることや、ドクダミと似た香りのパクチーが最近特に日本の若者の間で人気となっているのを見るにつけ、ヒトの嗅覚に対する飽くなき挑戦には驚かされるとともに、嗅覚の嗜好性には個人間、人種間の差が大きいことに驚かされる。

ヒトの嗅覚や味覚の感度が低くなったとはいえ、食事を美味しく食べるためにはこの2つの感覚は重要であり、両者が互いに影響し合っていることは日常生活でも実感できる。風邪を引いて嗅覚に異常があると、味覚にも大きく影響する経験をしたことがあるだろう。香りは食欲にも深く関わっている。シソ、ショウガ、ミョウガ、ニンニクなど、多くの香りが日々の食生活の中でなくてはならないものになっており、これらの香りのない生活は考えられない。

現代人にとっての嗅覚は、生死に関わる重大な感覚としてではなく、心地よいものか不快なものかをかぎ分けるためのものになっている。したがって生きるために必須な感覚ではないが、生活を豊かにするためにはなくてはならないものである。

香りを放出する部位は植物によって異なる。バラ、ジャスミン、ユリ、ラベンダー、キンモクセイなどは花から、ミント、シソ、ユーカリなどは葉から、オレンジ、レモン、グレープフルーツなどは果実から香り物質を放出している。これらの芳香原料から調合香料が調整され、香水、化粧品、洗剤、柔軟剤、シャンプー、芳香剤、歯磨き剤などの香粧品原料として用いられる。また、飲料、菓子類、ガムなどの食品のフレーバーとしても用いられる。

これらの香りはそれぞれの植物が持つ香気成分によるもので、揮発性が高く、そのため分子サイズが

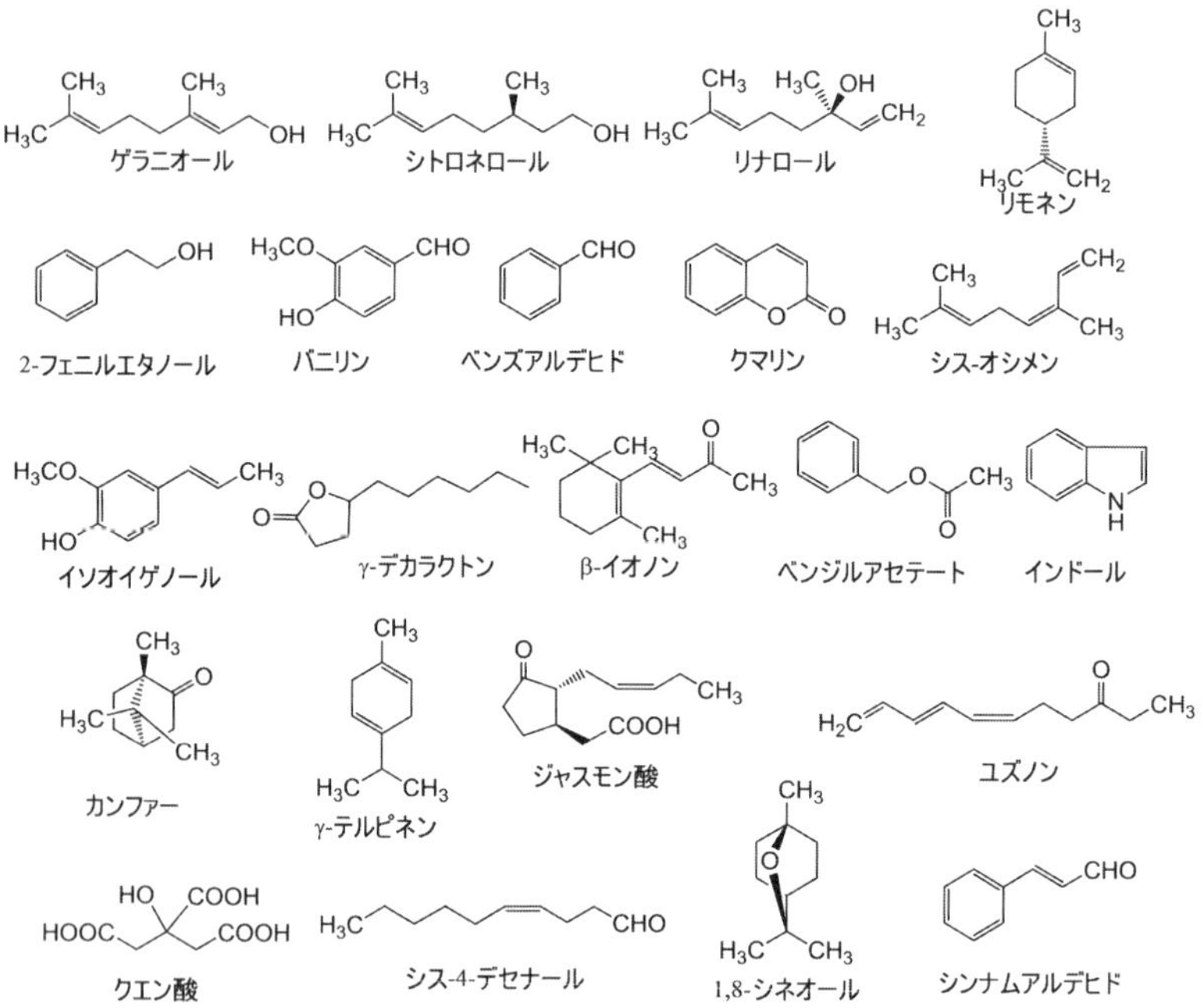

図 2-1　植物の香気物質は基本的に揮発性の高いことが必須条件であるため、モノテルペン誘導体や低分子芳香族化合物のように分子サイズが小さく、極性の低い物質である。ジャスモン酸はジャスミンの主要香気物質であるとともに、植物ホルモンとしても働いている。酸味を持つクエン酸は揮発性がないカルボン酸誘導体であるが、香料成分と協力して柑橘類に特徴的な風味の発現に働いている。

小さな極性の低い物質である（図2－1）。

●バラ

バラはバラ科バラ属（*Rosa*）植物の総称で、ヨーロッパ、アジア、北アメリカなどが原産といわれている。花の美しさから、園芸植物の王様として世界中で栽培されている。我が国でも各地にバラ園が設置され、花の季節には多くの人々が訪れている。バラの花言葉は「愛」「美しさ」とされているが、その色や本数により異なるため、人に贈る際は注意が必要である。ちなみに、赤いバラの花言葉は「情熱」「君を愛する」、黄色のバラは「友情」「嫉妬」、白いバラは「尊敬」「純潔」などといわれている。

また、バラは香りの良いことでも、最も愛されている植物である。その香りはダマスク・クラシック、ダマスク・モダン、ティー、フルーティー、ブルー、スパイシー、ミルラといった7種に分類され、化粧品、入浴剤、洗剤そして高級な香水などの香料原料として利用されている。バラの香り物質は複雑多彩で、品種により微妙に香りが異なる。分析すると、数百種類の物質から構成されているともいわれている。

図2-2　バラ

香気成分は分子量の小さなゲラニオール、ゲラニアール、シトロネロール、リナロール、リモネン、ボルネオールなどのモノテルペン誘導体や、2-フェニルエタノール、バニリン、シンナムアルデヒド、クマリン、ベンズアルデヒドなどの低分子の芳香族化合物が知られている。特に低分子の芳香族化合物である2-フェニルエタノールは、主要成分としてバラの香りに大きく寄与している。

●ユリ

その美しさと甘い香りではバラに引けを取らないのがユリである。ユリの原種は世界に100種ぐらいあるといわれ、多くの栽培品種も作出されている。

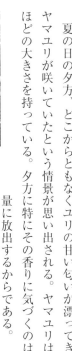

夏の日の夕方、どこからともなくユリの甘い匂いが漂ってきて、ふと庭を見渡すと、そこには大輪のヤマユリが咲いていたという情景が思い出される。ヤマユリは我が国特産の大輪の品種で、花は径20㎝ほどの大きさを持っている。夕方に特にその香りに気づくのは、ユリは昼間より夜の方が香気物質を大量に放出するからである。

図2-3　ユリ

このヤマユリなどの交配種であるカサブランカという品種がオランダで作出され、我が国でも盛んに庭で栽培されたり切り花として売られたりしている。カサブランカはヤマユリより一回り大きな花を咲かせ、しかもより強い芳香を発散することが知られている。あまり強すぎる香りは、逆に敬遠する人もいるため、カサブランカの香りを抑える品種の改良研究も行われているほどである。

品種によって芳香のもととなる成分は異なっているが、カサブランカでは、リナロール、イソオイゲノール、シス-オシメンなどのモノテルペンが主成分として存在し、ベンジルアルコール、ベンズアルデヒドなどの芳香族化合物が含まれている。

●キンモクセイ、ジンチョウゲとクチナシ

10月半ばに公園や道を歩いていると、どこからともなく特徴的な甘い香りが漂ってくる。周りを見回すと緑の葉の間に密集したオレンジ色の小さな花が目につく。そこで、ああキンモクセイの花の咲く秋が来たのだと知ることになる。キンモクセイ（*Osmanthus fragrans* var. *aurantiacus*）は、中国原産のモクセイ科の常緑小高木で、庭や公園に植えられ、強い香りで季節感を伝えてくれる植物である。γ-デカラクトン、リナロール、リナロールオキシド、β-イオノンなどが主成分で、γ-デカラクトンがキンモクセイの香りを特徴づけていると考えられている。

図2-4　キンモクセイ（上）とクチナシ（下）

キンモクセイの香りはアジアの人々に好まれており、中国では、その花の香りをつけた桂花茶や桂花酒などがある。欧米ではなじみが薄く、香料として用いられることはないようである。単純な処方でキンモクセイの香りが出せるため、その調合香料がトイレの消臭剤などとして用いられている。

ジンチョウゲ（*Daphne odora*）はジンチョウゲ科の中国原産の常緑の低木で、家庭の庭や公園に植えられている。春2〜3月になると花が咲き、キンモクセイほど強くはないが芳香を感じさせる香気植物である。秋のキンモクセイに対して、春のジンチョウゲといえるだろう。香気成分としては、リナロール、シトロネロール、ゲラニオール、ネロリドールなどのモノテルペンのほかに、2-フェニルエタノール、ベンジルアセテート、アセトフェノン、インドールなどの低分子の芳香族誘導体を含んでいる。

初夏の香りをもたらす植物として、アカネ科の常緑の低木であるクチナシ（*Gardenia jasminoides*）が知られている。梅雨時期に白い花を咲かせ香りを漂わせる庭木として広く栽培されている。クチナシの果実は生薬のサンシシとして、また色素としても知られている。その香りがジャスミンに似ているということで、英名ではケープジャスミン（Cape jasmine）といわれている。主要香気成分としてはリナロール、リナロールアセテート、ターピネオール、ベンジルアセテートなどが知られている。

キンモクセイ、ジンチョウゲ、クチナシは三大香木といわれているが、学名の小種名（*fragrans, odora, jasminoides*）が香りと関連のある語になっていることからも頷ける。

●ラベンダーとジャスミン

地中海地方、中東、インド原産のシソ科の半木本性植物であるラベンダー（*Lavandula angustifolia*）は、華やかな青紫色の花をつけ、爽やかな芳香を持つハーブである。昔は野生種から大量の精油が生産されていたが、コストなどの関係などから、今では栽培種が利用されている。我が国でも、北海道などにラベンダー園があるほか、家庭の花壇などでも盛んに栽培されている。その香りはオーデコロンや男性用化粧品には欠かせないものになっている。主な生産国は、フランス、ブルガリア、旧ユーゴスラビアなどである。国内でもラベンダーの精油生産のための栽培が北海道などで行われたが、その後貿易自由化でコストの安い輸入品が入るようになり、その栽培は減少。現在は、北海道の富良野をはじめ観光農園などの形で栽培されているのが有名である。

ラベンダーの精油成分は、リナリルアセテートとリナロールを主成分とし、カンファー、テルピネオール、カリオフィレン、γ-テルピネンなどが含まれている。

ジャスミン（*Jasminum*）はモクセイ科の常緑低灌木で、バラとともに最も好かれて多用されている。原産地はインド北部と考えられており、世界中で100種以上の品種が栽培されている。1kgのジャスミンの香料を採るためには600万個の花が必要といわれ、非常に高価である。

ジャスミンの香気成分は、ベンジルアセテート、ベンジルベンゾエートなどの低分子芳香部族化合物の他には、リナロール、フィトールといったモノテルペン誘導体などである。さらに、ジャスモン酸、ジャスモン酸メチルなど植物ホルモンとして知られる成分を含有している点が特徴的である。

●柑橘類

柑橘類は世界で最も生産量の多い果物で、多くの揮発性の香気物質を含んでおり、食品、洗剤、消臭剤などの香料として広く利用されている。柑橘類はその種類も多く、我が国ではウンシュウミカン、ナツミカン、ハッサク、イヨカン、ユズ、スダチ、カボスなど多くの品種がある。柑橘類は、その種類により含まれる揮発性物質に違いがあり、それぞれの香りは独特の個性を持っている。モノテルペンであるリモネンやテルピネンは多くの柑橘類において圧倒的な主成分として存在し、その香りの主役を演じている。その他にもリナロールやピネンなどの多種類のモノテルペン、および低分子の芳香族化合物を含んでおり、基本的には爽やかな芳香を与えてくれる。

柑橘類の中でも、酸味が強く生食に向かないものを香酸柑橘といい、酸味と香りを利用し、料理などに用いる。外国のものとしてはレモンやライムが知られているが、国内で生産されるものとしては、ユズ（柚子 *Citrus junos*）、スダチ（酢橘 *Citrus sudachi*）、カボス（香母酢 *Citrus sphaerocarpa*）の3つが有名である。ユズは中国原産の柑橘で、飛鳥時代あるいは奈良時代には日本に伝えられていたといわれている。スダチは徳島県原産で、カボスは大分県原産との説もある。スダチもカボスも江戸時代には栽培されていた。ユズは高知県、スダチは徳島県、カボスは大分県の特産であり、スダチとカボスはそれぞれの県での生産量が日本全体の90％を超えている。ユズ、スダチ、カボスの順で生産量が多く、なかでもユズの生産量が圧倒的である。

ユズは果汁から果皮まで多くの日本料理に広く使われ、ユズポン酢などとしても有名である。特に高知県馬路《うまじ》村のユズポン酢は、特産のユズを用いた地域おこしの例として有名である。スダチもカボスもユズの近縁種であるために同様の風味を持っているが、使われる料理には微妙な違いがあるようである。ユズは熟して黄色に色づいたものが用いられるが、スダチやカボスは未熟のものの方が風味が良いので、緑色のものが用いられる。ユズ、スダチ、カボスともに酸味の主役はクエン酸であり、疲労回復の効果や食欲の増進作用が期待できる。ユズの香気成分として、リナロール、ビシクロエレメン、β-ファルネセン、チモール等のモノテルペン、ユズノン、ユズノール等の鎖状アルケン誘導体、シス-4-デセナール、6-メチルオクタナール、8-メチルノナナール等の脂肪族アルデヒド誘導体などが知られている。

沖縄の特産であるシークヮーサー（*Citrus depressa*）は、沖縄から台湾にかけて自生している柑橘である。この名前は沖縄の方言で、酸っぱいことを示す「シー」と、「食わせるもの」という意味の「クワーサ」を合わせたもので、標準和名は平実《ひらみ》レモンである。クエン酸、フラボノイド誘導体であるノビレチン、ヘスペリジンやビタミンCなどを豊富に含み、爽やかな酸味と独特の香りを持っている。ジュースや料理の酸味剤として用いられている。

図2-5　スイセン

●スイセン

スイセンはヒガンバナ科の *Narcissus* 属植物の総称で、40種余りの原種が知られているが、今日では園芸開発が進み1万種以上の品種が生まれている。スイセンは、ヨーロッパの地中海地方が原産で、我が国には中国を経由して室町時代に伝えられたといわれている。ニホンズイセンは、*Narcissus tazetta* の変種（*N. tazetta* var. *chinensis*）である。

スイセンの花言葉は「自己愛」とか「自惚れ」などといわれている。これは、ナルシサスという美少年が水面に映った己に恋をして一本のスイセンになってしまったというギリシャ神話が由来だといわれており、スイセンの英名は narcissus で、学名の属名 *Narcissus* と同じである。

香料として重要なものは、クチベニスイセン、フサザキスイセン、キズイセンなどで、ニホンズイセンはフサザキスイセンに含まれる。スイセンは系統によりさまざまな香りを持っているが、ジャスミン、ヒヤシンス、ロウバイ様の透明感の中にバイオレット様のグリーンな香りを特徴としているといわれている。

スイセンの香気物質は香水などの香料原料として重要である。ニホンズイセンの香気成分としてオシメン、1,8-シネオール、リナロール、α-ピネンなどのモノテルペンと、ベンジルアセテート、フェネチルアセテート、インドールなどの低分子芳香族化合物を含んでいる。

スイセンには有毒物質であるアルカロイドが含まれており、芽生えの頃の葉をニラと間違え誤食する事故がしばしば起こっており、注意が必要である。

●スズラン

スズラン（*Convallaria*）はキジカクシ科、スズラン亜科のスズラン属で、独特な形の白い可憐な花を咲かせる清楚な多年生植物である。日本、アメリカ、ドイツのスズランが知られているが、花の大きさ、香りの良さ、栽培のしやすさではドイツスズランが優れており、最も重要な資源と考えることができる。

精油成分としては、リナロール、シトロネロール、ゲラニオールなどのモノテルペン誘導体、ケイヒアルコール、フェニルプロピルアルコール、2-フェニルエタノールなどの低分子芳香族誘導体が知られているが、スズラン特有の香気成分は確認されていない。植物も花も小さいため香料を採取することが困難である。そこで、ニーズの高いスズランの香りを再現するために世界中の調香師が努力している。スズランは、ジャスミン、バラとともに「三大フローラルノート」として香水の基本となる香料といわれている。

可憐な姿をしたスズランには有毒な強心配糖体が含まれている。春先のスズランの芽生えは、山菜のギョウジャニンニクとよく似ているため間違えて食べて中毒事故を起こすことがあるので注意が必要である。

●バニラとシナモン

ケーキ、クッキーやアイスクリームなどのスイーツは万人に愛されており、その香料としてはバニラやシナモンが広く用いられている。

バニラは、メキシコおよび中央アメリカ原産のラン科の蔓性植物であるバニラ（*Vanilla planifolia*）の果実であるバニラビーンズから調製されるもので、その香りの本体はバニリンという低分子のアルデヒド誘導体である。バニラは、インドネシア、マダガスカル、中国南部、メキシコなどの熱帯地域で栽培されている。バニリンはドクダミの悪臭物質と同様のホルミル基（-CHO）を持つアルデヒド誘導体であるが、ドクダミの成分とは異なり、ヒトに心地よさを与える甘い香りを持っている。バニラの香りはさまざまな菓子に使われているが、なかでもアイスクリームは定番の製品だ。バニリンは簡単な構造のため、化学合成や発酵法でも製造されている。

クスノキ科の木本植物であるニッケイ属（*Cinnamomum*）の樹皮はシナモンの原料である。シナモンは甘い香りと独特の辛味を持ち、古代エジプト以来用いられている香辛料で、中国では昔から薬用に用いられ、また食品素材としても重要である。キャンディー、クッキー、ケーキなどの香料としてなくてはならない独特の香りと味覚の本体はシンナムアルデヒドといわれる成分で、バニリンと同じホルミル基を持っている。ニッキとして京都名物の八ツ橋に使われるほか、シナモンロールなどのケーキの香りづけとしてもよく知られている。なお、生薬ではケイヒ（桂皮）と呼ばれ、日本薬局方に収載され、多くの漢方薬に処方されている。

ホルミル基を持つバニリンやシンナムアルデヒドが、同様にホルミル基を持つドクダミやパクチーの悪臭成分とまったく異なる香気を有していることは、注目に値する。これは、香りのもととなるホルミル基が、バニリンやシンナムアルデヒドでは芳香環であるベンゼン環や二重結合に隣接し共役しているのに対し、ドクダミやパクチーではアルキル基に隣接し、共役構造をとっていないためである。このような構造上の違いが、ヒトの感覚に大きな違いを与えているものと考えられる。

甘いものは別腹

味覚は舌の味覚受容器（味蕾《みらい》）によって感ずる感覚で、甘味、塩味、酸味、苦味、旨味の五味が、基本の味覚として国際的に受け入れられている。旨味が基本五味に加えられたのは比較的最近である。甘味はエネルギー源の存在を、塩味はミネラルのバランスを、酸味は腐敗の有無を、苦味は有害な物質の存在を、旨味はアミノ酸の存在を示すシグナルとして働いている。このように五味はヒトの生存を安全にし、そして豊かにするための感覚である。

甘味は、エネルギー源の存在を伝えるポジティブなシグナルで、基本的に食欲を高める作用がある。和菓子、洋菓子、キャンディーなどいわゆるスイーツといわれるものは我々の気持ちを穏やかに、豊かにしてくれる。満腹の状態でも食欲を刺激するため「甘いものは別腹」という言葉もあるほどだ。その結果、過剰な摂取で肥満や糖尿病などの問題を引き起こす。

主要な甘味物質がショ糖（スクロース、砂糖）である。甘味物質は、ショ糖、ブドウ糖（グルコース）、果糖（フルクトース）のように糖の誘導体の専売特許と考えられているが、実際、糖以外にも甘味を持つ二次代謝産物が数多く明らかになっている。一般的に糖は炭水化物として消化吸収されやすくカロリーが高いので、摂りすぎは健康に有害だが、糖以外の甘味物質はダイエット効果があるということで、カロリー制限を必要とする人にとって重要な存在となっている。

糖による甘味

一口に甘味といっても、甘味物質によって味の質に微妙な違いがあり、時には苦味が共存することがある。また、短時間でなくなるさらっとした甘味や、いつまでも後味の残る甘味なども ある。そして、甘味の種類は人によって好みに差がある。そんななかで最も広く好まれているのがショ糖で、サトウキビ（甘蔗《かんしょ》）やサトウダイコン（甜菜《てんさい》）から抽出・結晶化され、大量に供給されている。

ショ糖は甘味物質の中でも圧倒的な存在感のあるもので、ヒトが日常の生活の中で口にするあらゆる食品に入っており、またその調理や菓子などの製造に使われている。今でこそ安価な甘味料であるが、昔は非常に貴重なものであり、中世のヨーロッパでは、高価な香辛料であったコショウよりさらに高値で取引されていた。ショ糖は遣唐使により中国から伝えられたが、当時はごく一部の上流階級だけが使うことができた。我が国でショ糖が製造され始めたのは江戸時代の初めで、薩摩藩の支配下にあった琉球・奄美諸島などでサトウキビの栽培とショ糖の製造が行われた。

図 2-6　サトウキビ

第二次世界大戦直後は不足し、白いショ糖に普通にお目にかかれるようになるまでしばらくの間、人工甘味料であるサッカリンがその代わりに用いられた時代があった。子どもの頃、甘いもの欲しさに台所にあったサッカリンの錠剤をこっそり舐め、強い苦味を経験したことがある。サッカリンはショ糖の400〜700倍の甘味があるが、高い濃度では苦味を感ずるのである。今では肥満防止や糖尿病治療のために人工甘味料が用いられているが、当時は経済的理由で人工甘味料が用いられた。ショ糖はブドウ糖（グルコース）と果糖（フルクトース）が結合した2糖類で、ヒトにとって最も心地よい甘味を与えてくれる。

ブドウ糖は、植物が光合成によって二酸化炭素と水から生合成する物質で、すべての生物の栄養となる有機化合物のもとである。地球上の生物の体を作り、生きるためのエネルギーのもとになっている最も基本となる有機化合物で、比較的爽やかで良質な甘味を持っている。ブドウ糖は解糖系でアセチル-CoAとピルビン酸に代謝され、さらに各種糖、各種アミノ酸、脂肪酸、核酸、タンパク質などに変換されることから、甘味物質というより、生命の基本となる物質としての認識が大きい。ブドウ糖は重合したデンプンの形で植物に広く存在しているため、ブドウ糖の供給はトウモロコシデンプンの加水分解により行われている。ブドウ糖は効率的に吸収され体のエネルギー源として働くが、特に脳において重要なエネルギー源であり、脳の活性化や疲労回復に効果があるといわれている。ブドウ糖はショ糖の70％ほどの甘味を持っている。

果糖はその名の通り、果物の甘味物質としてショ糖、ブドウ糖とともに重要な糖である。一般的に糖では、環状構造を形成する際に、5員環（フラノース型）になるか6員環（ピラノース型）になるか、さらに環形成の中心炭素（アノマー炭素）の立体配置の違いにより複数の異性体が存在することになり、温度によってその異性体の存在比が異なってくる。果糖の場合、低温で最も甘い異性体の量が増える。果糖は40℃を境に、より高温ではショ糖より甘さが弱くなり、より低温ではショ糖より強い甘味を呈する。10℃ではショ糖の1・4倍の甘さになるといわれている。果糖を多く含む果物の場合、冷やして食べることでより甘く感じるのはそのためである。

エリスリトールは炭素数4の糖アルコールで、メロン、ブドウやナシなどの果物に含まれておりショ糖の70％ほどの甘味を持っている。ブドウ糖の発酵によっても生成することから、醬油、味噌、清酒などの発酵食品にも含まれている。ショ糖に近い後味の良い甘味で、非齲蝕《ひうしょく》性でカロリーが低いためダイエット甘味料として用いられる。不斉《ふせい》炭素を2つ持っているが、分子内に対称面を持つメソ体であるため光学不活性である。

炭素数5の糖アルコールであるキシリトールは天然ではカバノキなどに存在するが、通常はキシロー

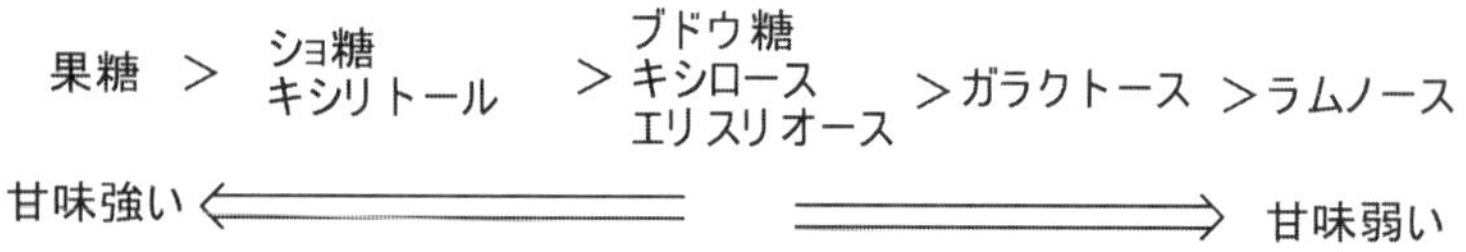

図 2-7　天然の糖の甘さを比較すると、ショ糖より甘い糖は果糖で、多くの糖はショ糖より甘味が劣る。主として、配糖体や多糖の形で存在しているキシロースやガラクトース、ラムノースもショ糖に比べ甘くない。

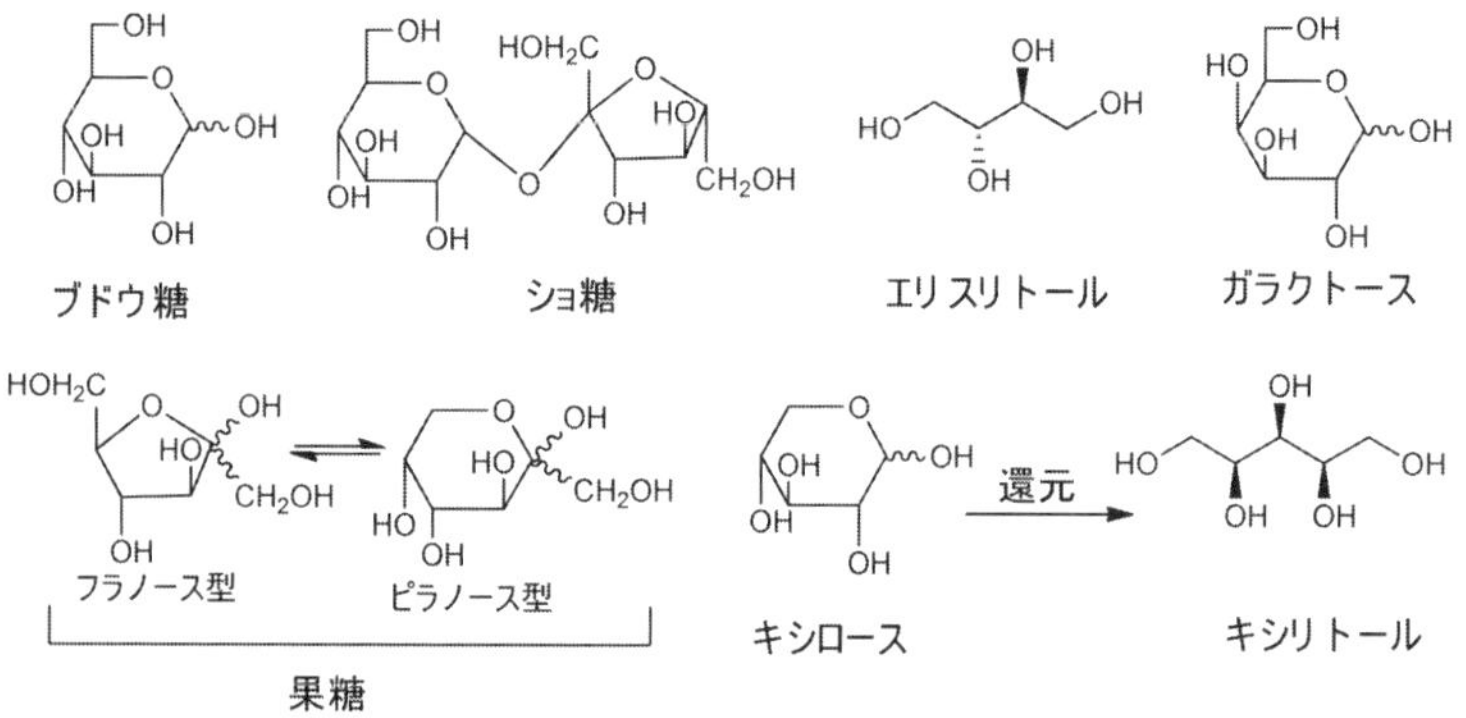

図 2-8　最も普通に用いられる糖はサトウキビやサトウダイコンから製造されるショ糖で、その甘味も万人に受け入れられる癖のないものである。経済性や甘味の質を考えた場合ショ糖に勝る天然の糖はないが、その甘味の心地よさのため摂りすぎが問題になっている。そこで、代替の糖として栄養価の低いエリスリトールやキシリトールに注目が集まっている。

スを還元して得られる。エリスリトールと同様にメソ体であるため光学不活性である。ショ糖と比べやや甘く、カロリーが40％ほどであり口腔内で酸性物質を産生しないこと、また虫歯菌に対する抑制効果があることから、歯に良い影響があると考えられている。そのため甘味料として注目され、ガムやキャンディーに用いられている。

他の糖では、ショ糖と比べてキシロースは約70％、ガラクトースは約60％、ラムノースは約30％の甘味を持っている。糖といえば甘いものの代名詞と考えられるが、実際に甘い糖が意外と少ないのは驚きである。しかもショ糖より甘い天然の糖は果糖ぐらいで、全般的に天然の糖の甘さはそれほどではない。

天然の糖の甘さを比べると**図2-7**のようになる。

また代表的な甘味を持つ糖の構造式を**図2-8**に示す。

column
2・・・エネルギー源としての糖

ブドウ糖（グルコース）は植物の光合成により最初に合成される糖で、これを出発物質として解糖系、糖代謝、アミノ酸代謝、核酸代謝、脂質代謝、クエン酸回路などの代謝系を経由し、さまざまな生体成分に変換され、生物の命を育む有機化合物が誘導される。余ったブドウ糖は、植物ではデンプンやセルロースとして、動物ではグリコーゲンなどとして貯蔵される。

構造上、ブドウ糖には2つの立体異性体であるD体とL体が存在するが、天然にはD体のみが存在している。ブドウ糖は鎖状の構造を経由し、2つの環状の立体異性体であるα-アノマーとβ-アノマーとして存在し、両者の間で相互に行き来している。α-アノマーがα-1,4結合でつながることによりデンプンが生成する。デンプンは、直鎖状のアミロースと、部分的にα-1,6結合で枝分かれしたアミロペクチンに分けられる。アミロースは比較的分子量が小さく、アミロペクチンは分子量が大きい。β-アノマーが1,4結合でつながることにより、セルロースが生成することになる。デンプンが比較的柔らかな粒子状の構造を持っているのに対して、セルロースは繊維状の強い構造を持っている。動物の貯蔵物質であるグリコーゲンはアミロペクチンよりも枝分かれが多く、必要に応じて動物により消化利用される。

動物はα-1,4結合を切断するα-グルコシダーゼを持っているためデンプンを消化しエネルギー源とすることができる。唾液中のアミラーゼでアミロースやアミロペクチンのα-1,4結合を切断することによりデキストリンやマルトースに分解され、最終的に腸のα-グルコシダーゼで加水分解を受けブドウ糖となり腸管から吸収されエネルギー源となる。

動物は通常β-1,4結合を切断するβ-グルコシダーゼを持たないのでセルロースを消化することはできない。しかし、草食動物は肉食動物に比べ長い消化管を持っている。しかも反芻《はんすう》動物は複数の連続した胃を持っており、そこに生息する微生物が持つβ-グルコシダーゼの力を借り長い時間をかけてセルロースを消化することで最終的にはブドウ糖にできるため、セルロースの豊富な植物を主食として生きていくことができる。

同じ哺乳動物について腸管の長さを比べてみると、ヒトやライオンが約7mであるのに対し、ウシは50m、ヒツジは31m、ウマは30mで、体長に差はあるとしても、明らかに草食動物の腸管は際立って長いことがわかる。

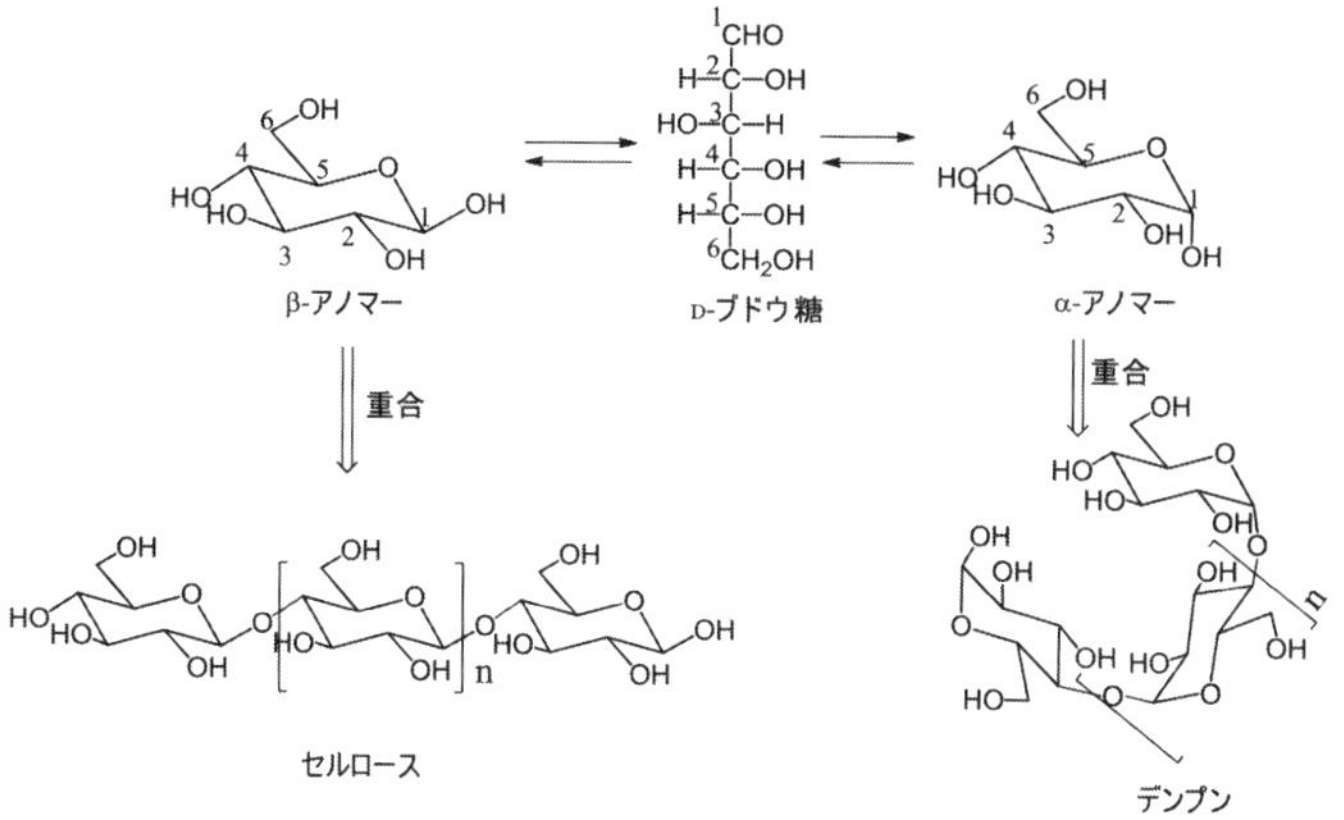

D-ブドウ糖のピラノース型は、α-アノマーとβ-アノマー構造が存在する。α-アノマーが1,4結合でつながるとデンプンが、β-アノマーが1,4結合でつながるとセルロースが形成される。

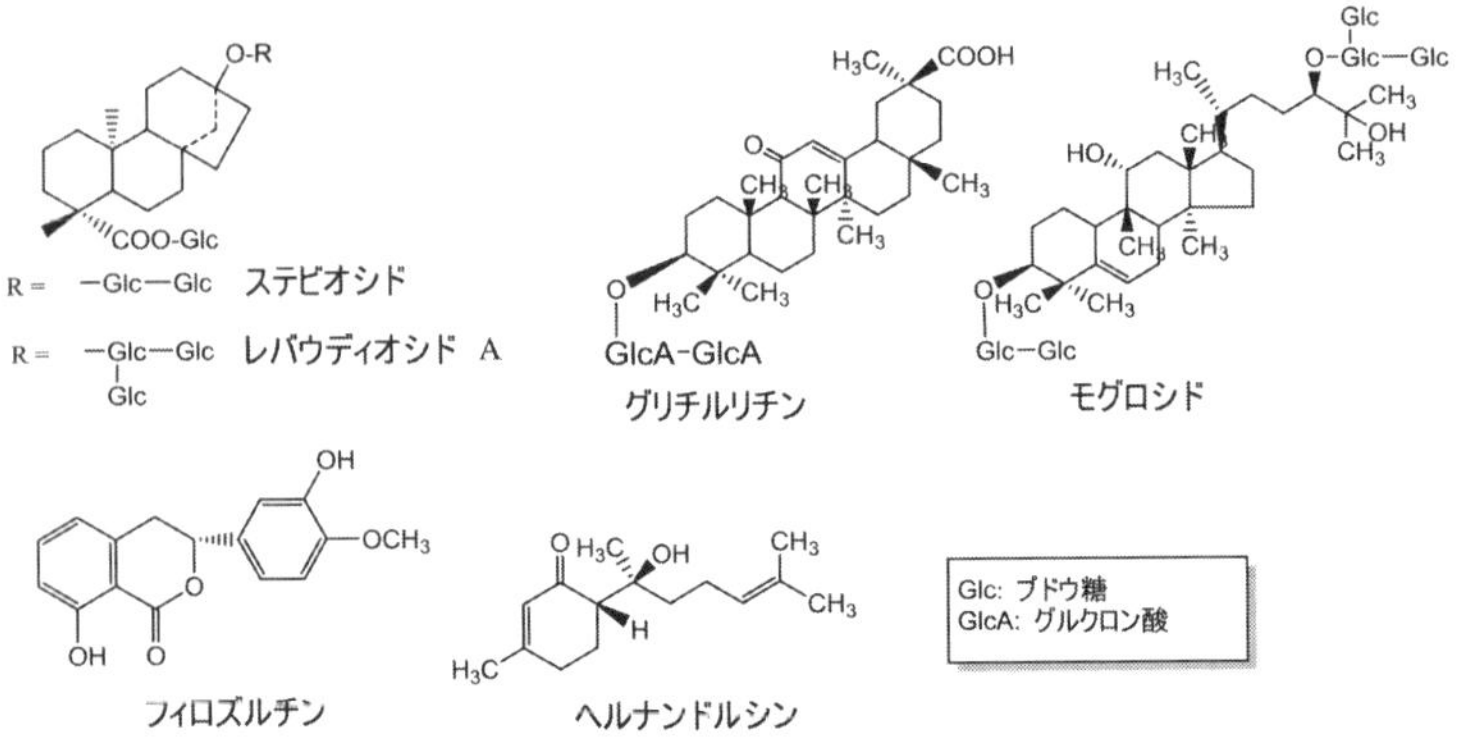

図2-10　糖以外の甘味物質はジテルペンやトリテルペン配糖体に強い甘味成分が知られているが、フィロズルチンやヘルナンドルシンのように低分子のアグリコン（非糖部）が甘味を有する例もある。

糖以外の甘味物質

甘いものは糖という考えが普通であるが、甘味を持った天然の糖は意外に少なく、ショ糖や果糖をしのぐ糖はない。一方、植物には糖以外の甘味物質が多く知られており、しかもその甘味の強さがショ糖をはるかに超える天然物がいくつか知られている（**図2-10**）。このような甘味物質は、栄養価の高いショ糖など甘い糖の摂りすぎを防ぐダイエット甘味料として注目されている。

●ステビア

南米パラグアイやブラジル原産のキク科の多年草ステビア（*Stevia rebaudiana*）は強い甘味を持つことが知られており、現地の先住民によって、マテ茶の甘味づけなどに用いられていた。英語ではsweet leafとかsugar leafと呼ばれていたが、あまり広くは用いられなかった。それは、ステビアには苦味物質なども含まれており、味覚の面で必ずしもヒトの嗜好に合っていなかったためと考えられる。

ステビアからは甘味物質として、最初に主成分であるステビオシドと呼ばれるジテルペン配糖体が分離され強い甘味のあることがわかったが、わずかに不快感があった。その後、広島大学薬学部の田中治らにより、比較的含量の高いレバウディオシドAというジテルペンの配糖体が分離され、ステビオシドより良好な甘味を持っていることが明らかになった。ステビオシドとレバウディオシドAの甘味の強さはショ糖の約300倍である。この他にも多数のジテルペン配糖体が得られているが、甘味に苦味が感じられたり、苦味の強いものもあった。その後、苦味などの不快な味を持つ成分を除去する技術が確立され、実用化が可能となった。さらに原料となるステビアは、特に良好な甘味物質であるレバウディオシドAをより多く含有する品種が開発されている。

図2-11　ステビア

甘味料としてのステビアは、日本や欧米では変異原性、がん原性、催奇形性などの毒性がないことが明らかになったため甘味物質としての使用が認められており、食品添加物として使われている。そのため、甘味料として使いすぎることには問題があるが、適切なレベルでの使用には問題がないといわれている。

いくつかのスポーツ飲料、醤油や味噌の製造、スモークサーモンの製造などに、ステビアが用いられている。また、ステビアは血糖値を下げるとかインスリン抵抗性の改善作用があるなどもいわれているが、ヒトにおける確かな証拠はない。

●カンゾウ

地中海からロシア南部、さらには中央アジアや中国北部および北米に自生するマメ科の多年性草本であるカンゾウ（甘草）の仲間は、世界で十数種が知られている。ロシアカンゾウ（*Glycyrrhiza echinata*）、ウラルカンゾウ（*G. uralensis*）、スペインカンゾウ（*G. glabra*）、アメリカカンゾウ（*G. lepidota*）などが有名である。

植物全体が甘く、甘味成分として、グリチルリチン（グリチルリチン酸ともいわれる）などのトリテルペンサポニンが高含量で含まれている。グリチルリチンはショ糖の約２００倍の甘さがあるといわれ、食品製造における甘味物質として、また、医薬品の矯味物質として用いられている。カンゾウの抽出物は醤油、味噌、佃煮、漬物、菓子、タバコなどの甘味料として用いられているが、そこからナトリウム塩として得られたグリチルリチンは、ステロイドホルモン作用などの生理活性があり、大量に使用すると副作用が懸念されるため、使用対象は醤油と味噌に限定されている。

日本では３００年ほど前から栽培されていたが、現在はコスト的に安い海外で栽培されたものが輸入されている。また、カンゾウの根およびストロン（匍匐茎）は生薬としても重要で、日本薬局方に収載されている。カンゾウには鎮痛、鎮痙、鎮咳、去痰、抗炎症、抗アレルギー、解毒作用などが知られており、甘草湯、芍薬《しゃくやく》甘草湯、小柴胡湯《しょうさいことう》、桂枝湯《けいしとう》、葛根湯《かっこんとう》、麻黄湯《まおうとう》など我が国の漢方処方の７割以上に用いられている重要な生薬である。

●アマチャヅル

ウリ科蔓性の多年草アマチャヅル（甘茶蔓 *Gynostemma pentaphyllum*）は、読んで字のごとく植物体に甘味がある。日本から朝鮮半島、中国、インド、マレーシアに広く分布し、湿った半日陰に自生。アマチャヅルには薬用ニンジンの成分であるジンセノシド類と同じトリテルペンサポニンが含まれることが明らかになった。そのため高価な薬用ニンジン（第6章参照）の代用品として使うことができるのではないかとの話が広がって、薬草愛好家の間で一大ブームを起こした。アマチャヅル茶などが健康に良いと売り出されたこともあったが、今ではそのブームも沈静化している。なお、アマチャヅルの成分が薬用ニンジンと同じであると述べたが、一致するのは部分的であるので、同様の効果を期待することには問題がある。

アマチャヅルの成分としては甘味を持つサポニンだけでなく苦味を持つサポニンが共存しており、その比率の違いから、採取する地域により甘いものと苦いものがある。

アマチャヅルとステビアの甘味成分もともにテルペンの配糖体であるが、結合する糖の種類や結合パターンが異なると甘味の代わりに苦味が感じられるようになる。苦味はヒトに有毒であることを伝える感覚で、甘味は栄養成分であることを伝える感覚であると考えられている。このことから、甘味と苦味に対する感覚には微妙な関係があることがわかる。

●ラカンカ

ラカンカ（羅漢果 *Momordica grosvenorii*）は、有名な観光地・桂林のある中国広西省チワン族自治区が原産のウリ科の蔓性、雌雄異株の多年草である。ブドウのように棚を作って栽培されている。夏から秋にかけ5㎝前後の果実をつける。果実は甘いが生では使わず、乾燥させたものを砕いてお茶として飲んだり、料理に用いたりしている。ラカンカのエキスはショ糖の50倍ぐらいの甘味があり、低カロリーということで、糖尿病の食事療法や肥満対策のために用いられている。ラカンカはブドウ糖や果糖などの甘味糖類も含むが、強い甘味を持つトリテルペンサポニンであるモグロシドなどが甘味の中心になっている。

中国政府はラカンカを「国家保護植物」に指定し、生のものを国外へ移動することを禁止しているため、国内でのみ生のラカンカの取り扱いが許されている。そのため我が国では乾燥したものやエキスとなったものが栄養価の低いダイエット甘味料として通販などで流通しているほか、まれにスーパーなどでも見ることができる。

モグロシドを主成分とするラカンカの抽出物には、鎮咳作用、抗炎症作用、利尿作用などの生理作用が報告されているが、さらに検討を加える必要がある。

●アマチャ

ユキノシタ科の落葉低木で、アジサイ（*Hydrangea macrophylla*）の変種（*H. macrophylla* var. *thunbergii*）であるため、葉はアジサイに、花はガクアジサイに似ている。アマチャは日本生まれの植物で本州中部地方の樹林に自生する落葉低木である。主として長野県、富山県、岩手県などで栽培されている。アマチャの生葉には甘味がないが、若芽を加工・調整して発酵させることで、配糖体が加水分解を受け甘味を持つアグリコンが生成され、それを煎じたものが甘茶として飲まれる。

釈迦の誕生日を祝う灌仏会《かんぶつえ》（花祭り）では、お釈迦様の像に甘茶をかけたり、参拝者に甘茶が振る舞われたりする。ただし濃い甘茶を飲むと嘔吐や悪心《おしん》を引き起こす危険がある。花祭りには子どもたちによる稚児行列が行われることも多いが、２００９年に岐阜県、２０１０年には神奈川県の幼稚園で、濃い甘茶を飲んだ子どもたちに集団中毒が起きた。アマチャからシアン配糖体が検出されたとの報告があるが、加工した甘茶からは確認されておらず、シアン配糖体が食中毒の原因であるかどうかは確実に確認されていない。

アマチャの甘味物質はイソクマリン誘導体であるフィロズルチンが知られており、ショ糖の約３００倍の甘味がある。アマチャの成分は医薬品の矯味剤などとして用いられ日本薬局方に収載されている。

●ヘルナンドルシン

西インド諸島原産で、メキシコなど中米に分布するクマツヅラ科の植物（*Lippia dulcis*）は、現地で甘味料や薬用として使われていた。メキシカンスイートハーブ（Mexican sweet herb）と呼ばれ、乾燥地を好み地表を這うように生育するこの植物は、葉や花に強い甘味がある。その成分としてヘルナンドルシンが分離構造決定され、ショ糖の約１５００倍の甘味があるといわれている。ヘルナンドルシンは炭素数15のセスキテルペンで、比較的平凡なビサボラン骨格を持っている。糖以外の甘味天然物の多くがテルペンの配糖体であることを考えると、糖が結合していないヘルナンドルシンのどの構造部分が強い甘味を発揮するのか興味が持たれる。

日本の科学者が、ヘルナンドルシンの４種の立体異性体を合成してその甘味を確認した結果、天然体にのみ甘味のあることが明らかになっている。このように甘味は物質の立体構造を強く反映していることを示している。

甘いタンパク質

多数のアミノ酸残基が重合したタンパク質は、普通は無味無臭であるが、一部のタンパク質に強い甘味を呈することものがある。甘いタンパク質として、ソーマチン、モネリン、ブラゼイン、クルクリン、マンピリン、卵白リゾチームの6種類が知られている。特にソーマチン、モネリン、ブラゼインの甘味は強く、重量比でショ糖の数千倍といわれている。

ソーマチンは西アフリカ産のクズウコン科の植物（*Thaumatococcus daniellii*）から得られた甘味を持つタンパク質で、ショ糖の１６００～３０００倍ほどの甘さがあるといわれているが、甘味の質はショ糖ほど良質ではない。タンパク質でありながら比較的熱に安定で、水によく溶ける。アフリカ原住民に利用されてきたが、１８４０年にイギリスの軍医によって発見され、世界中に紹介された。ソーマチンは、ヒスチジン以外の19種のアミノ酸残基２０７個で構成される一本鎖のタンパク質である。我が国では甘味料として認められ、食品添加物として許可されている。麴菌《こうじ》による大量生産に成功しているほか、トマトやジャガイモのトランスジェニック（遺伝子操作した）植物による生産実験も行われている。

モネリンは西アフリカ産のツヅラフジ科の蔓性植物（*Dioscoreophyllum volkensii*）の果実から得られたタンパク質で、44個のアミノ酸からなるA鎖と50個のアミノ酸からなるB鎖の、二量体タンパク質である。ソーマチンと比べて低分子で、しかもヘテロ二量体で分子構造は大きく異なるが、ソーマチンと同様、ショ糖の約3000倍の甘味を持つといわれている。甘味の発現が遅く、長く甘味が続くことが特徴である。

ブラゼインは西アフリカのカメルーンやガボンに分布するペンタディプランドラ科のニシアフリカイチゴ（*Pentadiplandra brazzeana*）から、最初は酵素として分離され、強い甘味のあることがわかった。54個のアミノ酸残基からなる一本鎖のタンパク質で、モネリンよりさらに低分子であり、ショ糖と比べ重量比で約2000倍という強い甘味を有している。分子内に4か所のジスルフィド構造を持っているため、熱に比較的安定である。その構造は核磁気共鳴（NMR）スペクトルにより決定された。その甘味はソーマチンよりもショ糖に近く、人工甘味料のアスパルタームよりも後味が続く。熱に強く水にもよく溶けるため、ブラゼインは低カロリーの代替甘味料として、糖尿病の人も安全に使うことができる。ブラゼインに対するニーズは高いものの、原材料植物からの供給は困難である。固相法による合成や大腸菌による組み換えタンパク質の生産も成功している。

味覚を変えるタンパク質

一方、それ自身は強い甘味を持たないが酸味などを甘味に変える興味あるタンパク質が見つかっている。

西アフリカ原産の灌木、アカテツ科のミラクルフルーツ（*Synsepalum dulcificum*）の果実は、オリーブの実と大きさも形もよく似ているが、熟すと真っ赤な色になる。果肉は薄く、自身はわずかな甘味しかないが、これを食べた後に酸っぱいものを食べると、強い甘味を感じられるようになることが知られている。ミラクルフルーツの果肉を口に含んだ数分後、レモンを食べると、まるで甘いオレンジを食べたような味わいを感ずる。現地の人たちが食事の前にミラクルフルーツを食べることからこの不思議な性質が明らかになった。ちなみに、ミラクルフルーツをかじった後はビールがひどくまずくなるとのことである。

味覚を変えるこの不思議な現象の本体を探る研究が行われ、ミラクリンというタンパク質が分離されてその構造が明らかになった。横浜国立大学の栗原良枝らの研究で、ミラクリンは191個のアミノ酸残基からなるタンパクに糖鎖が結合した糖タンパク質であることがわかったのである。ミラクリンの効果は果実をかじってから1時間ぐらい続く。熱には不安定である。ミラクルフルーツは我が国でも室内や温室で容易に育てることができ、真っ赤な可愛らしい果実を実らせることができる。また鉢植えとして購入することも可能である。

図2-12　ミラクルフルーツ

マレーシアに自生するキンバイザサ科のクルクリゴ（*Curculigo latifolia*）は、ラッキョウのような形をした実をつける。この実から甘味を持つタンパク質クルクリンが分離された。この甘味はすぐに消えるが、その後も水を甘く感じたり、酸っぱいものを甘く感じたりすることが明らかになった。クルクリンは、114個のアミノ酸残基からなる2種類のタンパク質が2か所のジスルフィド結合で二量化したタンパク質で、熱にはやや安定である。

クルクリンとミラクリンの間には相同性のある配列はないが、お互いの抗体でそれぞれ交差反応があることから、両者のアミノ酸配列の中には、酸っぱいものを甘いと感じさせる共通の配列があるのではないだろうか。

このようなタンパク質がなぜ植物によって合成され体内に蓄積されているのか、その理由は定かでないが、何か目的があって合成しているものと考えられる。興味深いタンパク質である。

column

3・・・人工甘味料

過去には貴重品だったショ糖が今では大量に生産され、安価でしかも人の味覚に最もフィットした甘味料として、料理、菓子などあらゆる食品に用いられている。

しかし一方で、炭水化物の摂りすぎによる肥満や糖尿病の弊害が社会問題になっている。そのため、ショ糖など甘味糖類に代わる栄養価の低い甘味物質が望まれている。その要求にこたえるものとして、糖以外の天然の甘味物質もいろいろ知られているが、植物体に含まれる含有量が十分でない、夾雑物《きょうざつぶつ》により甘味が劣化する、甘味物質を取り出すためのコストが高くなるなどの問題で、なかなか普及できない。

そのため良質な甘味を持つ安全な人工甘味料に対するニーズが高く、歴史的に多くの人工甘味料が開発されたものの、時には毒性や発がん性の問題があり市場からは消えていった。しかし近年はその開発のレベルも上がり、安全な人工甘味料が現れている。

歴史的に古く最も有名な人工甘味料はサッカリンで、非常にシンプルな構造を持っている。その甘味の強さは、重量比でショ糖の400〜700倍で、ショ糖が不足していた終戦直後には盛んに使われていた。発がん性の問題が指摘

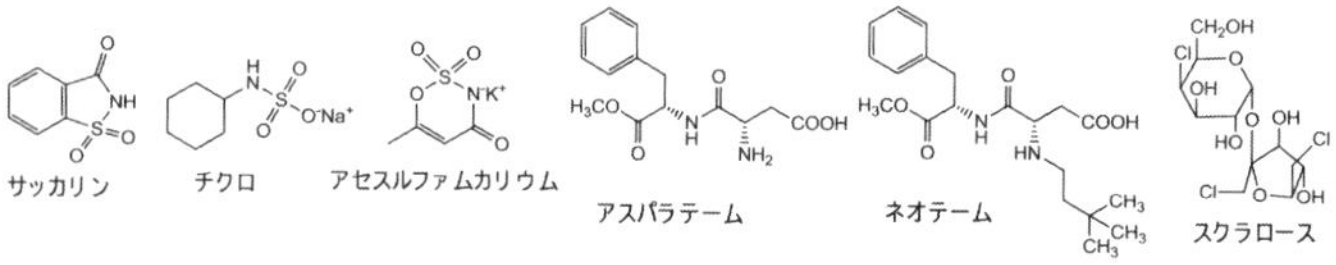

サッカリン、チクロ、アセスルファムカリウムはスルホン酸アミド構造（$-HN-SO_3-$）を持っており、古くから用いられてきた。最近では、ジペプチド構造を持つアスパラテーム、ネオテーム、あるいは天然の糖から誘導されたスクラロースなども使われている。

され使用が禁止されたことがあるが、その後、嫌疑も晴れ、人工甘味料として許可されている。

サッカリンの甘味の質は比較的シンプルでさっぱりしているが、濃い状態では苦味が感じられる。例えば歯磨き剤の甘味物質として広く用いられている。

サッカリンに続いてサイクラミン酸ナトリウムが用いられるようになった。チクロと呼ばれ、重量比でショ糖の30～50倍の甘味を持っている。サッカリンと同様に発がん性が疑われ、一時使用禁止になったが、のちに否定され、ヨーロッパ、カナダ、中国などでは使用されるようになったものの、米国や日本では使用されていない。

サッカリンやチクロと同様のスルホン酸アミド構造を持つアセスルファムカリウムは、ショ糖の200倍の甘味を持っている。我が国では、2000年に食品添加物に指定され、各種食品や、スポーツ飲料、清涼飲料、アルコール飲料などに用いられている。高い濃度で用いるとわずかに苦味を感じることがある。

最近特に注目される人工甘味料として、ジペプチド型の甘味物質であるアスパラテームとネオテームがある。アスパラテームは、L-アスパラギン酸にL-フェニルアラニンがペプチド結合し、フェニルアラニン残基のカルボキシル基がメチルエステルとなったもの。ショ糖の100~200倍の甘味があり、その風味はショ糖に近く、人工甘味料として広く用いられている。ネオテームは、アスパラテームのアスパラギン酸残基のアミノ基に3,3-ジメチルブチル側鎖が結合した構造で、甘味はショ糖の7000~1万3000倍、また、アスパラテームの30~60倍といわれており、甘味の質もショ糖のそれに近い。

ショ糖から誘導された人工の糖スクラロースは、ショ糖の600倍という驚くほどの甘さがある。しかも我々の体内で消化されないためカロリーがゼロで齲蝕性もなく、また安全性にも問題がないということで米国、ヨーロッパ、日本など世界中でダイエット甘味料として許可され菓子類や飲料に用いられている。我が国では使用基準に則って使用されているが、なぜかその安全性に疑問を持つ声が聞こえる。これは、スクラロースの構造が塩素原子を複数含んでいるためと考えられる。

天然型のL-アミノ酸では甘いものはアラニンぐらいであるが、非天然型のD-アミノ酸ではアラニン、バリン、ロイシン、セリン、トリプトファンが強い甘味を持ち、イソロイシン、メチオニン、フェニルアラニン、ヒスチジン、グルタミンも甘味を持っているという興味ある報告もある。

column

4・・・味や匂いを感ずる仕組み

ヒトには五感といわれる5つの感覚（味覚、嗅覚、視覚、聴覚、触覚）がある。視覚を通して光情報を受け取り外の様子を見ること、聴覚を通して音の情報を外から感ずること、また、触覚を用いて物の存在を認識することは、物理的な情報に対する感覚である。一方、味覚や嗅覚は化学物質を介しての情報伝達である。食事や香りを楽しむことで我々の生活を豊かにすると同時に、他の感覚では気づけない有害な物質を察知することができる。

味覚

ヒトの場合、味覚の中でも最も敏感に感ずるのが苦味、次いで酸味、次が塩味、旨味、そして一番感度の低いのが甘味ということになっている。苦味は毒などの有害物質の情報を伝える味、酸味は腐敗したものの情報を伝える味であり、わずかな濃度でも敏感に感ずることで我々の安全を守ることになる。最も感度の低い甘味は、我々のエネルギー源であるブドウ糖などの味だ。必要なエネルギーをできるだけたくさん確実に確保するための情報で、比較的緊急性が低いため感度が低くなっていると考えられている。

我々の生命を守るために働くシステムである味覚を、本来の目的からさらに進化させ、自らの生活の豊かさに使うヒトは欲張りな生物である。

味覚は、砂糖などの甘味物質、食塩などの塩味物質、グルタミン酸などの旨味物質、酢酸などの酸味物質、茶カテキンなどの苦味物質が、味覚のセンサーである受容体タンパク質に触れることで感ずることができる。

味覚に対する感度はそれぞれの食性を反映し、動物によって異なっている。味を感ずる味覚受容体細胞である味蕾の数で比べると、イヌは1700~2000で、ヒトの5000よりもネコはさらに少なく、500~800ぐらいといわれている。一方、草食動物は2万前後でヒトよりはるかに多い。ヒトよりはるかに嗅覚の優れたイヌは、味覚ではるかに劣ることになる。ネコなどのネコ科の肉食動物は甘味を感ずるための遺伝子が欠損しており甘味を感じないと考えられ、一方、肉の腐敗の程度を知るため酸味に対しては敏感である。また、パンダは旨味を感ずるための遺伝子が欠損していることが知られている。

嗅覚

匂いは、嗅覚センサーである受容体タンパク質に、匂い物質が触れることで感知する。

空気中の化学物質が鼻腔中の嗅覚細胞の膜外に露出した嗅覚受容体に付着すると、受容体タンパク質の構造変化が細胞内に伝えられ、その結果イオンチャンネルが開き脱分極により電気信号が生ずる。この電気信号が神経を通して脳の嗅覚中枢に伝えられて匂いを感ずる。

嗅覚の感度は動物の種類によって異なっており、ヒトに比べるとイヌの嗅覚ははるかに優れていることはよく知られている。嗅覚受容体の遺伝子の数が多いのがアフリカゾウで1948、続いてウシ1186、マウス1130、ウマ1066、イヌ811となり、ヒトは396といわれている。イヌはヒトより嗅覚が優れているが、アフリカゾウの方が圧倒的に優れた嗅覚を持っていることになる。ヒトは必ずしも嗅覚が優れているわけではないが、1万種の匂いをかぎ分けることができるとの説もある。

なお、ヒトでは男性より女性の方が嗅覚の感度が高いといわれており、その理由は嗅覚に関するニューロン数や嗅球が女性は男性の倍ほどあるためと考えられている。このことから匂いに対して男性が鈍感であることが理解される。

嗅覚は、もともと野生の生活の中で危険を感じたり、食べ物を見つけたり、仲間とのコミュニケーションをとったりするのに必要な感覚であったが、視覚や聴覚を発達させた我々人類は嗅覚をそれほど必要としなくなったために嗅覚は退化したのではないかと考えられる。一方、イヌはあまり目が良くないといわれており、それを補うために高い嗅覚を維持しているのだろう。

食べ物を美味しく食べるには味覚だけでなく嗅覚も大きく関与していることは、日常の生活の中で経験することである。ウナギのかば焼きの香りや、カレーライスの香り、ラーメンの香りで食欲がそそられる経験は日常のことである。

第3章　食害忌避の辛味と刺激物質

植物が昆虫などによる食害で悲惨な姿になっている光景を見ることがある。動くことができない植物はさまざまな手段で食害を防いでいる。最も一般的なのは有毒物質を体内に溜める方法であるが、少しだけ穏やかな方法として、昆虫や動物が忌避する強い香り物質、辛味物質、苦味物質などを生合成して蓄積し、食害を防ぐ手段を進化させている。しかし、ヒトは飽くなき食に対するこだわりから、植物が生産した防御物質である辛味物質や苦味物質などを嗜好の対象として、食生活を豊かにするハーブやスパイスなどに利用している。

スパイスとハーブ

何がスパイスで何がハーブなのかを区別する明確な決まりはないようである。次のような考え方が一般的であるが、この区別が当てはまらない場合も多い。

スパイスは、コショウ、シナモン、ナツメグ、クローブ等、熱帯地方からヨーロッパにもたらされた芳香性や刺激性のある食材で、植物の根、茎、樹皮、果実、種子などに分けられ、一般に乾燥されたものが用いられる。スパイスは日本語では香辛料と呼ばれており、一般的に辛いものとのイメージがあるが、実際には辛いスパイスはあまり多くないようである。

ハーブは、ヨーロッパで自生している植物を材料とし、葉や花の香りを食用や薬用にしたことが起源とされ長い間伝承的に使われてきた。バジル、タイム、オレガノ、パセリ、ローズマリー、セージなど、世界に広まったものである。ハーブは草本を基本とするため、木本類は含まれないともいわれているが、区別はあいまいな点もある。

スパイスもハーブもその使用の歴史は古く、エジプトのミイラの腐敗を防ぐためや、医薬品として用いられてきた。その後も、食文化や日常の生活を豊かにする素材として進化している。スパイスは数百種類程度なのに対して、ハーブの種類は万を超えるといわれている。この章では比較的よく知られたスパイスやハーブについて、以下に述べる。

食事に深みを与えるスパイス

日本人になじみ深い辛味物質

辛味は味という字がつくため味覚の一つと考えられがちであるが、先にも述べたように、味覚は「甘味、塩味、酸味、苦味、旨味」の五味が国際的に認知されており、辛味は痛覚によるものなので、基本となる五味に含まれない。植物による辛味物質の生合成は、植物が食害を防ぐために昆虫や鳥、動物が

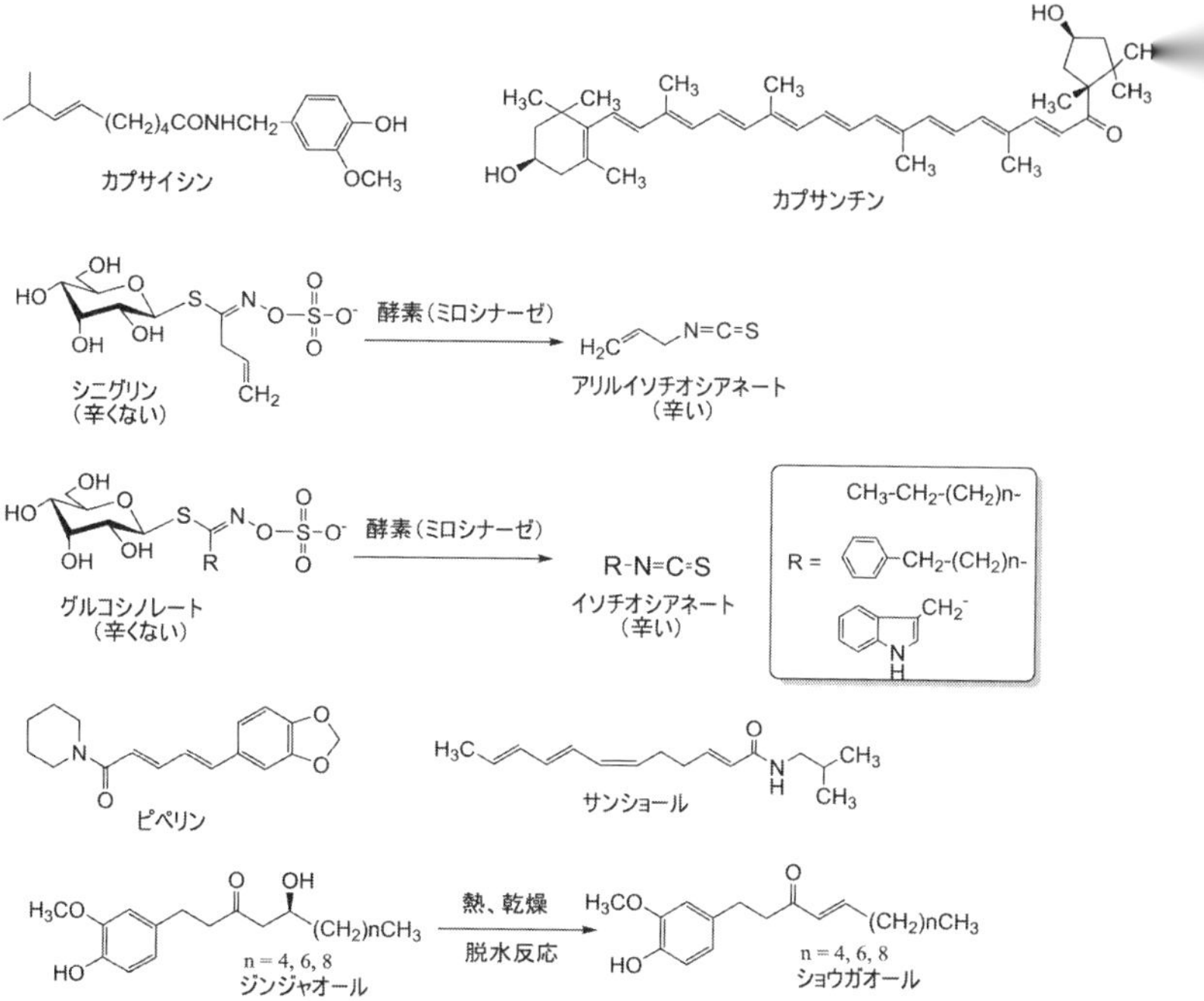

図 3-1　日本人になじみ深い辛味素材に含まれる物質の構造。ショウガの辛味成分以外はすべてアミド構造（-CO-N-）を持っていることから、アミド構造が辛味にとって重要であることがわかる。

忌み嫌う刺激物質として辛味物質を体内に溜める化学戦略である。そんな植物の切なる願いを打ち砕いて、ヒトは辛味を嗜好として、食生活を豊かにするために用いるようになった。もちろん、人類が初めから辛いものを好んで食したとは考えられず、辛い植物は食材として受け入れられなかったであろうが、長い歴史の中で次第に辛味を受け入れ、ついには好ましい嗜好にまで発展させてきたものと思われる。辛味の質にもその食材により違いがあり、世界の各地域で、その民族により独特の食文化を見ることができる。この辛味物質やスパイス類も、まさに人に対する植物からの贈り物である。

日本人はスパイスには比較的なじみが薄い半面、数種の辛味物質を和食の中に取り入れて生活に彩りを与えている（**図3-1**）。

図3-2　トウガラシ

●トウガラシ

中南米原産のナス科の一年生草本であるトウガラシ（唐辛子 *Capsicum annuum*）は15世紀、コロンブスの新大陸発見の航海をきっかけにヨーロッパに伝わり、さらに世界中に広まった。今では、主要な香辛料として世界中で栽培されており、数千種類の品種があるといわれている。我が国には、朝鮮出兵の際に豊臣秀吉によって朝鮮半島から持ち帰られたとの説や、逆に、ポルトガルから日本にもたらされ、豊臣秀吉の遠征で朝鮮半島に伝えられたとの説もある。これらの説から、トウガラシを南蛮辛子あるいは高麗胡椒などとも呼ぶが、日本には16世紀半ばにポルトガル人から伝えられたとの説が正しいようである。また、唐辛子という呼び名から、中国から伝えられたとの印象を持つが、じつは、中国にトウガラシが伝わったのは日本より後の17世紀半ばである。

トウガラシは、それぞれの地域において、特産の品種がある。我が国では江戸時代にタカノツメやヤツフサなどの品種が開発されており、一味唐辛子、七味唐辛子の主要素材として用いられている。メキシコでは辛いと評判のハバネロや比較的マイルドなハラペーニョ等が有名である。世界一辛いトウガラシとして数年にわたりギネスに認定されていたキャロライナ・リーパーは、近年イギリスで発見されたドラゴンズ・ブレス・チリという品種にその座を追われた。トウガラシ大国といわれる韓国のトウガラシはタカノツメより大きく肉厚で、意外やタカノツメより辛くなくそのまま食べることができ、辛味以外の旨味成分などが多くキムチなどの韓国料理に適したものといわれている。

ピーマン、パプリカ、シシトウはトウガラシの甘味変種、いわばトウガラシの兄弟で、スイートペッパーと呼ばれ世界中で野菜として用いられている。シシトウは時に辛味を持つものもあり、トウガラシの仲間であることを思い起こさせる。

トウガラシの辛味はカプサイシンという物質で、その化学構造の中にアミド構造(-CO-N-)が存在しているが、後に述べるカラシやワサビの辛味成分にもこのアミド構造が存在している。このアミド構造の存在がカプサイシンの辛味発現に重要であると考えられる。トウガラシや赤ピーマンの赤色色素はカプサンチンやβ-カロテンなどのカロテノイドによる。

トウガラシは香辛料、すなわち野菜としての印象が強いが、医薬品としても用いられている。我が国や中国では、トウガラシを乾燥させたものが生薬バンショウ（蕃椒）として用いられ、日本薬局方に記載されている。皮膚血管の拡張、消化管の運動促進、局所刺激作用などがあり、神経痛や筋肉痛の治療や辛味性健胃薬などに用いられる。

●ワサビ

日本原産のアブラナ科の多年生植物であるワサビ（山葵 *Eutrema japonicum*）は本ワサビといわれ、特に我が国では広く用いられ、生ものを扱う和食になくてはならない香辛料である。ワサビの学名として *Wasabia japonica* がシノニム（別名）として用いられていることと小種名が *japonicum* であることから、まさに日本を代表する植物ということになる。ワサビは夏でも冷涼で、冬でも比較的温暖な山地の、きれいな水の流れのあるところが栽培に適している。静岡市の郊外、安倍川上流の有東木《うとうぎ》という場所で栽培されたワサビが、徳川家康に献じられ評価を受けたことがきっかけでワサビ栽培が盛んになったといわれ、当地では今でもワサビ栽培が行われている。静岡県伊豆半島の天城山地も良質のワサビの産地として有名である。また長野県の安曇野地方でも大掛かりな栽培が行われている。

ワサビの辛味成分は他感作用物質として働いているため、自分自身の根の発達にも影響し、辛味成分が根の周りに溜まると根が育ちにくくなる。そのため、水流のあるところで栽培することによりその作用を軽減し、太い根のワサビを育てることができる。水温16～18℃の清流が栽培に適しているといわれている。

同じアブラナ科のワサビダイコン（*Armoracia rusticana*）はホースラディッシュあるいは西洋ワサ

ビとも呼ばれ、フィンランド原産で、世界中で広く栽培されている。我が国では、ワサビの代用品として北海道などで栽培されているが、こちらは普通の畑で栽培される。ワサビもワサビダイコンも辛味成分は基本的に同じアリルイソチオシアネートという成分であるが、辛味成分以外の成分、なかでも揮発成分の違いが微妙に影響し、特に生のワサビをすりおろしたものは、ワサビダイコンのものとは風味が大きく違ってくる。

ワサビは、気温や水の問題がデリケートで栽培が難しいため大量生産が困難であり製品のコストが高くつく。そのため、粉ワサビやチューブ入りの練りワサビとして供給される製品はほとんどワサビダイコンから製造されたものである。

ワサビに含まれるシニグリン自体は辛味を持っていないが、細胞の組織が破壊されるとミロシナーゼという加水分解酵素が働き、辛味物質であるアリルイソチオシアネートを生産することで独特の辛味を呈することになる。昔、粉ワサビを使うとき、盃などの小さな器に粉ワサビを入れ、水で溶いた後に盃を伏せてしばらくおいてから練ったワサビを使ったことを記憶されている方も多いだろう。水で練ることで糖加水分解酵素であるミロシナーゼを活性化させ、シニグリンのグルコースを加水分解で除去することにより、辛味を持つアリルイソチオシアネートを産生させるためである。

ワサビの辛味物質は黄色ブドウ球菌、大腸菌、腸炎ビブリオ菌などの食中毒菌に対して強い抗菌作用を持っており、生の魚介類などの添え物として、食中毒の防止に役立っている。

●カラシ

アブラナ科のカラシナ（芥子菜 *Brassica juncea*）や近縁種は、広く辛味成分を含んでいる。カラシナの変種には葉野菜として知られているものが多く、タカナ、ザーサイ、ターサイなどはそれである。カラシナの種子はカラシの原料となり、植物自体も漬物などとして食べられる。カラシには和ガラシと洋ガラシがあるが、原料は同じで、作り方が異なる。和ガラシは、カラシナの種子の粉末をぬるま湯で練って作られたもので、洋ガラシは、種子に酢や砂糖を混ぜて調製された、いわゆるマスタードと呼ばれるものである。和ガラシは比較的辛いが、洋ガラシはあまり辛くなく違った味覚を感じる。

カラシの辛味の成分はグルコシノレートと呼ばれる配糖体で、ワサビのシニグリンのアリル基（$CH_2=CH-CH_2-$）の部分が異なる構造を持っており、ワサビと同様ミロシナーゼという酵素で加水分解され揮発性のイソチオシアネート誘導体が生産され辛味を発揮することになる。同じアブラナ科の野菜であるダイコンをすりおろすと強い辛味を示すが、この辛味もダイコンに含まれるグルコシノレートから生じたイソチオシアネートによるものである。

グルコシノレートはクレソン（オランダガラシ）やキャベツなど他のアブラナ科の野菜にも含まれているため、通常昆虫はこれを食害しないが、モンシロチョウの幼虫は、辛味成分に対する耐性を進化させ、他の昆虫が食用としないキャベツなどを独占的に食べて育つことができる。

●コショウ

コショウはインド原産のコショウ科の蔓性植物コショウ（胡椒 *Piper nigrum*）の果実を原料として

調製され、ペッパーと呼ばれて紀元前のギリシャの時代から使われていた。抗菌・防虫・防腐作用もあり、食品の保存にもなくてはならないもので、中世ヨーロッパでは貨幣代わりに用いられるほど珍重されていた。そのため、ヨーロッパ列強の植民地政策の主要な目的の一つがコショウの独占と商取引であった。特にインドを植民地としていたイギリスにとっては、インドでのコショウの生産とその輸出は大きな財源であったものと考えられる。最も古くからヨーロッパで珍重されていた香辛料の一つである。

収穫時期や調整法の違いにより、未熟果実を長時間かけて乾燥させた黒胡椒、外果皮を取り除いた成熟果実から調製した白胡椒、未熟果実を塩漬けにした青胡椒がある。それぞれ辛味や風味が異なっており、合う料理が異なるため、国や地域により使われ方も異なってくる。黒胡椒は強い独特の風味があり、肉料理に合う。白胡椒は、黒胡椒に比べ穏やかな風味で、魚料理と相性が良く、青胡椒は肉・魚料理に相性が良い。我が国には奈良時代に生薬として伝えられたものが正倉院に現存している。江戸前期には普及し、うどんの薬味などに用いられたといわれている。

コショウの辛味成分はピペリンという物質で、トウガラシの辛味成分カプサイシンとは全体的には大きく構造が異なっているが、分子中にアミド構造を持っていることは共通である。ピペリンの辛味発現にこのアミド構造が重要な働きをしていることがうかがえる。コショウは、発汗作用、健胃作用、抗菌作用などが知られている。

辛味物質以外に精油成分であるピネンやリモネンなどの香気成分を含んでおり、コショウの風味に寄与している。

図3-3　サンショウ

●サンショウ

　ミカン科の落葉低木であるサンショウ（山椒 *Zanthoxylum piperitum*）は日本原産で、朝鮮半島まで分布している。昔はハジカミともよばれていたが、ハジカミという言葉はショウガなどの香辛料の名前でもあり、混乱を避けるため、サンショウは房ハジカミと呼ばれていた。サンショウは雌雄異株で、5~6月に雌株に青い実がつく。サンショウは英語でJapanese pepperと呼ばれ、学名の小種名 *piperitum* もコショウを表しているため、西洋のコショウの代用品的な見方がされているが、サンショウは葉や雄花の部分まで使用されるためハーブとしても扱われ、風味もコショウとはまったく異なるものである。サンショウはほかの辛味物質と比べても独特の風味を持ち、特にしびれを伴う辛味が特徴である。

　一般にサンショウには棘《とげ》があるが、棘のない雌株が、昔、但馬国《たじまのくに》朝倉郷（現・兵庫県養父市八鹿町朝倉）で見つかり、株化され栽培品種であるアサクラザンショウとなった。実が大きいので江戸時代から珍重され、栽培品種として受け継がれて今でも各地で栽培されている。

　サンショウは葉、雄花、実、樹皮と多くの部分が香辛料として用いられる。葉（木の芽）には油点という組織があり、サンショウ独特の精油成分や辛味物質が含まれており、料理に使う前に手のひらでたたいて油点を潰すことで独特の香りが発散され料理に深みを与える。雄花は花山椒として、辛味はないが香りを楽しむ料理に用いられる。そしてなんといってもサンショウの未熟な青い実を水煮してから佃煮にし、これをちりめんじゃこと混ぜたちりめん山椒が特に有名である。サンショウは七味唐辛子の重要な構成素材の一つとしても知られている。また、中国四川料理のサンショウを用いた麻婆豆腐は、しびれるような辛さが独特である。

サンショウの辛味成分としてはサンショールなどのアミド誘導体が、香気成分としては、モノテルペン誘導体であるリモネンやシトロネラール等が知られている。

サンショウの果実は香辛料としてだけでなく、中国では古くから生薬としても用いられ、芳香性健胃薬や苦味チンキの原料として、大建中湯《だいけんちゅうとう》、当帰湯《とうきとう》、椒梅湯《しょうばいとう》などの漢方薬に処方される。成熟果皮は生薬として日本薬局方にも収載されている。

●ショウガ

ショウガ科を代表する植物の一つであるショウガ（生姜 *Zingiber officinale*）は、熱帯アジア原産で、インドでは紀元前数千年前から医薬品として使われていた。学名の小種名 *officinale* は、ラテン語の「薬用に」の意があり、中国などでも生薬として用いられていた。日本には2〜3世紀頃に中国から薬として伝わったと考えられ、奈良時代には栽培されていた。ショウガは中世ヨーロッパでも好んで用いられ、コショウに匹敵するほど需要があったといわれている。

特に我が国では、その辛味と香りが珍重され、和食になくてはならない素材となっている。新鮮な葉ショウガはそのまま生で味噌などをつけて食べる。根ショウガは酢漬けや漬物にしたり、ショウガ糖やキャンディーなどに用いられる。刺身には薬味としてすりおろして用いられるが、風味だけでなく、その抗菌作用が食中毒の防止に役立っている。魚介類の調理ではその生臭さを取り除くための材料として、なくてはならないものである。香辛料の中でも、最も日本人の嗜好に合ったものと考えられ、家庭料理にも広く用いられている。

ショウガの辛味成分はジンジャオールといわれる化合物で、アルキル鎖の長さの異なる3種類の化合物が主成分として含まれている。ジンジャオールは脱水反応を起こしやすく、それによりショーガオールに変化する。そのため古いものや生薬に加工したものではショウガオールが含まれるようになるが、どちらも同じような辛味を持っている。ショウガは辛味だけでなく独特の風味を持っているが、精油成分を多く含んでおり、リナロール、ボルネオール、ターピネオールなどのモノテルペンやジンギベレン、クルクメンなどのセスキテルペン誘導体が風味に関係している。

ショウガは、その調整法によりショウキョウ（生姜）およびカンキョウ（乾姜）という別の生薬として日本薬局方に収載されている。健胃作用、鎮咳作用、抗菌作用などがあり、芳香性健医薬や矯味薬などに用いられている。

世界中で食文化を支えるスパイス

世界の料理で広く使われているスパイス類は、辛味とともに独特の香りや風味を持ったものが多く、それぞれの国や地域、また料理の種類で巧みに使い分けられている（**図3-4**）。特にカレー料理では、多数のスパイスがさまざまに使われ、多彩な味が生み出されている。

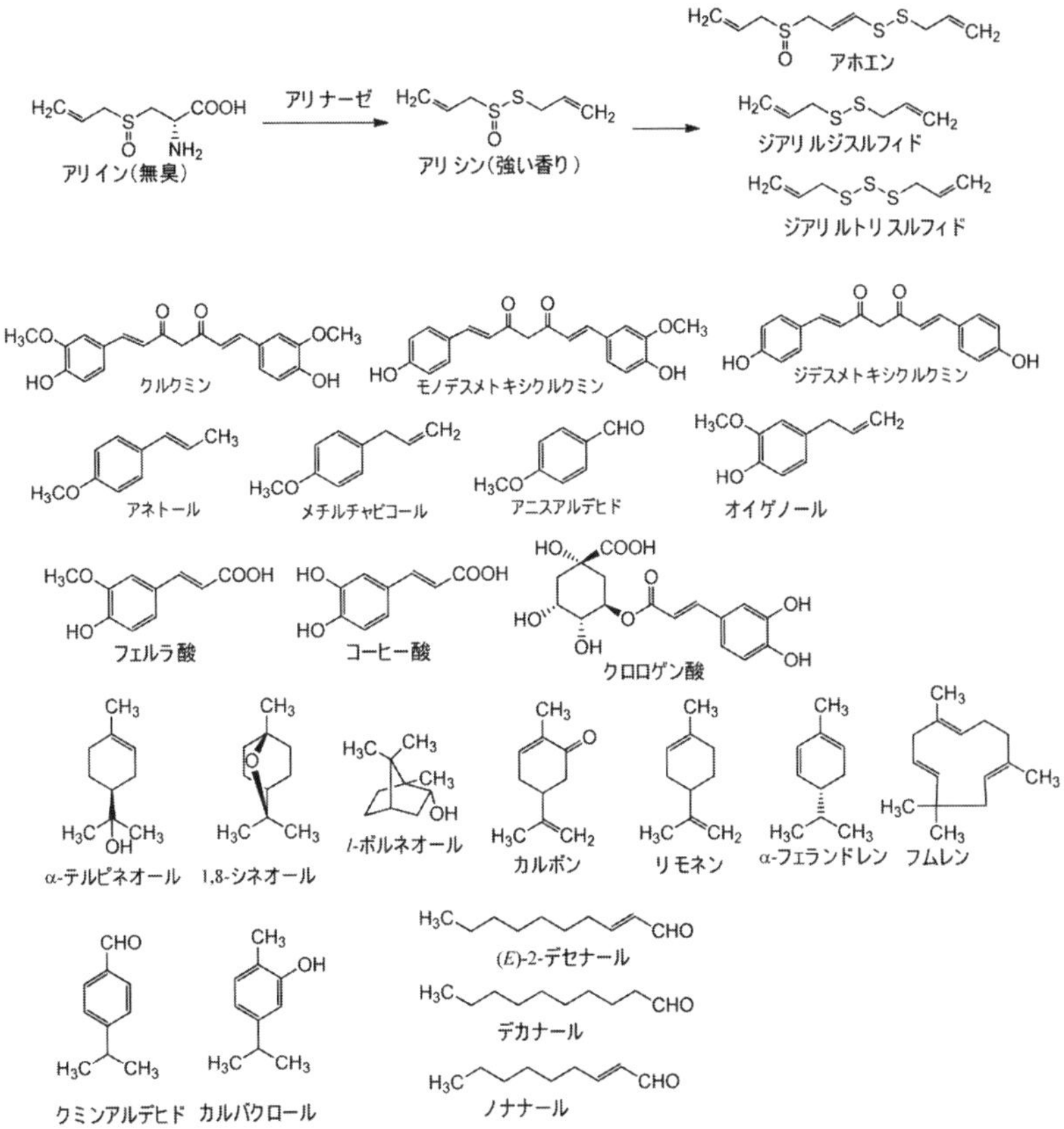

図 3-4　身近なスパイスの成分。スパイスは、強い香りとともに、刺激的な味覚のものが多く、揮発性のモノテルペン誘導体や芳香族化合物を多く含んでいる。

●ガーリック

ニンニク（*Allium sativum*）はクロンキスト体系ではユリ科に属していたが、被子植物の新しい分類法であるAPG体系ではヒガンバナ科の多年生草本である。根茎をガーリックと称してスパイスとして世界中で広く用いられている。我が国でも生で食べたり焼いて食べたり、すりおろしたり刻んだりして薬味にしたり、また刻んで乾燥させたものも香辛料としていろいろな料理に使われる。ガーリックは独特の香りだけでなく、その辛味もスパイスとしての重要な役割である。肉料理、炒め物、タレやソース、漬物、ガーリックトースト、ガーリックライスなどレシピは多岐にわたる。

ニンニクは、スパイスとしてだけでなく滋養・強壮作用、疲労回復作用、食欲増進作用など多くの有益な生理活性が知られている。そのため、ニンニクを素材とする医薬品や健康食品が数多く製品化されており、また生薬としても古くから用いられている。我が国には10世紀前に大陸から伝えられた。

ニンニクはそのままでは臭わないが、刻んだり砕いたりすると独特の強いニンニク臭といわれる香りを発する。これはニンニクの細胞が壊れたとき、無臭のアリインという成分がアリナーゼという酵素の働きで強い香りを持つアリシンに変換されることによる。不安定なアリシンは、調理などで熱をかけることによりアホエンやジアリルジスルフィド、ジアリルトリスルフィドなどに変化する。すると強い香りが抑えられマイルドな香りを持つようになり、ニンニク独特の料理の風味づけに働くことになる。

●ターメリック

ショウガ科ウコン（*Curcuma longa*）は英名をターメリック（turmeric）といい、その根茎を乾燥させたものもターメリックと称する。濃い黄色を呈し独特の香りがあり、天然色素や香辛料として広く用いられている。ウコンはインド原産で、紀元前からインドで栽培され、伝統医学のアーユルヴェーダにおける生薬やインド料理の香辛料として用いられてきた長い歴史がある。インドや東南アジアではカレー料理などの香辛料として用いられ、欧米や日本でも広く用いられている。特に、国民食ともいわれるほどカレーが大好きな我が国ではなじみのある食材である。

　ウコンには、クルクミノイドといわれる黄色色素が大量に含まれている。クルクミノイドは、クルクミン、モノデスメトキシクルクミン、ジデスメトキシクルクミンを主成分として含んでいる。この3つの化合物はいずれも黄色色素で、たくあんなどの漬物、グミ、キャンディーなどの着色に用いられるだけでなく、布地の染色にも用いられる。我が国でも沖縄などでウコンが栽培されているが、インドネシア産やインド産ウコンに比べクルクミノイドの含有量が格段に少ない。

図3-5　ウコン

　ウコンは色素として利用されるとともに、抗酸化活性をはじめとしていろいろな生理活性が期待され、特に、主成分であるクルクミンは健康に寄与する機能性成分として注目されている。昔から、生薬ウコンには利胆作用があるといわれているが、近年、肝機能の強化作用があるということで、二日酔いの改善を促す作用を持つサプリメントとしてウコン飲料が発売されている。ウコン（鬱金）は日本薬局方に収載される重要な生薬である。

　ウコンとしてアキウコン、ハルウコン、ムラサキウコン、クスリウ

コンなどの名で *Curcuma* 属植物由来の健康食品が売られているが、ウコンとアキウコンは同じものである。ハルウコンは *C. aromatica* で、根茎は淡い黄色でクルクミノイドの含有量は低く、キョウオウとも呼ばれている。ムラサキウコンはガジュツ（*C. zedoaria*）のことであり、根茎の切り口は紫色で黄色色素はほとんど含まれていない。クスリウコンは *C. xanthorrhiza* で、クルクミノイドを含み、根茎の切断面は淡い黄色である。いずれにしても、黄色色素クルクミノイドの含有量はウコンが他を圧倒している。これら *Curcuma* 属の植物の根茎には大量の精油成分が含まれており、セスキテルペンであるターメロンやクルクメンなどが知られているが、あまり良い香りではない。

図 3-6　サフラン

●サフラン

アヤメ科サフラン（*Crocus sativus*）の雌しべの3分裂した先端（柱頭）を乾燥させたものがスパイスとして用いられる。赤色をした長さ数センチの糸状で、10 g のサフランを得るには数千個の花が必要といわれ、さらにサフランの採集はすべて手作業で行うことから非常に高価な香辛料である。ヨーロッパ南部や西アジア原産で、地中海諸国やインドなどで栽培されている。我が国でも江戸時代の終わり頃にヨーロッパから伝来し、大分県などで栽培されているが、コストが高く品質が良いことなどから外国産より高価である。

苦味があるが、ハチミツのような香りがある。サフランは魚介類の料理によく合うといわれ、ブイヤベースやパエリア、サフランライス、リゾットなどヨーロッパの料理に広く使われている。特に、パエリアやサフランライスの独特の色はサフランに含まれる色素でクロシンと呼ばれるカロテノイドによるものである。パン、ケーキ、コーヒーなどにも利用されている。クロシンはクチナシの色素としても知られており、糖の結合した配糖体であるため水溶性である。使用前に10分ほど水に浸して色素を抽出してパエリアやサフランライスなどに用いる。

サフランはスパイスや色素としてだけでなく、通経作用、子宮収縮作用、催眠作用、鎮静作用などがあるということで、薬用にも用いられており、日本薬局方にも掲載されている。

●アニス

セリ科の一年草であるアニス（*Pimpinella anisum*）は、地中海東部のギリシャ、トルコ、エジプトなどを原産地とし、西洋ウイキョウともいわれる。その乾燥させた果実（アニスシード）をスパイスとして用いる。独特の甘い香りの主成分はアネトールで、精油中の80％以上を占める。同じ成分を含むウイキョウやシキミ科のスターアニスも似た香りを持っている。古代エジプトでミイラ作成の際の匂い消しとして用いられていたことが医薬書『エベリス・パピルス』にも記載されている。昔からヨーロッパの各地で栽培されており、古代ギリシャでは薬草として健胃薬、駆虫薬、去痰薬などとして用いられた。

インドではよく似たフェンネル（101頁参照）と区別なく食用として用いられているが、隣国パキスタンでは、フェンネルは食用として、アニスは薬用として用いられるとのことである。アネトールには抗菌作用、抗炎症作用、肝障害の抑制作用、その他の作用が知られている。

アネトール以外にもメチルチャビコールやアニスアルデヒドなどの精油成分を含み、甘い香りのあることからケーキやクッキーなどの菓子類やパンの風味づけ、スープやシチューの香りづけ、鶏肉や魚介類料理、アップルソースやフレンチドレッシングなどに用いられる。

●カルダモン

ショウガ科の多年草ショウズク（*Elettaria cardamomum*）はインドおよびマレー半島原産で、近縁種も多い。その果実を乾燥させたものがカルダモンとしてスパイスに用いられる。特にカレー料理には欠かせないスパイスで、爽やかな強い香りとピリッとした辛味を持っており、香りの女王ともいわれている。古代エジプトでは、神殿での祈禱のとき焚《た》かれるお香に使用されていた。北欧では特に広く用いられており、パンや菓子の香りづけにも用いられ、クリスマスシーズンには町にカルダモンの香りが広がるそうだ。ドレッシング、ソース、肉・魚料理、パンや菓子などに用いられる。サウジアラビアなど中東諸国では、コーヒーにカルダモンで風味づけしたカルダモンコーヒーが好んで飲まれている。

北欧ではカルダモンが多用されるが、その歴史はバイキングの時代にまで遡り、現トルコのイスタンブールに遠征したときにバイキングが持ち帰ったものといわれている。

カルダモンの主要な香気成分は、α-テルピネオール、1,8-シネオール、ボルネオール、カンファーなどのモノテルペンや、カリオフィレン、フムレンなどのセスキテルペンなどである。カルダモンはショウズク（小荳蔲）の名で生薬として日本薬局方に収載されており、芳香性健胃薬などとして用いられる。

●キャラウェイ

セリ科の二年草であるヒメウイキョウ（姫茴香 *Carum carvi*）の果実が、キャラウェイの名でスパイスとして用いられる。小さいため種子のように見えるが学問上は果実である。原産地はトルコなどの西アジア地方と考えられ、紀元前３０００年頃、フェニキア人によって地中海地方に伝えられ、さらにローマ軍のヨーロッパ遠征で広まったといわれている。現在ではヨーロッパ、アジア、北米に広まり分布し、イギリス、ドイツ、オランダ、フィンランド、ノルウェー、ロシア、カナダなどで栽培されている。

キャラウェイは清涼感のある甘い香りを持っている。肉、野菜、果物、チーズと相性が良く、煮込み料理などに使われる。焼くことで香ばしい香りがするため、パンやケーキ、ビスケットなどにも利用される。リキュールの材料としても用いられる。香りの主要成分はカルボンやリモネンである。健胃作用、駆風作用、筋肉痛の緩和作用などがあるといわれ、抗酸化作用も期待されている。

●クローブ

フトモモ科の常緑の小高木であるチョウジ（丁字 *Syzygium aromaticum*）の開花前の花蕾を乾燥させたものである。原産地はインドネシアのモルッカ諸島といわれている。主にインドネシア、スリランカ、マダガスカル、モーリシャス、ドミニカなどで栽培されている。スパイスとして使う花蕾の形が釘に似ているため、フランス語で釘を意味する「Clou」にちなんで英語でクローブ（clove）といわれるようになった。中国語では釘を表す「丁」が用いられ、「丁字」や「丁香」と呼ばれている。

17世紀頃のヨーロッパでは、空気を浄化してペストやコレラの流行を抑えるために、強い香りを持つクローブが用いられた。女性はスカートの裾にクローブを入れるポケットを付けていたなどの話もある。正倉院の宝物の中に丁香があったことから、我が国にもかなり古くから伝えられていたことがわかる。

クローブには、独特の強い香りとしびれるような刺激的な風味がある。肉の臭みを消すのに効果的で、ポトフ、ビーフシチュー、カレー、豚肉の角煮などに使われる。香りが強いので、使いすぎには注意が必要だ。

強い特徴的な香りを持つオイゲノールがクローブの圧倒的な主成分で、殺菌作用や防腐作用があり、鎮痛作用もあるため、歯痛の鎮痛剤としても用いられる。クローブの油（丁字油）は日本刀のさび止めとして使われた。ヨーロッパ、中国、インドなどでは昔から薬として用いられてきた。健胃作用や抗菌作用などがあり、生薬チョウジ（丁字）として日本薬局方に収載されている。

●スターアニス

中国南部からベトナムにかけ生育するシキミ科の常緑高木であるトウシキミ（*Illicium verum*）の乾燥果実は香辛料スターアニスとして用いられ、ハッカク（八角）、ハッカクウイキョウ（八角茴香）ともよばれる。８つの角のある特徴的な星形で、その形状とアニスに似た香りを持つということでスターアニス（star anise）と呼ばれるようになった。我々には、中華料理に使われる香辛料である八角としての知名度が高いのではないか。我が国に自生する同属のシキミ（*I. anisatum*）はスターアニスに似た果実をつけるが、シキミは仏事に用いるもので、有毒物質アニサチンを含むため食べることはできない。昔、ドイツに輸出されたダイウイキョウにシキミの果実が混じっており、中毒事故が起こったことがある。

八角は中国では古くから料理に用いられてきた。豚肉や鴨肉の料理、川魚の臭みとりに使われ、特に四川料理などには広く使われているものの、あまり世界中には広まっていない。大量の精油を含むが、その大部分が揮発成分であるアネトールである。

生薬名はダイウイキョウ（大茴香）といわれ、健胃作用、矯味作用、矯臭作用などがある。

●**フェンネル**

地中海地方原産のセリ科多年草のウイキョウ（茴香 *Foenicuium vuigare*）の果実は芳香を持ち、精油成分を豊富に含んでいる。フェンネルの名で、地中海から北米、アジア、ヨーロッパまで世界中に広がってスパイスとして用いられている。葉や茎も良い香りを持っており、ハーブとして魚料理に用いられている。フランス料理やイタリア料理には欠かせない香辛料である。香りのもととなる精油成分としてはアネトール、リモネン、d-フェンコなどを含んでいる。また、多くの脂肪酸が含まれており、イコサペンタエン酸、ドコサヘキサエン酸、α-リノレイン酸などのn-3-系有用脂肪酸も含まれている。クロロゲン酸、コーヒー酸、フェルラ酸などのポリフェノール誘導体も多量に含まれている。

古くからフェンネルは、種子、葉、茎、あるいは全草が薬用としても使われており、アーユルヴェーダ医学やユナニ医学において使われている。解熱・鎮痛、抗菌、抗ストレス、抗中性脂肪、抗炎症などの作用が期待され用いられてきた。ウイキョウ（茴香）は日本薬局方に収載されており、健胃作用、駆風作用、去痰作用、利尿作用などがあることから、安中散などの漢方薬に処方されている。

●コリアンダー

地中海地方原産のセリ科の一年草であるコリアンダー（*Coriandrum sativum*）の種子はスパイスとして用いられ、古代エジプトやメソポタミアの文献にも記載があるといわれている。カレーのスパイスの一種である。その生の葉はタイではパクチー、中国ではシャンツァイ（香菜）と呼ばれて用いられてきた。和名でコエンドロとも呼ばれている。コリアンダーは乾燥させた種子や粉末にした葉を指しスパイスとして用いるもの、一方パクチーは生葉を指し、ハーブとして用いるものということになるのだろうか。

パクチーはドクダミやカメムシの匂いに似た香りを持っているが、それは（*E*）-2-デセナール、デカナール、ノナナールなどの脂肪族アルデヒド誘導体を含んでいるためである。タイ料理、ベトナム料理、インド料理、中国料理、メキシコ料理、ポルトガル料理などに広く用いられているが、我が国ではほとんど広まらなかった。だが最近日本でもブームになっており、パクチーが鍋料理やサラダなどで野菜として大量に食されるようになり、特に若い人には人気があるようだ。一方、この独特の香りがカメムシの匂いと同じということで、忌避する人も多く、その好みは大きく二分されている。β-カロテンやビタミンB_1・B_2・E等の栄養も多く含まれている。

●ディル

地中海沿岸および西アジア原産のセリ科の一年草であるイノンド（*Anethum graveolens*）はヒメウイキョウとも呼ばれ、その果実ディルシードは強い芳香を持ち香味料として用いられている。葉と茎を乾燥させたものはディルウィードと呼ばれ、ディルシードに比べ穏やかな芳香を持っている。ディルは旧約聖書にも薬草として記載があり、古代ギリシャ、古代ローマ、また500年前のエジプトでも薬草としても医師により用いられてきた。ヨーロッパ、北アフリカ、アジアで栽培されている。

種子には特にカルボンと呼ばれるモノテルペンが多量に含まれており、他にリモネン、フェランドレンなどを含む。強い香りがあり、スパイスとして、カレーやピクルスに用いられる。葉や蕾《つぼみ》はα－フェランドレン、リモネンなどを含み、爽やかな芳香を持っている。ハーブとして魚料理、肉料理、卵料理、野菜料理など何にでも合い、特に酢との相性が良い。ディルの甘い爽やかな香りは、古くからヨーロッパで親しまれており、特に魚との相性が良いことから「魚のハーブ」ともいわれている。新鮮な茎葉はサーモンの料理などに用いられる。

ディルには整腸作用があるため腸内のガスの排出や下痢および便秘の改善に有効で、鎮静作用、鎮痛作用、抗炎症作用などもあるといわれている。古代ギリシャでは、ディルの鎮静作用を利用し、枕に入れて安眠効果を得ていた。

●クミン

セリ科の一年草クミン（*Cuminum cynium*）の果実は、強い芳香を持ち古くからスパイスとして用いられている。一見種子に見えるためクミンシードと呼ばれているが、学問上は果実である。和名ではウマゼリ（馬芹）といわれている。アジアの原産といわれているが、古くからエジプトなど地中海地域にも生育している。クミンシードは同じセリ科のフェンネルやキャラウェイと形状がよく似ている。

クミンは、中世ヨーロッパでは貞操の象徴とされ、男女の間の心変わりを防ぐものと信じられており、結婚式の際にはクミンをポケットに入れて臨む風習があったともいわれている。

肉料理と相性が良く、ヨーロッパではソーセージやミートローフ、煮込み料理などに用いられ、ピクルスやチーズ、パンなどに加えられることがある。特に、カレー粉特有の香りの主要な香辛料としてアジアや中近東の料理に用いられる。クミンアルデヒドやカルバクロールなどの芳香族モノテルペンが主要成分として含まれている。

●ローリエ

クスノキ科の雌雄異株の常緑高木であるゲッケイジュ（月桂樹 *Laurus nobilis*）は地中海沿岸が原産地で、古代ギリシャ、ローマ時代には勝利の栄光のシンボルと考えられていた。ゲッケイジュの枝を編んだ冠を月桂冠といい、勝者の頭に飾ったことは有名な話である。ローリエあるいはローレルと呼ばれるゲッケイジュの葉は清涼感のある芳香が昔から愛され、スパイスとして広く利用されている。

我が国でもゲッケイジュという名で庭木などとして植えられているが、その多くが挿し木で増やされた雄株であり雌株は少ないため、オリーブに似た実を見ることはまれである。

肉や魚の臭みを消す効果が強い。スープやシチュー、蒸し物やソースの風味づけなどに用いられ、原産地の地中海地方はもちろん、タイ、フィリピン、インド、パキスタンなどアジアの国々でも、その地域の郷土料理にスパイスとして用いられている。生の葉は苦味があるため、乾燥させた葉を使うのが良いといわれ、煮込み料理に広く用いられるが、時間経過とともに苦味が出てくるため、料理ができたらすぐに取り出す方が良い。
香気成分としては、1,8-シネオールやオイゲノールなどの他、多くのセスキテルペンが含まれている。

健康や料理と関わるハーブ

ラテン語の「草」を意味するherbaが語源のハーブは、一般的に草本の葉や柔らかな茎の部分を用いる場合が多いが、先に述べたスパイスとの区別が明確でないこともある。その歴史は古く、古代エジプトでミイラの防腐剤としても使われた。中世ヨーロッパでは修道院などで栽培され、その香りや味を料理やリキュールの香味料、入浴剤や化粧品、民間療法に用いてきた（**図3-7**）。現代でも、美容や心身の健康、さらには料理の香味料として世界中で広く用いられている。

●ハッカ

ユーラシア大陸原産のシソ科のハッカ属（*Mentha*）植物の総称で、北半球の温帯、南アフリカ、オーストラリアなどに、約25種が分布している。日本名でハッカ（薄荷）といえばニホンハッカ（*Mentha arvensis* var. *piperascens*）を意味することもある。セイヨウハッカ（ペパーミント *M. piperita*）、ミドリハッカ（スペアミント *M. spicata*）、アップルミント（*M. suaveolens*）などが主に栽培されている。非常に代表的な品種であるペパーミントはスペアミントとウォーターミントの雑種と考えられている。多くの品種が存在し、ほとんどの品種が*l*-メントールを主成分としているが、一部にはリナリルアセテートや*l*-カルボンなどを主成分とする種もある。ニホンハッカは特に*l*-メントールの含有量が多く、

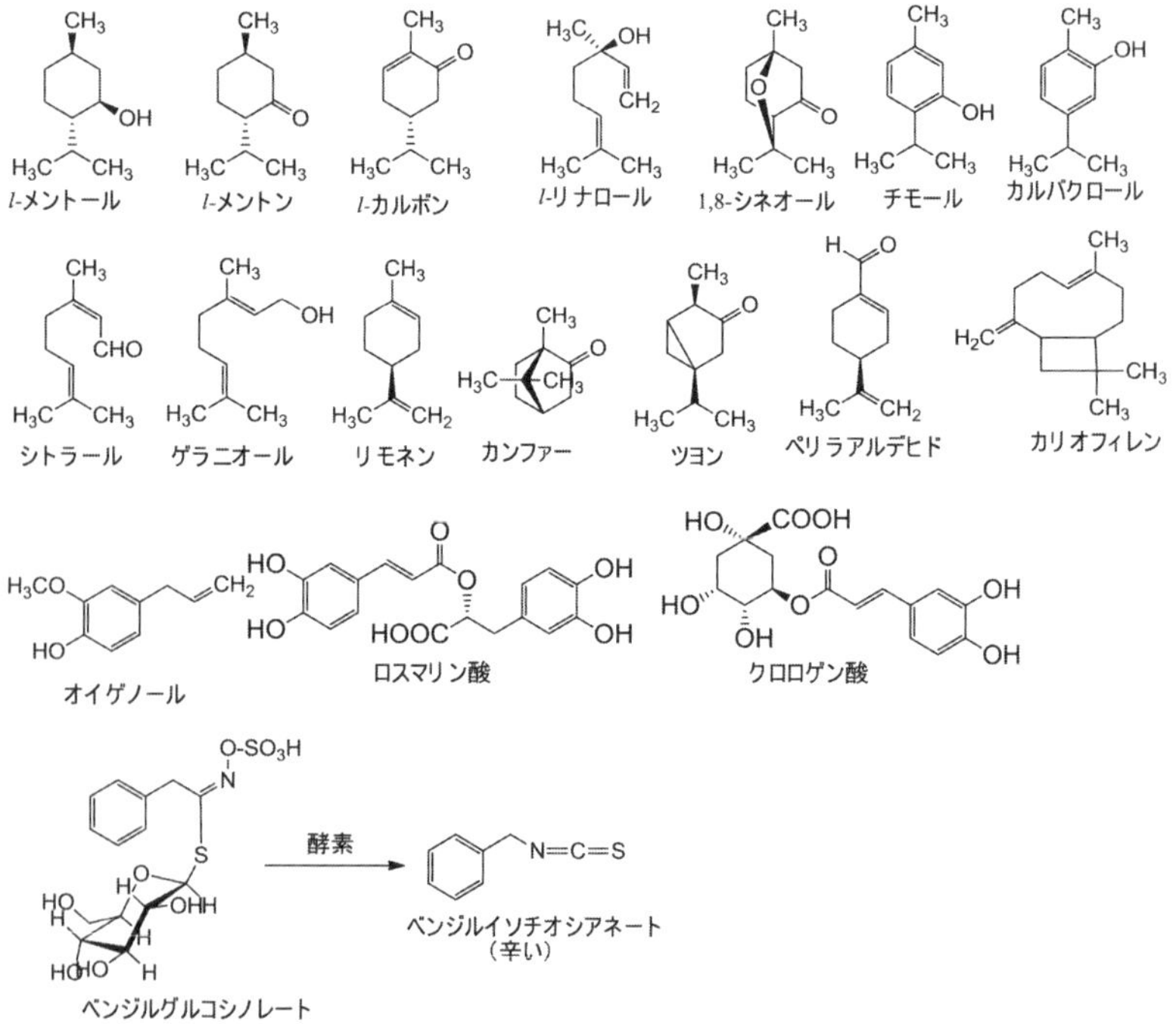

図 3-7　身近なハーブの成分。ハーブの命は香りであるため、低分子で揮発性の高いモノテルペン誘導体が主成分として多く含まれている。成分の違いによりそれぞれ個性的な香りを持つことになる。

精油中の65～85％にもなる。なおペパーミントは50～65％を含む。一方、スペアミントはl-メントールを含まず、l-カルボンが主成分である。

明治時代に、屯田兵などによる北海道開発の歴史の中で、野付牛《のっけうし》（現・北見市）に山形からハッカが持ち込まれ、栽培が始まった。ニホンハッカはl-メントールの含有量が多いため、水蒸気蒸留で得られたハッカの精油を低温に置いてl-メントールを結晶化させ、濾過《ろか》か遠心分離により結晶であるハッカ脳とハッカ油に分けることができる。昭和初めにはホクレンによるハッカ精製工場が建設され、ハッカの葉の水蒸気蒸留で得られた精油成分から、ハッカ脳やハッカ油が盛んに生産され海外へ輸出され、当時世界の生産量の70％を北見のハッカが占めていたといわれている。第二次世界大戦による輸出の停止、戦後にはブラジルや中国による安価なハッカ製品が供給されたことに加え、l-メントールの化学合成が可能となったことで北見のハッカ産業は壊滅的な打撃を受けた。しかし最近では、ハッカの生産が再開され地域おこしが行われ、北見のハッカを使ったハッカ飴などの菓子類やハッカ油、ハッカスプレーなどが人気を集めている。

ハッカは日本薬局方にも収載されている。その主成分であるl-メントールにはいろいろな生理活性が期待され、ハッカ油としての需要も高く、リップクリーム、かゆみ止め、筋肉痛やねんざの治療、冷感剤、キャンディー、歯磨き剤など多くの製品に用いられている。また、新鮮なミントはケーキやアイスクリームなどに添えるハーブとしても広く用いられている。

●バジル

インドおよび熱帯アジア原産のシソ科のバジル（*Ocimum basilicum*）は、バジリコ、スイートバジルなどとも呼ばれている。バジルは、アレキサンダー大王によりヨーロッパにもたらされた。我が国でも、春に種をまくと庭先で容易に栽培できるが、寒さに弱いため越冬できず一年草となっている。最もポピュラーなハーブの一つで、150余りの栽培品種があるといわれている。最もよく知られているのはスイートバジルという品種で、甘く爽やかで、深みのある香りが特徴である。

バジルは、モノテルペンであるリナロール、シネオール、オイゲノール、メチルチャビコールなどを香りの主要成分として含んでおり、比較的マイルドな風味を持っている。特にピッツァのソース、各種パスタ、シチュー、ソーセージ、ドレッシングなどに使う、イタリア料理にはなくてはならないハーブである。いろいろな品種のバジルが、台湾料理、タイ料理、ベトナム料理、カンボジア料理、インドネシア料理などに用いられている。新鮮なバジルやバジルパウダーが容易に入手できるため、我が国でも、肉料理のソース、ガーリックバジルソース、トマトバジルソース等用途は広い。バジルの含有成分には鎮静作用があり、リラックス効果や食欲の増進作用などが知られている。

バジルの和名はメボウキとも呼ばれているが、これは江戸時代に水に浸しゼリー状になったバジルの種を用いて目のごみを取り除いたことから命名されたといわれている。

●タイム

タイムとはヨーロッパやアジア原産のシソ科のイブキジャコウソウ属（*Thymus*）の総称で、揮発性の精油を含んでおりハーブとして用いられる。背が低く見かけは草本に見えるが、茎が木化する木本植物である。350種ほどが知られている。イブキジャコウソウ（*Thymus quinquecostatus*）が滋賀県と岐阜県の県境にそびえる伊吹山に自生する植物として有名であるほか、タチジャコウソウ（*T. vulgaris*）、キャラウェイタイム（*T. herba-barona*）、シトラスタイム（*T. x citriodorus*）、ウーリータイム（*T. pseudolanuginosus*）、ヨウシュイブキジャコウソウ（*T. serpyllum*）などがある。

モノテルペンであるシネオール、リナロールのほか、メントールの6員環がベンゼン環に芳香化した構造のチモールやカルバクロールなどを香気成分として含んでいる。特に、フェノール誘導体であるチモールは強い抗菌活性を持つため、古代のエジプトでは、ミイラの保存剤などとして、また冷蔵庫がない時代には料理を保存する目的でタイムが用いられた。現在でも肉料理や魚料理、スープ、シチューの風味づけに用いられるほか、ハーブティー、アロマ、ポプリなどに使われている。また抗菌作用だけでなく、去痰作用や鎮痙作用、利尿作用などもあるといわれている。

●レモングラス

マレーシア、インド南部、スリランカが原産のイネ科の多年草であるレモングラスには、西インドレモングラス（*Cymbopogon citratus*）と東インドレモングラス（*C. flexuosus*）の2つがあるが、一般的には西インドレモングラスのことを指す。レモンソウ、レモンガヤなどとも呼ばれる。レモングラスの葉はススキによく似た形で、1～2mほどの長さになる。熱帯地域の原産であるため寒さに弱く、気温が5℃以上でないと越冬は難しい。

アジアの料理やカリブ海諸島の料理などでしばしば使われている。レモンと同じ精油成分シトラールを主成分として含み、レモンによく似た香りが特徴である。他にゲラニオール、リモネンなどのモノテルペンを含んでいる。葉を折り取って揉んでかぐと爽やかな柑橘の香りがする。ハーブティー、スープ、カレー、鶏肉やシーフードによく合う。ベトナムやタイなどではカレーやトムヤムクンなどの香りづけに用いられており、なくてはならないものである。香水やアロマテラピーにも用いられる。

インドのアーユルヴェーダ医学では解熱、鎮静、消炎などを目的として、中国の南部地方では頭痛、関節炎、打撲などの治療などに用いられていた。レモングラスの香りは、我々にはよい香りであるが、昆虫が嫌う匂いであることから、防虫スプレーなどに使われている。

図 3-8　レモングラス

●**オレガノ**

シソ科の多年草の和名ハナハッカ（花薄荷 *Origanum vulgare*）と呼ばれるオレガノは可愛らしく美しい淡紅紫色の花を咲かせ、園芸植物としても愛されている。マジョラムとよく似ているため混同されることがあり、ワイルドマジョラムとも呼ばれる。地中海沿岸から中央アジアにかけてが原産で、古代エジプトや古代ギリシャの時代から肉や魚の料理、ワインの香りづけに用いられていた。米国北東部にも自生している。

オレガノはトマトやチーズなどとの相性が良いといわれている。特にトマトとの相性が良く、ピザやパスタ、煮込み料理などイタリア料理に用いられるが、同じ地中海沿岸のギリシャやスペイン、北アフリカなどの料理にも使われている。メキシコ料理にしばしば用いられるミックススパイスやチリパウダーには欠かせない素材である。

精油成分としてフェノール誘導体であるカルバクロールを高濃度に含むため樟脳《しょうのう》に似た清涼感のある香りがする。シソ科のハーブの中で最も香りが強いといわれている。解熱や利尿の効能がある。

●ローズマリー

シソ科の常緑の小低木であるローズマリー（*Rosmarinus officinalis*）は地中海沿岸を原産としている。世界中でハーブとして家庭の庭に植えられている。別名マンネンロウ（万年朗）と呼ばれるほか、非常に香りが強いということで、中国名でマンネンコウ（万年香）ともいわれている。小種名の *officinalis* は「薬用に」の意味があり、古くから医薬品としても用いられていたことを示している。ローズマリーは気持ちを和らげ記憶や集中力を高めるほか、いろいろな薬理作用のあることが知られており、古代ギリシャでは、学生がローズマリーを髪に挿《さ》して勉強したという逸話がある。また、血管を強くし、新陳代謝を高める、抗酸化活性を持ち細胞の老化を防止するなどの作用も知られている。

羊肉、豚肉、サバやイワシといった癖のある食材の匂い消しのために用いられる一方、淡白な食材の風味づけに使われている。

香気成分としてはカンファー、1,8-シネオールなどが、ポリフェノール類としてはロスマリン酸、クロロゲン酸などが知られている。ローズマリーの特徴的な成分であるロスマリン酸はシソやレモンバームなどシソ科の植物に含まれるポリフェノール誘導体である。抗酸化活性はじめ抗菌作用、抗炎症作用などいろいろな活性のあることが報告されており、さらに認知症に対する効果などが大学病院で研究されている。

●セージ

シソ科のセージ（*Salvia officinalis*）は地中海原産で、和名では薬用サルビアといわれている。見た感じは草本のようだが、常緑の低木である。一般にセージといえば *S. officinalis* を指すが、もともと英名のセージ（sage）はサルビア属（*Salvia*）全体を指し、多くの種類がある。そこで、これを区別するためコモンセージあるいはガーデンセージと呼ぶことがある。ヨーロッパにおいて、古くからセージは健康や幸福の象徴とされ、長生きするために5月にセージを食べるなど、セージに関係した話が伝えられている。

香気成分としてツヨンやリナロールなどのモノテルペン、カルノジック酸などのジテルペン、またポリフェノールとしてシソ科植物に特徴的なロスマリン酸を含んでいる。ロスマリン酸やフラボノイドなどのポリフェノールを含んでいることから抗酸化活性が期待され、認知症などに対する効果が示唆されている。

特にヨーロッパでは肉料理や魚料理、脂っこい料理をすっきりさせるために用いられる。乾燥させた葉はハーブティーに使われる。また肉の臭みを消すために肉の加工食品に用いられ、ソーセージの語源になったといわれている。ドイツ料理やイタリア料理などによく用いられる。

●チャイブ

ヨーロッパからアジアにかけて自生し、クロンキスト体系ではユリ科に属していたが、新しいAPG体系ではヒガンバナ科のネギの仲間である二年草のチャイブ（*Allium schoenoprasum*）は、ヨーロッパでは古くから栽培されており、２０００年ぐらい前から利用されてきた。セイヨウアサツキとも呼ばれる。淡紅紫色の花をつけ、花壇の観賞用やハーブとしてしばしば栽培されている。しかし海外では、チャイブの同属植物であるニラ（*A. tuberosum*）と混同され、チャイブとしてニラが売られていることがある。両者を区別するため、ニラはchinese chivesと呼ばれる。我が国に自生するアサツキ（*A. schoenoprasum* var. *foliosum*）はチャイブの変種である。

チャイブの葉は、ネギの仲間の共通成分で硫化アリル誘導体であるアリシン（ガーリックの項参照）を含むため、ネギやタマネギに似た風味があり、サラダ、スープ、オムレツやシチューなどに用いられる。和食、洋食、中華のどんな料理にもよく合うので、ネギの代わりとして用いられる。花はサラダに散らしたり、ビネガーに漬けこんだりして用いる。

●ナスタチウム

ノウゼンハレン科の一年生の蔓性草本であるナスタチウム（*Tropaeolum majus*）は、南米ペルー、コロンビア原産で、開花時期が長く初夏から秋にかけて花を咲かせる。ノウゼンハレンとも呼び、花の色が赤色や黄色で華やかであることと、葉がハスの葉に似ていることから、キンレンカ（金蓮花）とも呼ばれる。葉の形も可愛らしいので、園芸植物としても親しまれている。アブラムシなどを寄せつけない性質があるためコンパニオンプランツ（共栄植物）として用いられることがあり、トマトの傍らに植えるとよい。

16世紀にヨーロッパに伝えられ、我が国には江戸時代にオランダから持ち込まれたといわれている。クレソンに似た香りがするためインディアンクレスとも呼ばれ、中南米に同属のものが80種余りある。

葉や花、果実にはクレソンに似たピリッとした辛味と酸味があり、野菜料理、魚料理、肉料理やサラダなどに加えたり、可愛らしい花を料理の彩りなどに用いたりする。ナスタチウムはベンジルグルコシノレートを含有しており、この成分が酵素により変化を受け生じたベンジルイソチオシアネートが辛味成分として働いている。

●クレソン

アブラナ科の多年草のクレソン（*Nasturtium officinale*）はヨーロッパから中央アジアの原産で、南北アメリカやアジア、オセアニアまで分布している。水際に生えており繁殖力が高く、我が国でも野生化したものをきれいな水の流れる川辺でよく見かける。繁殖しすぎて要注意外来植物に指定され、駆除が行われている地域もある。

アブラナ科植物の例にもれず、ピリッとした辛味があり、オランダガラシとも呼ばれている。有名レストランなどで料理の添え物として出されることもあり、比較的親しみを持たれているハーブである。

商品作物としての栽培も山梨県、栃木県はじめいくつかの県で行われており、日本全体で800トン近くが生産されている。

アブラナ科の植物に共通に含まれているグルコシノレートという成分が、調理の際に酵素反応でイソチオシアネートに変化することで辛味が出てくる（カラシの項参照）。

おひたし、天ぷら、漬物、味噌汁の具、鍋料理、サラダなどに用いられ、発芽したばかりのものはスプラウトとしても食べられている。

●シソ

ヒマラヤ地方、ミャンマー、中国を原産とするシソ科の一年草であるシソ（紫蘇 *Perilla frutescens* var. *crispa*）はエゴマ（*P. frutescens*）の変種とされている。シソは我が国では最もなじみのあるハーブであり野菜でもある。いくつかの品種があるが、身近なものとしては青ジソと赤ジソ、チリメンジソなどがよく知られている。この中でも青ジソが最も一般的で、大葉とも呼ばれスーパーなどいつでも売られており、蕎麦や刺身などの薬味、揚げ物料理の補助素材、ふりかけ、ドレッシングなどの形で日本の食卓では身近な存在である。穂ジソと呼ぶ青ジソの蕾も独特の香りを持っており、薬味に用いられる。赤ジソは梅干しやシバ漬けなどにはなくてはならない素材である。乾燥させたものは粉砕し、七味唐辛子やふりかけなどに用いられる。我が国では、シソが年間1万1000トン生産されており、愛知県、茨城県、愛媛県、静岡県などを中心に栽培されている。最も日本的なハーブといえるだろう。

シソは精油成分を多く含むため独特の芳香を持つ。香りの中心となる成分はペリラアルデヒドと呼ばれるシソに特徴的なモノテルペンアルデヒドで、このほかにはリモネン、カリオフィレンなどのテルペノイド誘導体が含まれている。主成分であるペリラアルデヒドは抗菌活性も持っていることから、食中毒の予防効果がある。シソはビタミンA、Cなどのビタミン類、特にビタミンKおよびモリブデンの含有量が多く、その機能性が注目されている。

●**カモミール**

ヨーロッパから西アジアに分布するキク科の一年草カモミール（*Matricaria recutita*）の和名はカミツレで、カモミールの名がつく植物がほかにもあることから、区別するためにジャーマンカモミールともいう。カモミールの名がつくハーブではローマンカモミール（*Anthemis nobilis*）が知られている。ジャーマンカモミールは古くから薬用のハーブとして栽培されており、リンゴに似た甘酸っぱい香りを持っている。開花した花を、ハーブティーや入浴剤、化粧水などに利用する。

フランスやドイツでは代表的なハーブとして、婦人病改善、健胃、発汗、消炎の目的などで用いられてきた。特にリラックス効果が知られている。花を水蒸気蒸留して得られる精油は薄めることで、フルーティーで甘い香りがするようになり、食品や香水のための香料として用いられる。

ジャーマンカモミールとローマンカモミールは同様の効果が期待できるといわれているが、ハーブティーの素材としてはジャーマンカモミールの花の部分が主として用いられている。ローマンカモミールは多年草で草丈が低いので、庭のグランドカバーなどにも用いられる。

生活を豊かにする苦味物質

先にも述べたように苦味は5つの基本味覚の一つであるが、酸味とともにちょっと地味な感じのする味覚である。甘味や旨味がヒトをエネルギー源である食べ物に引きつける味覚でポジティブなイメージがあるのに対して、苦味は有毒物質を、酸味は腐敗したものを避けるために発達した味覚であるため、ネガティブなイメージがある。苦味物質は植物が食害を避けるために生合成しているものである（図3−9）。つまり、我々ヒトの味覚における苦味は、危険なもの、有毒なものを食べては駄目よとのシグナルとして長い進化の過程で獲得した、命に関わる感覚である。そのため、苦味は他の味覚に比べて感度が高く、甘味のおよそ1000倍の感度があるといわれている。しかし、人間は苦いものを好き好んで食べるようになった。つまり、我々は危険を避けるための感覚を、いつの間にか嗜好の感覚にしてしまったということになる。

ヒトは生活の歴史の中で苦味を有毒のサインとして認識し、生活の知恵として食品から有害物質を除く方法を考え出してきた。例えば発がん物質を含むワラビはそのままではとても食べることができないが、灰汁《あく》抜きすることで苦味などがなくなり食べられるようになり、同時に発がん物質もほとんど除去することができる。タケノコやホウレンソウもそのままでは食べにくいが、灰汁抜きによって有害物質のシュウ酸カルシウムを除去することができ、食べられるようになる。このように苦味はヒトにとって食べ物に対する危険シグナルとして働いているのである。そのため赤ちゃんや幼児の頃は苦味を嫌うが、成長の過程で少しずつ苦味を経験することによって耐性ができ、知らないうちに多くの人にとっては好

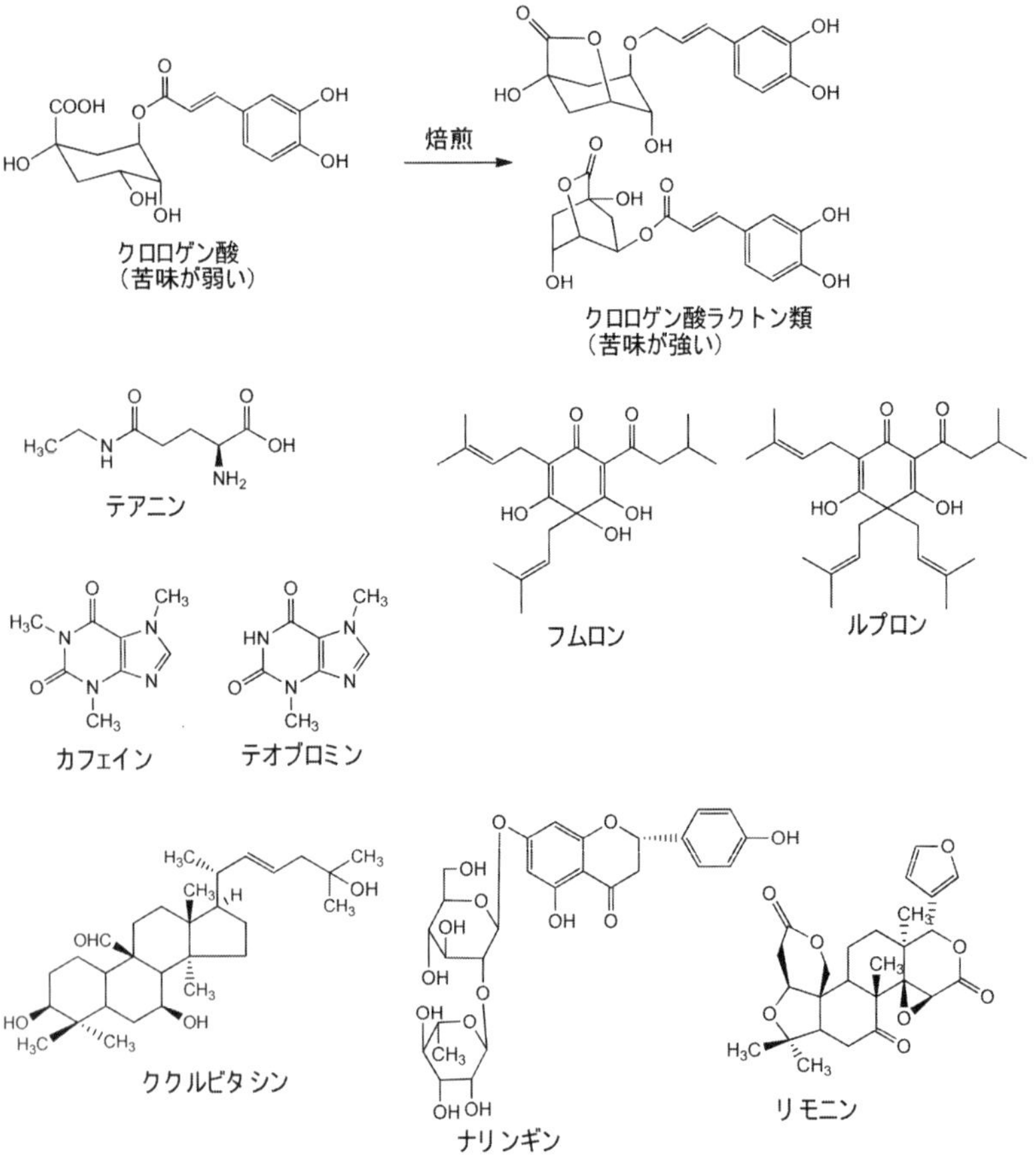

図3-9　苦味物質は植物が食害を防ぐために生合成するものである。しかし我々はそれを嗜好として進化させ生活を豊かにしている。

ましい味覚と感じられるようになる。その結果、コーヒーやビールは大人の大好きな飲み物となっている。苦味のあるチョコレートやビール、野菜や山菜はまさに大人の味といえるだろう。

●コーヒー

エチオピア高原に自生するコーヒーの木の赤い果実は古くから食用とされていたが、アラビア半島に伝わったのち、修道者たちにより飲み物として扱われるようになった。オスマントルコを通して17世紀初め頃にヨーロッパへ伝えられ、広く飲まれるようになった。我が国には、長崎の出島にオランダ人によって伝えられた。

コーヒーは世界60か国以上で生産されており、その生産量は、ブラジル、ベトナム、コロンビア、インドネシア、エチオピア、ホンジュラス、インド、ペルーの順だが、圧倒的にブラジルが一番で、世界の生産量の約30％を占めている。

普段目にするコーヒー豆は、赤く熟れた果実から得られる種子を200℃で焙煎したものだ。アラビカ種（*Coffea Arabica*）とロブスタ種（*C. canephora*）が主要な種とされているが、アラビカ種が70％ほどを占め広く飲まれている。コーヒーの種子はほのかに甘くて薄い果肉で覆われている。

コーヒーは苦いのが当たり前で、苦くないコーヒーはコーヒーではないということになる。苦味に敏感な人は砂糖やミルクを加えて楽しむことが多いが、苦味を好ましい味と感ずる人はコーヒーの香りを味わうため、砂糖もミルクも入れずにストレートで楽しむ。コーヒーの苦手な人は、なんでこんなに苦いものを美味しいと感ずるのか首をかしげてしまう。苦味に対するヒトの感受性は個人による差が大きい。

コーヒーの苦味は大量に含まれているカフェインやクロロゲン酸などによるといわれるが、生のコーヒーの実はそれほど苦くない。じつはこれらの成分は苦味にあまり寄与しておらず、むしろ焙煎によりクロロゲン酸から誘導されるクロロゲン酸ラクトン類によるものだと考えられている。しかしこれだけでは説明がつかない。この他のコーヒーの成分が、焙煎による過程で生成するポリフェノールなどの多くの物質が関与して独特の苦味と風味を出しているともいわれているが、コーヒーの苦味の本質はいまだ不明のことが多い。

コーヒーにはカフェインやポリフェノールが豊富に含まれており、リラックス効果、覚醒作用、集中力を高める、利尿作用などの好ましい効果が知られている半面、主要成分であるカフェインの摂りすぎによる弊害が問題になり、カフェイン含量を抑えたデカフェコーヒーが注目されている。その後、カフェインの効能が評価される研究報告などもありコーヒーの功罪はさまざまであるが、いずれにしても過剰な摂取を避けて飲用すれば多くのメリットがあると考えられている。ちなみに、カフェインという名は、コーヒーから見つかったことにちなんでつけられた。

●お茶

紅茶は世界中で、緑茶は日本と中国を中心に、ウーロン茶は中国、台湾、日本でよく飲まれている。これら3種類のお茶はすべて、同じ植物であるツバキ科のチャ（*Camellia sinensis*）の葉を原料に作られるものである。もちろん同じ植物といっても、それぞれのお茶に適した品種が用いられている。この

3つのお茶は製造法が異なり、緑茶は非発酵、ウーロン茶は半発酵、紅茶は完全発酵させることにより、それぞれ個性的なお茶になる。

非発酵の緑茶でも、蒸すことで酵素反応性を抑える日本式と、炒《い》ることで抑える中国式ではできるお茶が異なり、日本緑茶はより緑色が鮮やかであるのに対して、中国緑茶は緑色が少ない。我が国におけるお茶の歴史は、約1200年前の平安時代に、中国の唐に留学した最澄や空海が種を持ち帰り、鎌倉時代に栄西禅師が中国から碾茶《てんちゃ》の製法とその喫茶法を伝え、全国に広めたと考えられている。当時はお茶を飲む習慣はなく、薬として用いられていた。その後、武士や僧侶たちによりお茶を楽しむ文化が始まり流行し、千利休らにより茶道文化が確立された。江戸時代になると煎茶や玉露の製法が開発され一般に広がった。

図3-10　チャ

ウーロン茶は半発酵、紅茶は完全発酵といわれているが、ともにお茶の葉に存在しているパーオキシダーゼという酵素による変化であるため、専門的には微生物による本来の発酵とは異なっている。微生物による発酵を利用して作るのがプーアル茶で、このようなお茶を後発酵茶という。お茶の製造法の違いによる分類を**図3-11**に示した。

緑茶は、コーヒー、紅茶に次いで多く飲まれている飲料で、特に日本や中国では最も愛されている。緑茶は香りや旨味とともに苦味も重要な要素である。緑茶の香りはアオバアルコール、リナロール、ゲラニオールなどの精油成分に、旨味はグルタミン酸の誘導体であるテア

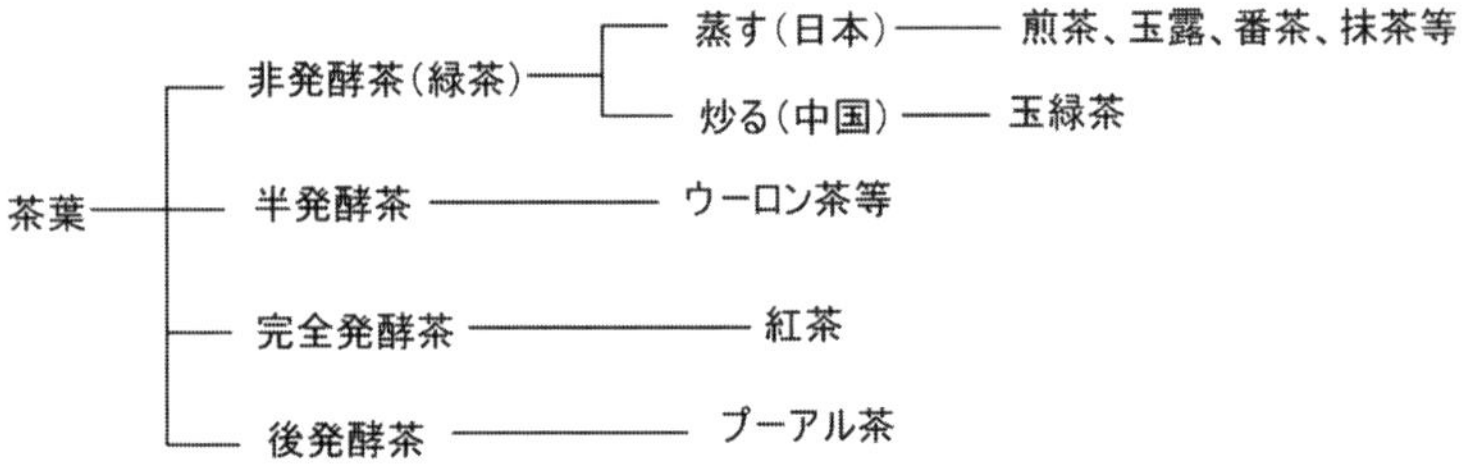

図3-11　緑茶、ウーロン茶、紅茶、プーアル茶は同じチャから異なる方法で製造される。

ニンと呼ばれるアミノ酸に、そして緑茶の苦味（渋味）は茶カテキン類といわれるフラボン誘導体によるものである（第5章「茶カテキン」の項参照）。この苦味がなければ気の抜けたビールのようなもので、茶カテキン類はお茶にはなくてはならない成分である。さらに茶カテキン類は健康に寄与する機能性物質としても重要な成分である。また緑茶にはコーヒーなどと同様に大量のカフェインが含まれており、カフェインも緑茶の苦味に寄与しているものと考えられる。

なお、旨味成分であるテアニンはお茶と一部の近縁種にのみ存在が知られている特有のアミノ酸で、しかもお茶に含まれるアミノ酸の中で最も含有量が多い。テアニンはより若い良質の茶葉に多く含まれ、旨味だけでなくリラックス効果もあり、カフェインの興奮作用を抑制し穏やかな気持ちにしてくれるといわれている。なおテアニンはタンパク質の素材となる20種のアミノ酸には含まれない。

紅茶は、茶葉に含まれている酵素であるパーオキシダーゼによる発酵過程でカテキン類が酸化され、緑茶にはないポリフェノール類が多く含まれるようになることで、緑茶とは異なる苦味や風味を持つ。特徴的な成分として、後述するテアフラビンが有名である。

●ビール

運動をして一汗かいた後や多忙な一日が終わった後にグイッと一杯というときはもちろん、祝賀の会や集まりの最初の乾杯にも欠かせないのがビールである。世界中のアルコール飲料の中で最も多く飲まれているのがビールであり、その味の中心を担っているのも苦味である。麦芽と水とホップを原料に酵母で発酵させて作る。

ビールの製造において独特の苦味を与えるために必須の素材が、アサ科の雌雄異株の蔓性草本ホップ(*Humulus lupulus*)である。ホップの受粉前の毬花《きゅうか》といわれる部分がビール製造に用いられる。ホップを用いることで、香り、苦味と泡立ちがビールに与えられる。特に、ビール独特の苦味と風味を与えてくれるものとして、フムロン、ルプロンと呼ばれる成分が有名だが、ビールの製造過程でこれら成分から変化した数十の成分も総合的に働くことにより、特有の苦味や風味が生まれる。

ホップの大部分は海外から輸入され、ドイツ、チェコ、アメリカが主要な輸入先である。我が国におけるホップ栽培は明治の初め、北海道開拓の歴史とともに始まり、輸入されるホップに比べればかなり少ないが、今では東北地方を中心に栽培されている。岩手県、青森県、福島県が我が国の主産地であるが、山形県、北海道などでも栽培が行われている。輸入品に比べて新鮮で品質が損なわれていないため、主要ビールメーカーも日本国内での契約栽培を進め、国産ホップを用いたビールの製造販売を行っている。各地の小規模なブルワーの中にも、自家栽培したホップでビールの製造を行うところが出てきている。

●チョコレート

チョコレートやココアも、苦味がその嗜好の中心となっている飲み物および食べ物である。チョコレートおよびココアは同じカカオ豆が原料である。カカオ（*Theobroma cacao*）はアオイ科の常緑樹で、その果実の中にはカカオ豆（カカオビーンズ）と呼ばれる多数の種子が含まれている。カカオ豆はその50％近くが脂肪で、チョコレートやココアの原料となる。さらに、多種類のポリフェノールとともにプリン塩基であるテオブロミンやカフェイン、そして食物繊維も多く含まれている。これらの成分は苦味のもととなるとともに、いろいろな生理活性のもととなっていると考えられる。

チョコレートは、苦味と甘味の好ましいバランスが人により違うため、ミルクチョコレートやビターチョコレート、時には甘味をまったく含まないチョコレートも商品化されている。チョコレートの成分が体に良いとの情報から、苦いチョコレートがブームになり、積極的に食する人もいる。

チョコレート製品の成分の中でも、特にテオブロミンはカカオの属名*Theobroma*（テオブロマ）から名前がつけられており、カカオの代表的な成分で苦味や生理活性の中心になっている。テオブロミンは血管を拡張して血流を増やし体温を上昇させるとともに、脳内物質のセロトニンに働きかけて食欲を抑制し、リラックス効果を表すといわれている。イヌはテオブロミンを代謝し排泄する能力が低いため、テオブロミンはイヌにとっては有毒である。そのためイヌにチョコレートを与えることは禁忌である。

●ウリ科、ゴーヤ

ウリ科の植物は一般的に苦味のあるものが多く、キュウリも昔はときどきひどく苦いものがあった。

そのため、キュウリの端を切り落とし、断面をすり合わせて苦味を取り除くおまじないをやった覚えがある。現在は品種改良され、苦いキュウリはほとんど見られない。

沖縄の代表的な食材の一つであるゴーヤ（ニガウリ、ツルレイシ *Momordica charantia*）も熱帯アジア原産のウリ科の蔓性植物で強い苦味を持っている。しかしその苦味こそがゴーヤの個性であり、ゴーヤチャンプルー、ゴーヤカレー、ゴーヤの肉詰めなど沖縄料理の大切な味覚となっている。このウリ科の植物に含まれる苦味物質はククルビタシンと呼ばれるトリテルペン誘導体で、強い苦味と特徴的な構造を持っている。

図 3-12　ゴーヤ

ゴーヤは夏には葉をよく茂らせることから、グリーンカーテンとして家庭の窓際に植えられ、同時に食材のゴーヤを収穫できるため人気の高い植物になっている。食品としても優れており、ビタミンCが豊富で食物繊維も多く、苦味成分にもいろいろな生理活性が報告されている。今では、夏には全国のスーパーでよく見る野菜になっている。

●柑橘類

柑橘類の一部には苦味を持ったものがあり、果肉の部分が苦いものもあるが、特に皮の部分や種子には苦味成分が多い。果肉が苦いものとしてはグレープフルーツが有名である。オレンジなど柑橘類の皮の部分は苦いため、マーマレードにする場合は事前に茹でたり水に晒したりして苦味を消す。キンカンの甘露煮を作るときも、砂糖で煮る前に茹でて、水に晒して苦味成分を取り除く必要がある。このように嫌われがちな柑橘の苦味成分ではあるが、一方、適度な苦味が柑橘の個性として人々の嗜好に受け入れられ喜ばれてもいる。

柑橘類の苦味の成分は、ナリンギンやヘスペリジンといわれるフラボンの配糖体である。また、柑橘類にはトリテルペンの仲間でリモノイドと総称されるトリテルペン誘導体であるリモニンなども含まれており、柑橘の苦味の一因になっている。

第4章　花や果実の色素を楽しむ

ウメやスイセン、サザンカに始まり、早咲きのカワヅザクラ、そしてソメイヨシノと花を楽しむうちには、殺風景だった野山に新緑が広がり春の到来が告げられる。そしてフジ、ツツジが咲き、ユリ、アジサイ、バラも咲き乱れ、いろいろな花を楽しむことができる。季節が変わり夏になれば、アサガオやヒマワリ、秋になればコスモスと絶えることなく四季を彩る。また、たわわに実ったカキやブドウ、柑橘類など色づいた果実も秋の到来を告げ、木々の葉も赤や黄色に紅葉し季節の変化を知らせてくれる。

このように、植物は季節の移り変わりを色の変化で教えてくれる。もし植物による季節ごとの色の変化がなかったら、我々の生活はなんと空しいものになってしまうだろうか。

植物色素は子孫繁栄のための化学戦略

植物は動物のように能動的に異性にアプローチすることはできない。しかし子孫繁栄のためには花粉を効率的に雌しべまで運ぶ必要がある。その方法として、花粉を風に運んでもらう風媒花と、昆虫に運んでもらう虫媒花がある。風媒花の代表が裸子植物のスギである。冬の終わり頃、暖かくなり始めるとスギ林では辺り一面が黄色く見えるほど花粉が舞い、花粉症の大きな原因となっている。また身近な植物では、イネも風媒花であるが、いつ花が咲いたかわからないうちにイネが実っていた経験があるだろう。スギにしてもイネにしても、花がどんなものか知らない人が多いのではないだろうか。このように風媒花の花は地味で目立たない。

一方、地球上の多くの花が、昆虫に受粉を助けてもらう虫媒花である。そのためには昆虫に花を訪れてもらわなければならない。そこで、香りや甘味で昆虫を引き寄せるだけでなく、まさに看板広告よろしく花を目立たせようと多彩な形を作り、同時にさまざまな色素の生合成を進化させて花の色を作り上げてきた。

また、成熟した種子を効率的に運んで広く散布してもらうことで、テリトリーを広げることができる。そこで、鳥や動物に食べてもらうため、種子の周りを甘い果肉で包み、熟したことを知らせるため赤や青、黄色、紫に色をつける。

植物が繁殖のために生合成する植物色素を、我々は利用させてもらっている。

生活に彩りを与える植物色素

色鮮やかな花は庭や公園の園芸植物として、あるいは室内に飾る切り花として我々の生活から切り離すことはできない。そこに含まれる色素は、食品や化粧品の着色料、繊維などの染料として暮らしに潤いと豊かさを与えてくれる。特に我が国においては、衣料の染色に用いられてきた藍染めは有名で、今でも伝統的な染色法として行われている。古代から続く、植物の抽出エキスを用いた草木染めも、民芸的な染色法として現代まで広く親しまれている。

食品は、味や栄養が重大な要素であるが、見た目、すなわち色も食欲を引き出す要素として重要である。そのため多くの色素が開発されているが、口にする食品に用いることから、天然のものがより安全であるとの消費者の考えを受けて植物由来の天然の色素が注目され積極的に使われている。

植物色素としてアントシアニン、ベタレイン、カロテノイドなどが、花や果実に色をつけるために生合成されている。

●アントシアニン

花や果実の色素としては、アントシアニンが最も広く知られている。アントシアニンはフラボノイドであるアントシアニジンの配糖体である。その発色の中心となるアントシアニジンの右端に飛び出したB環部分に結合するフェノール性水酸基の数がアントシアニンの色を決定する。4'位に1つの水酸基を持つものをペラルゴニジン、3',4'位に2つの水酸基を持つものをシアニジン、3',4',5'位に3つの水酸基を持つものをデルフィニジンと称する（図4-1）。その他、メトキシ基を持つプロシアニジンであるペオニジン、ペチュニジン、マルビジンなども知られている。

ペラルゴニジンは黄色から赤色系、シアニジンは紫色系、デルフィニジンは青色系の色を呈する。アントシアニンの発色は溶液の酸性度（pH）にも影響され、よりアルカリ性の場合に青色を呈することに

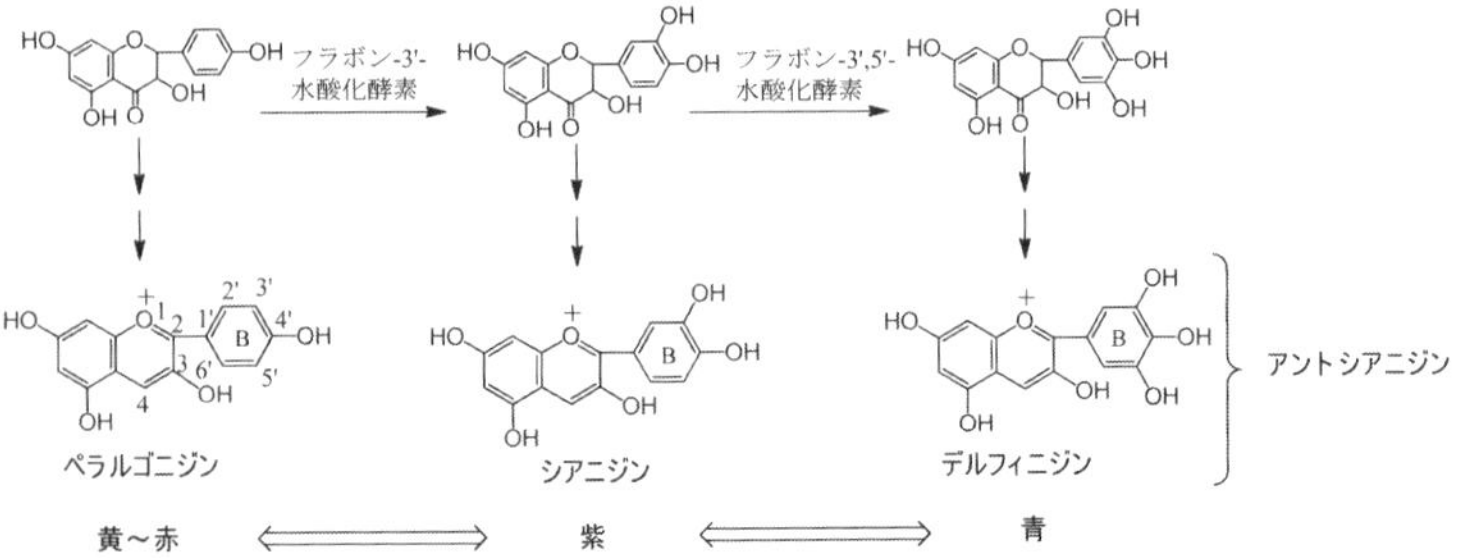

図 4-1　アントシアニンのアグリコンはアントシアニジンと総称される。B 環の水酸基の数でペラルゴニジン、シアニジン、デルフィニジンなどのプロシアニジンがあり、水酸基の数が多くなるに従い、橙黄色から青色へと発色の色調が異なってくる。バラやカーネーションにフラボン-3',5'-水酸化酵素を導入することで青い花の作出が行われている。

なる。アントシアニンなどの色素成分は花弁細胞の液胞溶液に溶解している。アサガオでは、花の咲き始めは花弁細胞の液胞溶液が酸性寄りで紫色を呈しているが、開花後はアルカリ性に変化することで濃い青色を呈するようになる。

B環に3つめの水酸基を導入する酵素であるフラボン-3',5'-水酸化酵素を持たないバラやカーネーションでは、デルフィニジンを生合成することができない。そのため、品種改良を重ねても青い花を咲かせる品種を作り出すことはできない。そこで、我が国の企業では、バラやカーネーションに遺伝子操作によりフラボン-3',5'-水酸化酵素の遺伝子を導入することで、青い花の作出に成功している。

アントシアニジンの3位や5位の水酸基に糖やフェニルプロパノイドなどが結合することによりアントシアニンと総称される色素となり、さらに、フラボノイドや金属イオンなどと会合し複雑な超分子構造をとることで、安定な色素として存在する。我が国の研究グループによるアントシアニン色素の化学構造解明の貢献は非常に大きい。特に、ツユクサの美しい青色の色素であるコンメリニンの構造解

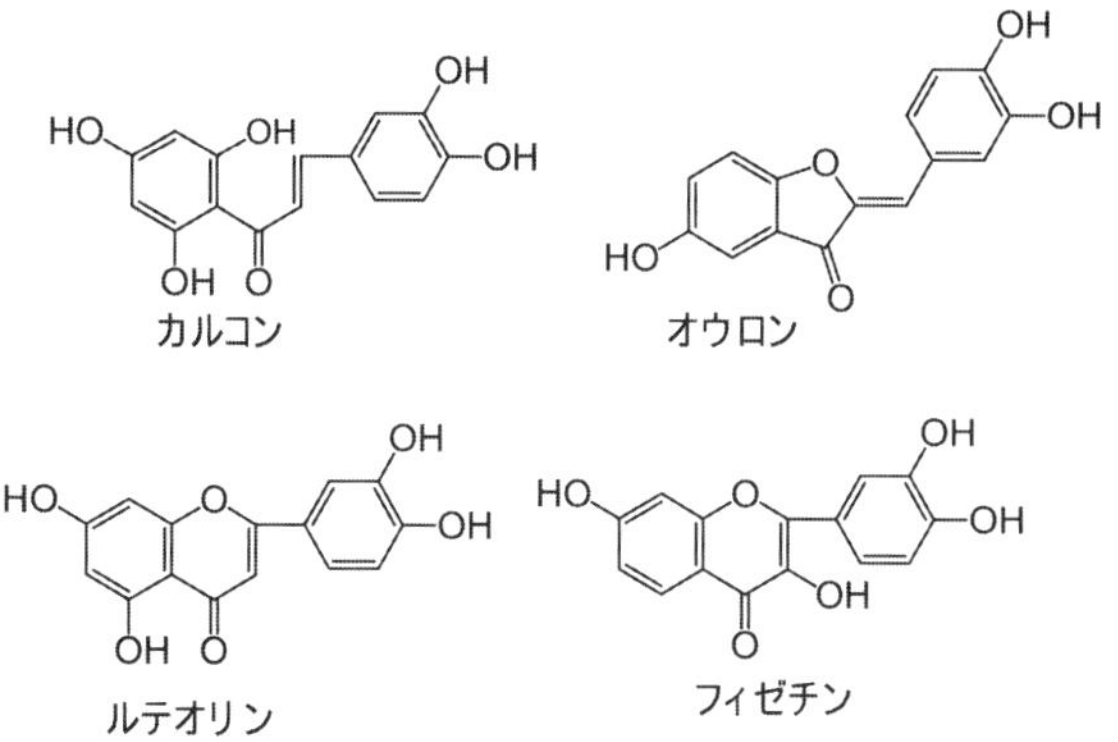

図4-2　フラボノイドの構造式。カルコンやオウロン、ルテオリン、フィゼチンなどが黄色の花や果実の色素として働いている。

明は有名である。ツユクサの色素はマロニルアオバニンというアントシアニン6分子、フラボコンメリンというフラボン誘導体6分子に、2価のマグネシウムイオン2個が会合してコンメリニンという超分子会合体となり、安定で鮮やかな青色を呈している。

バラ、アジサイ、アサガオ、カーネーション、ツツジなど多くの花の色はアントシアニン色素によるものだ。また食品の着色料として、ブルーベリー、赤キャベツ、赤ジソ、紫イモ、ブドウ果皮、紫黒米の色素など多くのアントシアニン系色素が用いられている。野菜や果物に含まれるアントシアニンは抗酸化作用や有害紫外線防除作用をはじめいろいろな生理活性を持っており、食品における機能性が期待されている。

●フラボノイド

フラボノイドの語源はラテン語の flavus（黄色）＋oid（〜のような）といわれており、多くのフラボノイドは黄色系の色を持っている（**図4-2**）。黄色系のキンギョソウ、カーネーション、ダリア、コスモス、ボタン、アスターなどの花の色はカルコンやオウロンといわれるグループによるものであることが明らかになっている。

フラボン系の誘導体が、カカオ色素、タマネギ色素、カキ色素、タマリンド色素などとして、褐色系の食用色素に用いられている。

イネ科のススキの仲間であるカリヤス（刈安 *Miscanthus tinctorius*）は日本の各地に自生し、天平時代から庶民の安価な衣服の黄色の染料として広く用いられてきた。カリヤスにはルテオリンなどのフラボノイドが色素成分として含まれ青みがかった黄色の染色に関わっている。ウルシ科のヤマハゼ（山黄櫨 *Toxicodendron sylvestre*）は東アジアや日本の関東以西に自生する低木で、その色素にスオウ（後述）を重ね染めしたものを黄櫨染《こうろぜん》と称し、天皇が儀式で着用する袍《ほう》の色と決められていた。ヤマハゼにもフィゼチンなどのフラボノイドが含まれている。

●ベタレイン

ベタレインはアントシアニン系の色素と同様に、花などに重要な色素である。化学的には窒素原子を含むアルカロイドに属し、アントシアン色素とはまったく異なる構造を持っている。

ベタレインは大きく分けて、ベタシアニン類とベタキサンチン類に分けられる。ベタシアニンは赤紫系の色を、ベタキサンチンは黄色系の色をしている（図4-3）。ベタレインという名は、最初にこの色素が発見されたヒユ科のビーツの学名 *Beta vulgaris* の属名 *Beta* に由来する。ベタレイン色素は、黄、橙、赤、紫、青など、アントシアニンと同様に幅広い色を呈している。

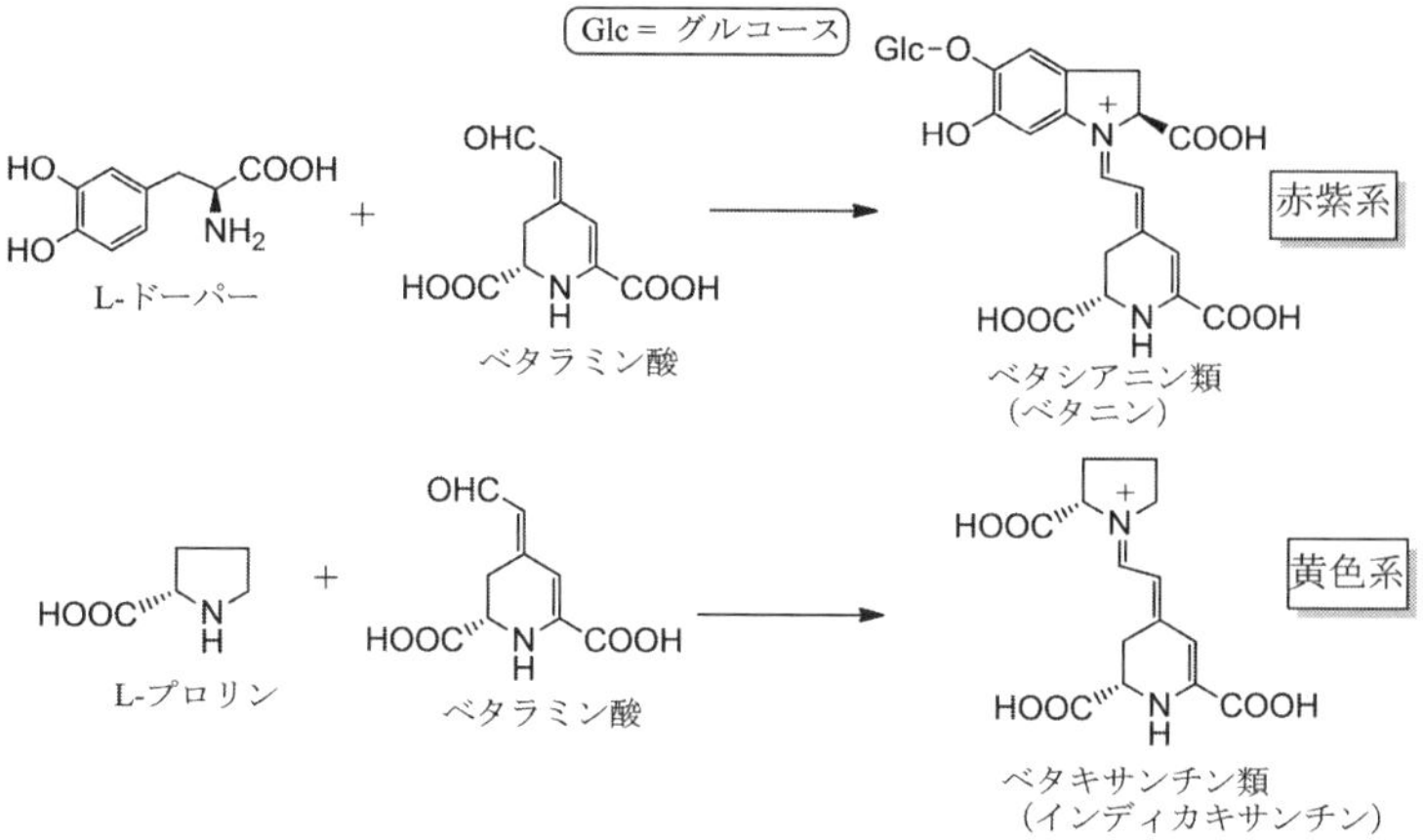

図 4-3　植物色素のベタレインはナデシコ目の特定の科の植物に存在し、赤紫色のベタシアニン類と、黄色のベタキサンチン類に分けられる。植物中にアントシアニンと共存することはない。

ベタレイン色素は、ナデシコ科、イソマツ科、ザクロソウ科を除くナデシコ目の植物（ツルムラサキ科、スベリヒユ科、ヒユ科、アカザ科、サボテン科、オシロイバナ科、ツルナ科など）という比較的狭い範囲の植物のグループにおいてのみ色素として働いている。身近な植物では、オシロイバナ、ケイトウ、マツバボタン、サボテン、ブーゲンビレアなどの花の色素として存在しているが、アントシアニンを持つ植物にはベタレインの存在は確認されておらず、アントシアニンとベタレインが同じ植物に共存することはない。

進化の過程でなぜこんなことが起こったのか、理由はわからない。たまたまアントシアニンを生合成できないナデシコ目の植物が、何らかの色素を生合成する手段としてベタレインという色素を生み出したのではないかと考えられている。

ベタレイン色素は、ビートレッドなどの名で食用色素として用いられている。生理活性に関する報告は少ないが、活性酸素に対する抗酸化活性や、酸化窒素に対する消去活性などが報告されている。

●カロテノイド

キショウブ、黄色いバラ、タンポポ、ヒマワリ、橙色のユリ、マリーゴールド、黄色のキクなどの花の色、ニンジンやトマト、トウガラシといった緑黄色野菜の色はカロテノイドによるもので、植物に広く存在する色素である。カニやエビの甲羅は通常緑褐色であるが、これは、食物連鎖で取り込まれた藻類由来のカロテノイドであるアスタキサンチンが、タンパク質と結合したカロテノプロテインとして存在するためである。茹でることで、タンパク質部分が分解してアスタキサンチンが再生し、酸化されたアスタチンが生成されて赤い色を呈する。またサケは本来白身の魚であり、食物連鎖で藻類由来のアスタキサンチンを取り込むことがないように養殖すると、身の色はサーモンピンクではなく白くなる。サケの身だけでなくタイやコイの赤色系の体色も、藻類由来のアスタキサンチンが食物連鎖で蓄積したものを基原としている。これらカロテノイドは黄色から赤色の色素としても知られており、野菜や魚介類の色として、食材に華やかな色をつけることで我々の食生活を豊かにしてくれている。

11月の終わり頃になるとイチョウが黄色く色づいて晩秋の風情を彩り、初冬になると一斉に葉を落とし、道路は一面黄色の絨毯《じゅうたん》となる。このように季節の移り変わりを知らせてくれるイチョウの黄色はカロテノイドによるものである。緑の葉のときにも葉の中にはカロテノイドが存在しているが、葉緑素の量が多いため黄色が目立たず、葉は緑色をしている。晩秋になると、落葉する前に光合成の機能が下がるために葉緑素の分解が進み、緑色が失われて黄色が目立つようになり、晩秋のイチョウ独特の黄色い葉となり我々の目を楽しませてくれる。

カロテノイド系の黄色い色素としてはクチナシ色素、マリーゴールド色素などが、赤色の色素としてはトウガラシ色素、トマト色素、アナトー色素などが食用に用いられる。

カロテノイドは脂溶性であるため体内に吸収されやすく、強い有害紫外線遮蔽効果と抗酸化活性を持っていることから、有害紫外線や活性酸素の害を取り除いてくれる。特に、脂質の酸化の抑制や、網膜における有害紫外線の防御による加齢黄斑変性や白内障の予防に働いてくれるものと期待されている。

●アイ

藍染めの文化は紀元前３０００年のインダス文明の頃から始まり、古代エジプト文明に伝えられ、シルクロードを介した貿易でも藍染めの布が行き来していた。日本における藍染めの歴史は奈良時代に遡り中国から伝えられたといわれ、法隆寺や正倉院に藍染めの布が保存されている。藍染めは、日本人にとって古くから最も身近な天然染料で、布地の染色などに用いられてきた。ジャパンブルー（Japan Blue）と呼ばれ、日本の伝統的な染色法として広く世界に知られている。我が国においては、藍染めの染料はタデ科一年草のタデアイ（*Polygonum tinctorium*）が用いられている。

図 4-4　タデアイ

アイの色素インジゴを含む植物はタデアイだけでなく、インドアイの基原植物であるマメ科のコマツナギ属のタイワンコマツナギ

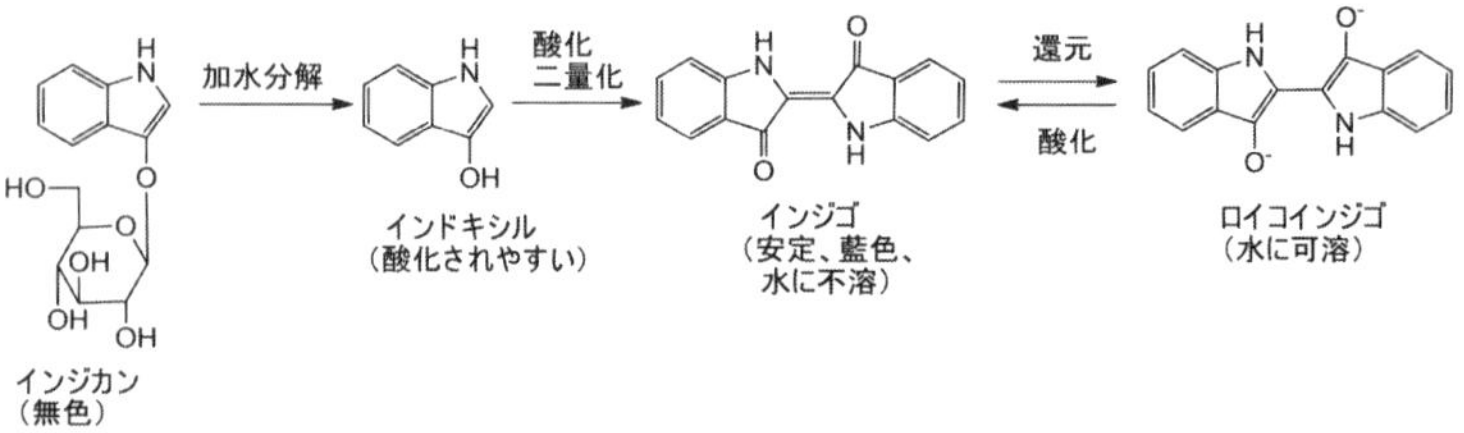

図4-5　無色の配糖体であるインジカンは、植物細胞が壊れることで加水分解酵素が働きグルコースが取り除かれインドキシルとなるが、不安定なインドキシルは空気酸化により藍色の二量体インジゴになる。染色の際は、水に不溶のインジゴを還元して可溶のロイコインジゴにしてから布地等に染み込ませたのち、空気酸化により藍色のインジゴに誘導して染色する。

(*Indigofera tinctoria*)、アメリカ合衆国から南米北部に分布するナンバンコマツナギ（*I. suffruticosa*）、アブラナ科で中央アジア原産のホソバタイセイ（*Isatis tinctoria*）、沖縄などで用いられているキツネノマゴ科のリュウキュウアイ（*Strobilanthes cusia*）など複数知られている。特にナンバンコマツナギはインジゴの含有量が高いため世界中でインジゴの原料として用いられている。小低木なのでタデアイと区別するためキアイ（木藍）とも呼ばれる。

色素は、グルコースの結合した配糖体であるインジカンの形で植物中に存在して無色である。しかし、植物が枯れたり粉砕して細胞が壊れたりすると、加水分解酵素が働くことでインジカンのグルコースが外れ、アグリコンであるインドキシルとなる。インドキシルは酸化されやすく、空気酸化により安定な二量体である藍色のインジゴに変化する（**図4-5**）。

徳島県を中心に行われる伝統的なアイの色素の調製法では、タデアイの葉を刻んで乾燥させ、数日ごとに水やりをして100日ほど発酵させることでスクモ（蒅）が作られる。この行程は、タデアイの種まきから始まって、300日余りの長い期間が必要で、経験を積んだ藍師による繊細な技術が不可欠である。製造されたスクモは各地の染色家に送られることになる。インジゴは水に溶けないため、土間に埋めたカメの中にスクモを詰めて小麦ふすまを加えて微生物の力を借りる発酵により還元することで、水に溶けるロイコインジゴにしてから布地に浸み込ませる。その後、空気酸化することで水に不溶で安定なインジゴになり、安定な染色が行われる。

工業的には、合成されたインジゴを亜硫酸ソーダ（$Na_2S_2O_4$）で還元し、水溶性のロイコインジゴとしてから布に染み込ませたのち酸化することで、安定なインジゴに戻し染色する。

今では合成のインジゴが安価で供給されるようになっているため、天然のインジゴへの需要が減っているが、我が国では、徳島県を中心に各地でタデアイを用いた伝統的な染色法が受け継がれている。インジゴによる染色は世界中でも広く行われており、ジーンズは毎年10億着以上がインジゴで染色されているといわれている。

図 4-6　ベニバナ

●ベニバナ色素

キク科のベニバナ（*Carthamus tinctorius*）はエジプトや中近東が原産の二年草で、古くから南ヨーロッパ、中近東、インド、中国などで栽培されている。我が国には、6世紀頃シルクロードを経由し、中国あるいは朝鮮半島から伝えられたといわれている。草丈は1mぐらいになり、6～7月にアザミに似た黄色い花をつけ、葉には鋭い棘がある。花が黄色から赤色に変化してから摘み取るので末摘花《すえつむはな》とも呼ば

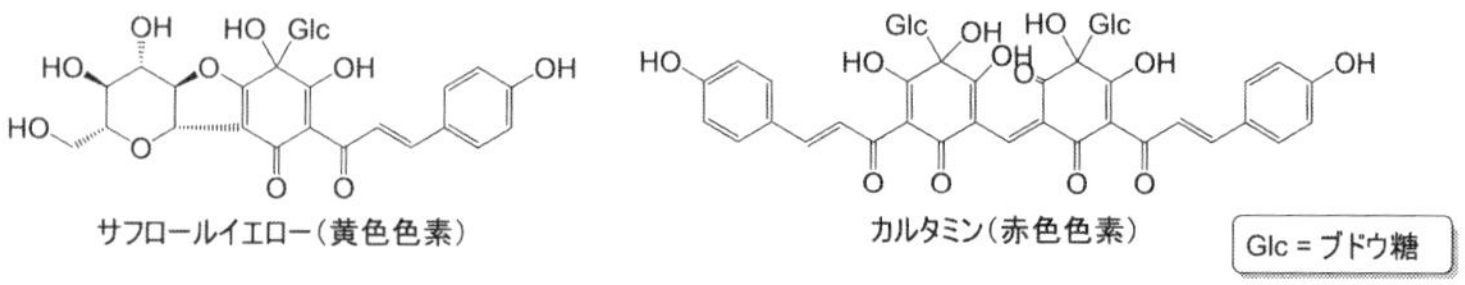

図4-7　サフロールイエローは水に溶けやすい黄色の色素であり、カルタミンはやや水に溶けにくい赤色の色素である。

れ、江戸時代から山形県の最上《もがみ》地方を中心に栽培されており、山形県の花になっている。

ベニバナ色素は、水に溶けやすい黄色色素のサフロールイエローと、比較的水に溶けにくいがアルカリ性の水にはよく溶ける赤色色素のカルタミンが含まれている（**図4-7**）。サフロールイエローを水で溶かして取り除いた花を発酵・乾燥させた赤色のベニバナ色素は昔からアカネ（後述）とともに重要な染料とされ、高貴な人たちの衣服の染色に利用されてきた。現代でも口紅や食品の着色料として用いられている。

またベニバナの冠状花を乾燥させたもの、あるいは水洗して黄色色素を除き数日間発酵させたものはコウカ（紅花）という生薬として用いられ、日本薬局方に収載されている。鮮紅色のものが良質といわれている。通経作用、駆瘀血《くおけつ》作用があり、冷え症をはじめとする婦人病や更年期の血行障害に用いられ、葛根紅花湯、通導散《つうどうさん》などの漢方薬に処方されている。

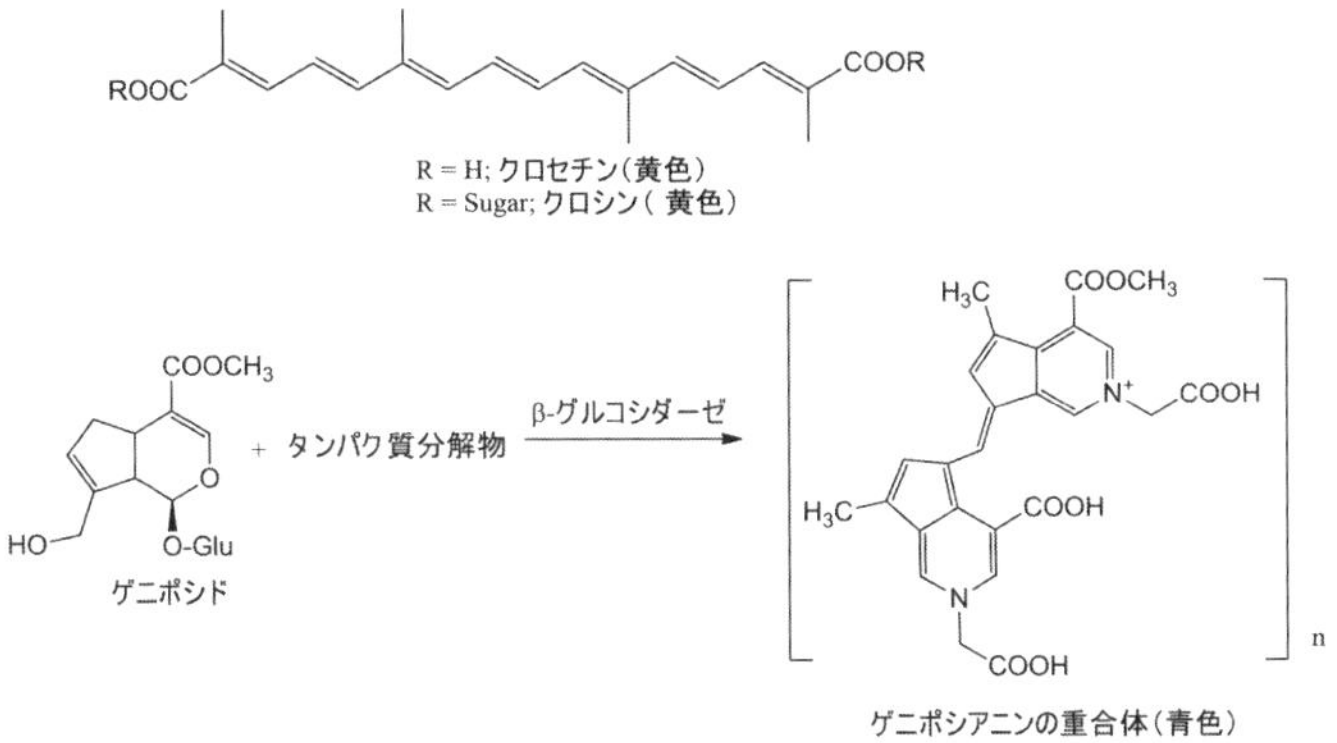

図4-8　クチナシの実にはカロテノイド色素であるクロセチンやクロシンが含まれており、黄色色素として使われている。果実に含まれるイリドイド誘導体であるゲニポシドとタンパク質分解物をβ-グルコシダーゼと反応させることにより、窒素を含有したゲニポシアニンの重合体が生成し、安定な青色色素となり食品の青色着色料として用いられる。

ベニバナの種子からは、主成分のリノール酸が豊富に含まれるベニバナ油がとれる。サフラワー油といわれ、サラダ油やマーガリンの原料などとして用いられている。

●クチナシ色素

アカネ科の常緑低木であるクチナシ（*Gardenia jasminoides*）は庭や公園などにも植えられており、白い可憐な花を咲かせ、歌謡曲の題材にもなっている。花の香りが強く、ジャスミンのようだということで、学名の小種名に*jasminoides*が用いられている。日本の中部以西や台湾、中国やインドシナ半島などの暖帯から亜熱帯地域に分布している。いろいろな品種があり、八重咲きや大型の花もある。

クチナシは10～11月頃、先端に6本の細長い萼片《がくへん》の名残をつけ、側面に陵状の組織を持つ独特の形をした橙色の果実をつける。この果実は色素を持ち、ターメリックなどと同様に布地の染色に用いるほか、栗きんとん、栗の甘露煮、クチナシご飯といった料理に使われている。クチナシの黄色の色素はカロテノイドの誘導体で、カロテノイド骨格の両端が切断され短くなった独特の構造を持つクロセチンやクロシンが含まれている（図4-8）。

青色の天然色素は少ないが、クチナシから青色色素が調整されている。クチナシの実に含まれるイリドイド誘導体ゲニポシドは無色であるが、タンパク質分解物と一緒にβ-グルコシダーゼと反応させることにより、青色の色素が得られる。この青色色素の正確な化学構造は明らかになっていないが、グルコースが除去されると同時にタンパク質分解物中のグリシンが反応して得られる含窒素二量体ゲニポシアニンの重合体である可能性が示唆されている。この色素はお菓子の着色などにも用いられる。

初冬に完熟した果実の萼片や果柄《かへい》を取り除き乾燥させたものはサンシシ（山梔子）と称し、生薬として用いる。日本薬局方に収載されており、消炎排膿薬、皮膚疾患薬、尿路疾患薬などとして用いられ、温清飲《うんせいいん》、黄連《おうれん》解毒湯、加味逍遥散《かみしょうようさん》、柴胡清肝湯、清肺湯などの漢方薬に処方される。

●アカネ色素

アカネ科のセイヨウアカネ（*Rubia tinctorum*）の根から得られる色素はアカネ色素と呼ばれている。アカネはエジプトなどでは古代から用いられており、ツタンカーメンの墓、ポンペイやコリントスの遺跡などからも発見されている。日本産のニホンアカネにも同様の色素が含まれており、古くから染料として用いられていたが、その後渡来したセイヨウアカネと比較すると色素含有量が低いうえに、色素を含む根が小さく収穫が難しいため染料として用いられなくなった。現在では化学合成でも生産可能であ

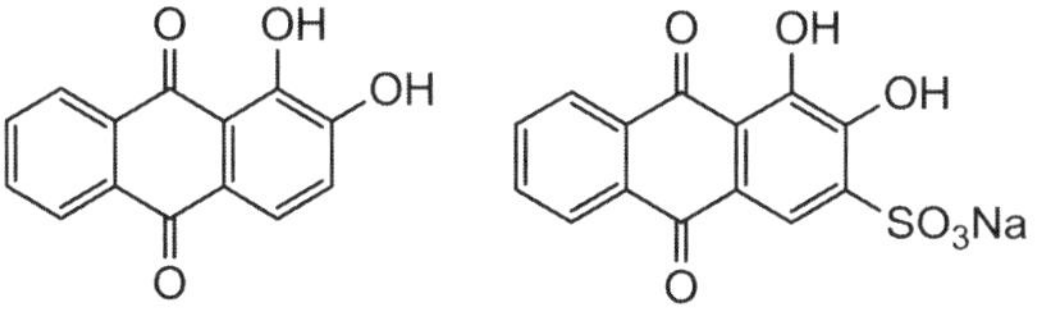

アリザリン　　アリザリンレッドS

図4-9　アカネ色素の主要成分はアリザリンで、食品の着色料として用いられてきたが、発がん性が問題になっている。アリザリンの酸誘導体アリザリンレッドSは医療に役立っている。

る。色素成分はアリザリンを主成分とする赤色のアンスラキノン誘導体類である。アカネ色素の色にちなんで、濃い赤色を茜《あかね》色と呼び、濃い赤色の夕日が「茜色の夕日」などと例えられている。

　これまで、セイヨウアカネの色素は食用色素として用いられてきた。ハムやソーセージなどの加工肉製品、かまぼこなどの水産加工製品、菓子類、清涼飲料水、麺類、ジャムなどに使用されていたほか、輸入食品にも使われている。アカネ色素はアメリカやEUにおいては使用が認められていないが、我が国や韓国では使用が許可されてきた。しかし、アカネ色素の発がん性が明らかになったことから、2004年に既存添加物名簿から削除され、厚生労働省はアカネ色素を使用していることが表示された食品は食べることを控えるように通達している。

　一方、アリザリンの水酸基の隣にスルホニル基を導入したナトリウム塩は、アリザリンレッドSと称し、金属イオンと結合する（**図4-9**）。そのため、生体におけるカルシウム塩沈着部を染色し、初期段階の組織石灰化を

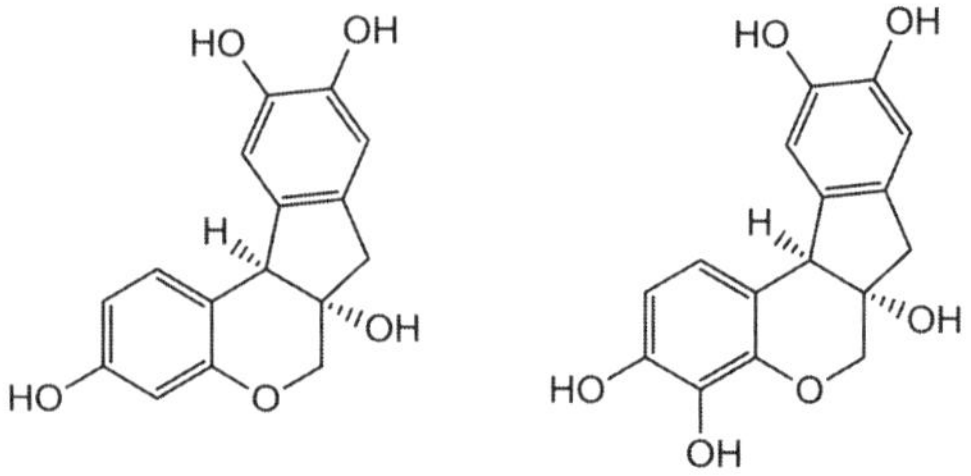

ブラジリン　　ヘマトキシリン

図4-10　スオウやブラジルボクの色素としてブラジリンが、ログウッドの色素としてヘマトキシリンが含有されている。

検出することで医療にも役立っている。

●スオウ、ブラジルボク、ログウッドの色素

インド、マレー諸島原産のマメ科のスオウ（蘇芳 *C. sappan*）には赤色色素が含まれており、古くから染料として用いられてきた。我が国でも飛鳥～奈良時代に中国から伝来し、薬用や絹の染色に用いられた。先にも述べた黄櫨染に、ハゼとともに用いられる。江戸時代にはシコン（紫根）による本紫《ほんむらさき》やベニバナ（紅花）による紅染《くれないぞめ》が禁制品となったことがあり、代用品としてスオウが染色に使われた。

スオウの色素と同じ色の色素が含まれるマメ科のブラジルボク（*Caesalpinia echinata*）がポルトガル人により南米の地で発見された。この地はポルトガルの植民地とされ、植物の名にちなんでブラジルと呼ばれるようになり、現在のブラジルの国名となった。この2つの異なる植物の色素は、ともに同じ赤色色素のブラジリンであることが明らかになっている。スオウおよびブラジルボクはミョウバンによる媒染で赤に、鉄による媒染で黒みがかった紫色に染色される。合成染料の登場で染料としてはすたれてきているが、絵具やインクの原料などとしても用いられている。スオウの色にちなんで、黒みがかった赤色を蘇芳色という。

カリブ海から中米地域に自生するマメ科のログウッド（*Haematoxylum campechianum*）はアカミノキなどとも呼ばれており、染料として原住民により伝統的に使用されていた。メキシコ地域を植民地としたスペイン人により赤色の色素としてヨーロッパに持ち込まれた。その成分であるヘマトキシリンは、ブラジリンにさらに水酸基一つが結合した構造である（図4-10）。水酸基が多いため、ブラジリンよりわずかに青みがかった赤色をしている。ヨーロッパにおいてログウッドの染料としての市場は大きく拡大した。媒染剤の種類やpHの組み合わせによって赤や青などいろいろな色に染色できる。我が国には明治中期に輸入され、黒色の染色に用いられるようになった。最近では髪染めにも用いられている。

また、ヘマトキシリンと赤色蛍光の合成色素であるエオシンを用いるヘマトキシリン-エオシン染色法において、ヘマトキシリンは細胞の核を特異的に青紫色に、エオシンは核以外を赤色に染色することで病理組織診断に有効利用されている。

●草木染め

身近な植物の葉、根、実などを煮出した液に繊維を浸して行う染色を草木染めという。タマネギの皮、落花生の殻と薄皮、ヨモギ、サクラの小枝、コーヒーなど、どこでも入手可能な材料を用いて素朴で風合いのある染色ができるため、人々の間で人気が高まっている。植物の色素はタンパク質と親和性があり、タンパク質繊維である絹はよく染色されるが、綿や麻のようなセルロース系の繊維では染色されにくい。そのためセルロース系の繊維では、あらかじめ豆乳を薄めたぬるま湯で処理してタンパク質を繊維に吸着させておくと染まりやすくなる。

アカネの根やベニバナは赤色、サクラの小枝はピンク色、クルミの果肉やスパイスであるチョウジはベージュ色、タマネギの皮やクワの葉、キハダの皮、エンジュの蕾、ターメリックは黄色、アイは青色、薬草でもあるムラサキの根であるシコンは紫色、ヨモギやヤマモモの樹皮はモスグリーン色、クリは茶色、コーヒーは薄茶色などに染色される。その他にも、紅茶、ビワの葉、ブドウの皮、紫キャベツ、赤ジソ、ナスの皮、ミカンの皮など、なんでも染色に使うことができる。

染色前や染色後に金属イオンを含む媒染剤で処理を行うことにより、いろいろな色合いを作り出せるとともに、繊維と色素分子を結びつけ色止めの効果が得られる。アルミニウム媒染剤としてミョウバン、銅媒染剤として酢酸銅や硫酸銅、鉄媒染剤として木酢鉄や酢酸第一鉄などが用いられる。もちろん、染色法の違いや素材の繊維の違いで、目的の色にならないこともあるが、思いがけない色に染色されることもあり、これこそが草木染めの味わいでもあるのかもしれない。基本的にはほとんどすべての植物が染料の材料となりうると考えられ、身近な植物素材である庭の木や草花、山野の雑草や木のいろいろな部分、野菜の皮やマメ類、あるいはコーヒー、紅茶、お茶などを草木染めに用いることで、さまざまな色合いを楽しむことができるのではないか。植物のささやかな恵みをこのように利用することもできる。

column
5・・・植物の学名

生物の分類体系は、特徴が共通するもの同士を階層的にまとめ上げて体系化するもので、現在ではカール・フォン・リンネ（C. von Linne）によって提唱された方法に従っている。最も大きなグループは「界」である。界は、原核生物界、原生生物界、菌界、植物界、動物界の5界に分類されている。

界（Kingdom）はさらに、門（Phylum）→綱（Class）→目（Order）→科（Family）→属（Genus）→種（Species）と分類され、種が最も小さな単位となる。植物の場合などはさらに変種名をつけたり、園芸品などでは品種名をつけたりする。

植物に限らず、生物の分類を行うために、生物すべての種に対して学名がつけられている。

学名は属名と小種名を並べる二命名法で示される。例えば、セイヨウタンポポは *Taraxacum officinale* Weber という。属する科はキク科（Asteraceae）、属は *Taraxacum* で小種名は *officinale* である。属名と小種名はイタリックで記載する。Weber は命名者の名前で、ファミリーネームがフルネームで記載されるが、省略して記載されることも多い。多くの植物の命名を行った Linne の名前がつけられることが多いが、リンネの場合は略して L. と記載されることもある。日本の植物では、牧野富太郎による命名が多いため Makino と記載されたものがしばしば見られる。

動物も同様に学名を持つ。例えば、現在地球上に生存しているヒトはすべて一つの種、ホモ・サピエンス（*Homo sapiens*）と命名されている。

ちなみに、キク科の植物は最も大きなグループで、世界中で1620属、約2万3000種が知られており、我が国においても、約70属

360種余りが知られている。次に多いのがラン科で880属2万1950種、さらにマメ科730属1万9400種、イネ科668属1万25種、アカネ科600属1万種、シソ科236属7175種と続く。我々の身近な植物であるバラ科は95属2830種、ナス科は102属2460種などとなっている。

一方、裸子植物であるイチョウ（*Ginkgo biloba* L.）は、1科1属1種で、仲間の植物のいない孤独な植物である。しかし、イチョウは生きている化石ともいわれる長い歴史を持っていて、世界中で街路樹などとして植えられる存在感のある樹木である。

身近な植物の学名をいくつか次に示す。

チャ……*Camellia sinensis*（L.）Kuntze
スイカズラ……*Lonicera japonica* Thunberg
オオバコ……*Plantago asiatica* L.
センブリ……*Swertia japonica* Makino
センキュウ……*Cinidium officinale* Makino

ここで、小種名の *sinensis* はラテン語で「中国の」、*japonica* は「日本の」、*asiatica* は「アジアの」、*officinale* は「薬用に」の意味を表している。

APG体系

従来、植物の分類は新エングラー体系やクロンキスト体系が広く用いられ、花や葉、茎、根などの形態や構造の違いを中心に分類されてきた。この分類法は視覚的な側面から作られているため、時には植物学者の間でも分類に違いと混乱が生じ、系統樹における矛盾も起こっていた。

そんななか、1980年代から、DNA遺伝子解析技術の驚異的な進歩に従って、DNA塩基配列で分類することが可能となってきた。DNA塩基配列で植物の分類を行おうとする国際プロジェクトである被子植物系統研究グループ（Angiosperm Phylogeny Group：APG）は、DNA解析を用いた分子系統学による被子植物の分類体系をまとめて新たな分類体系を提唱し、ＡＰＧ Ⅰ、ＡＰＧ Ⅱ、ＡＰＧ Ⅲとして提案を行ってきた。２００９年にＡＰＧ Ⅲが、さらに修正を加えて２０１６年にはＡＰＧ Ⅳが公表された。このＡＰＧ体系が多くの分類学者の間で用いられるようになり、国際的データベースであるジーンバンクや、エンサイクロペディア・オブ・ライフはじめ多くの出版物などで採用されるようになってきている。ＡＰＧ体系では、科や属の入れ替え、科の分割や統合が行われ、従来の分類体系との違いが大きな部分もあり混乱の生じる可能性がある。将来的には、旧来の分類体系に代わってＡＰＧ体系が植物の分類体系となっていくことが予想されている。

第5章 植物基原食品の機能性物質

日本の経済が大きく発展し、食習慣や生活スタイルに大きな変化が起こっている。さらに、医薬品や医療技術の進歩により平均寿命が延び、高齢化が進んでいる。飽食の世相を反映し、過剰な栄養摂取と車社会による運動不足などが原因の健康障害が問題になっている。そして、生活習慣病という新たな疾病が大きな社会問題となっている。

生活習慣病

疾病の発症には、病原体や有害物質などの外的要因ならびに遺伝要因が関係するだけでなく、食生活、運動不足、休養不足、喫煙、過剰飲酒、睡眠不足、ストレスなどの生活習慣が原因となる。近年、このような生活習慣が原因となる疾病は生活習慣病といわれている。生活習慣病は、健康長寿社会のための最も大きな阻害要因であるとともに、国民医療費においても多大な悪影響を与える。

食品があふれ経済的に豊かになったことの結果として、栄養の摂りすぎや偏り、運動不足により、栄

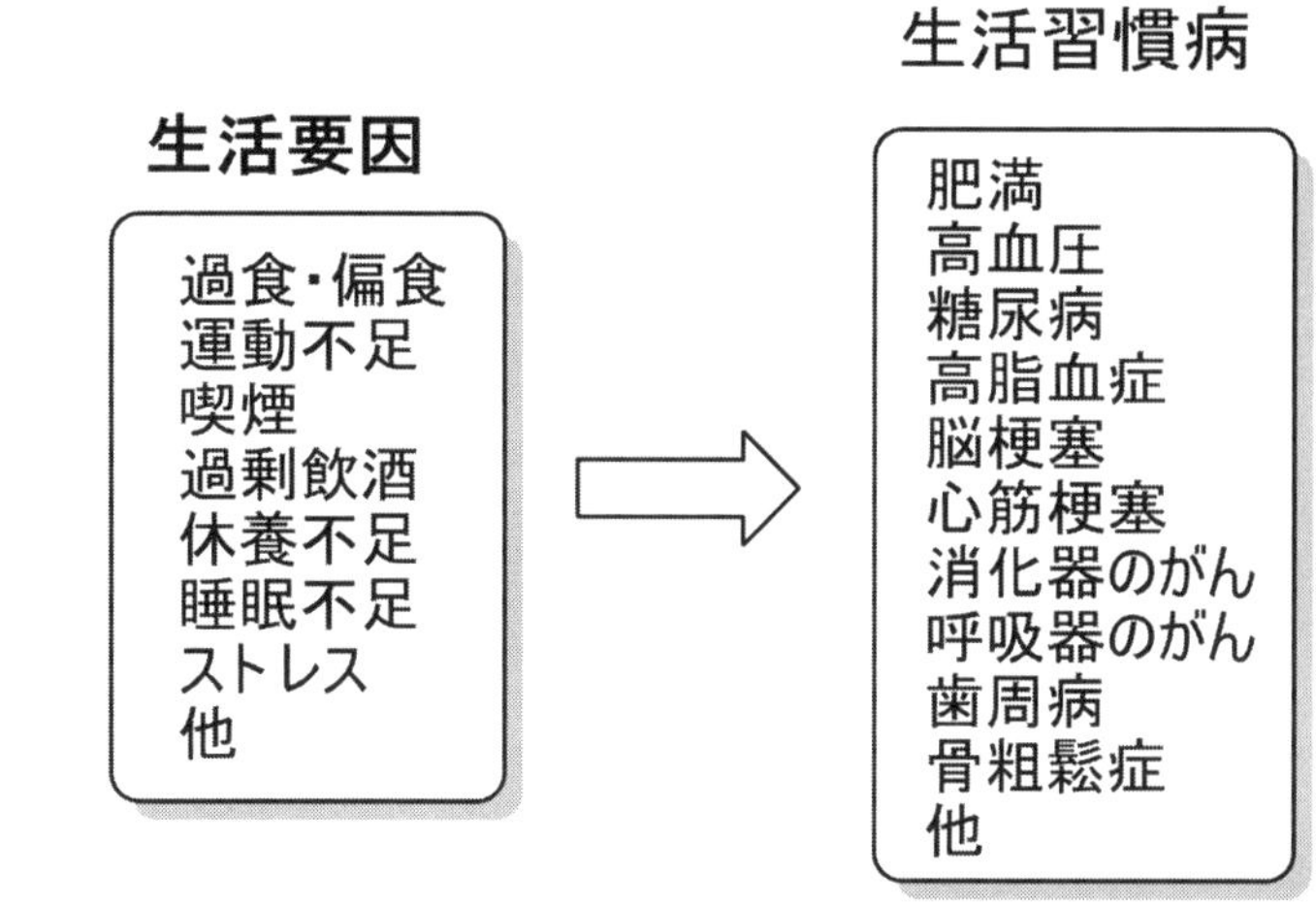

図 5-1　食生活をはじめとする生活スタイルの変化が引き起こした生活習慣病という新たな疾病が、大きな社会問題になっている。

養の摂取量に対してエネルギーの消費量が少ないための肥満が生活習慣病の大きな原因となっている。偏った食習慣による高血圧、糖尿病、高脂血症、大腸や胃など消化器のがん、喫煙による肺がん、骨《こつ》粗《そ》鬆《しょう》症《しょう》、動脈硬化、循環器障害、高尿酸症、気管支炎、過剰な飲酒によるアルコール性肝疾患などが問題になっている（図5-1）。

　これらの生活習慣病の発症には、活性酸素や過酸化物質が大きく関わっていることが明らかになっている。そのため、予防や改善には抗酸化物質が大きく寄与することが期待されている。

　生活習慣病の予防や改善には、バランスの良い食事をして食生活を改善し、積極的に体を動かし、喫煙をやめ、飲酒の量をコントロールすることが第一義的には最も重要である。一方、体内に発生した活性酸素や過酸化物質を抑制するために、積極的に抗酸化活性を持つ食品を摂取することも重要である。

生活習慣病の根源的原因は肥満であるが、その結果として発症する糖尿病、高脂血症、高血圧は重大な合併症を引き起こす。

我が国では5人に1人が糖尿病の予備軍といわれている。糖尿病の怖さは、症状が表れにくく知らぬ間にさまざまな合併症を誘発することである。腎障害、神経障害により、ひどいときは手足の壊疽《えそ》による切断、網膜症などの目の疾患、脳梗塞、認知症、心筋梗塞などの合併症が起こりうる。

運動不足、特に欧米型の食生活による脂質の過剰摂取が原因でコレステロールや中性脂肪など血中の脂質の量が高くなり、これに活性酸素が影響して血管壁に低比重リポタンパク質（ＬＤＬ）が沈着し、血管を塞ぎ動脈硬化を起こすことで、脳梗塞などの脳血管障害や心筋梗塞などの心血管障害を誘引し、危機的な状況へとつながる。

日本人は食塩血中濃度の影響に対して耐性が低いにもかかわらず、その食生活習慣から食塩の摂りすぎによる高血圧が問題になっている。さらに過食による肥満、運動不足、喫煙、ストレスなどが原因で多くの人が高血圧の傾向にある。高血圧は特有な症状がなく、軽い頭痛などがあることもあるが、気づかないうちに血管にダメージを加えられて症状が進行し、脳卒中、脳梗塞、心筋梗塞などの合併症を引き起こす怖い病気で、サイレンスキラーなどともいわれている。

食品の機能

食品には3つの機能があることが知られている。日々の食事は、ヒトが生きていくためになくてはな

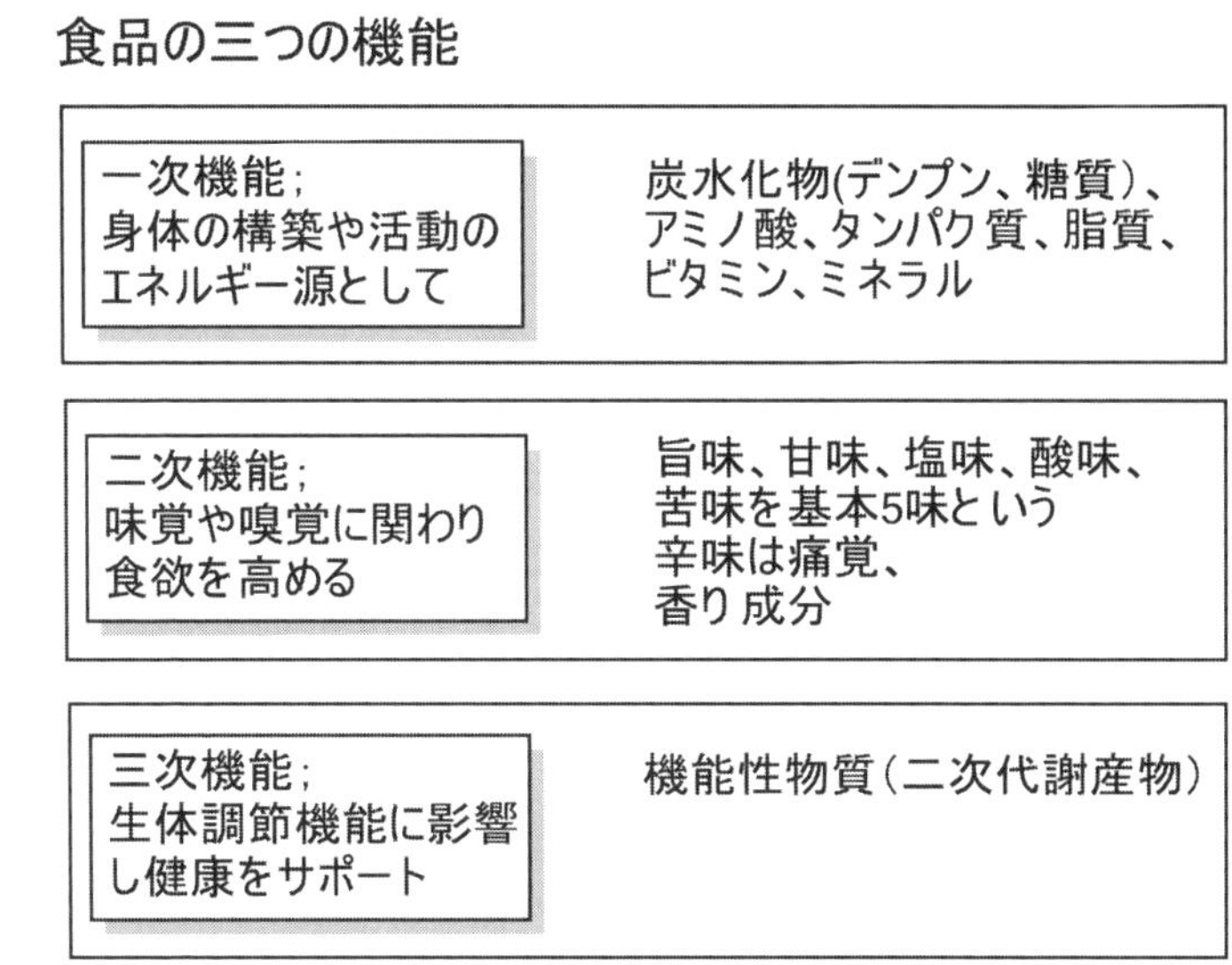

一次機能； 身体の構築や活動の エネルギー源として	炭水化物(デンプン、糖質)、 アミノ酸、タンパク質、脂質、 ビタミン、ミネラル
二次機能； 味覚や嗅覚に関わり 食欲を高める	旨味、甘味、塩味、酸味、 苦味を基本5味という 辛味は痛覚、 香り成分
三次機能； 生体調節機能に影響 し健康をサポート	機能性物質（二次代謝産物）

図5-2　食品には３つの機能が知られているが、近年特に健康に関与する三次機能が注目され、いわゆる健康食品に対する注目が集まっている。

らないものである。特に、食事することで体を作り、生きていくためのエネルギーを生み出す一次機能が最も重要なものであることは、疑問の余地がない。

そして豊かで物のあふれる現代において、食事は楽しみの一つであり、人々に生きる活力を与えてくれるものだ。積極的に食事をするためには美味しいという味や香りなどの情報が必要である。そのためには、嗜好性に関する二次機能である味覚や嗅覚などの機能も重要である。この２つの機能は古くから認識されていた。

近年、人々の健康志向の高まりにより、普段の食生活を通して健康を維持し、疾病のリスクを軽減したいとの考えが生まれ、これが食品の三次機能として注目されるようになってきた。食品の３つの機能である一次機能、二次機能、三次機能を**図５-２**

にまとめた。

三次機能については人々の興味も大きく、かつ我々の健康に寄与することが期待されており、実際に多くの機能性物質が特定保健用食品、機能性表示食品、栄養機能食品、健康食品などの機能性に関与する成分として開発され市場に供給されている。そのため多くの関連企業や大学等の研究者により食品の機能性成分の探索研究が行われている。

食薬区分

食品の多くは植物基原であり、また、植物基原の医薬品や生薬も数多く用いられている。従来食品といえば栄養補給が主目的であったが、健康志向の強い近年では三次機能を標榜する食品、いわゆる健康食品やサプリメントがあたかも医薬品のような形態で供給されるようになっている。そのため食品と医薬品の区別があいまいな点も多い。食品と医薬品の区別は、誤った使用による事故等が起こらないように、法律で「食品とは、全ての飲食物をいう。ただし、薬機法に規定する医薬品および医薬部外品は、これを含まれない」（食品衛生法第四条）と区分されている。

我々が飲食するものは、大きく分けると食品と医薬品に分類される。食品は一般食品と保健機能食品に区分される。医薬品は医療用医薬品と一般用医薬品（ＯＴＣ）に区分される。

一般に売られている健康食品やサプリメントはその機能性を表示することができず、普段我々が食べる食品と同じ一般食品に分類されている。従来は、特別に法律で定めた健康食品というジャンルはなか

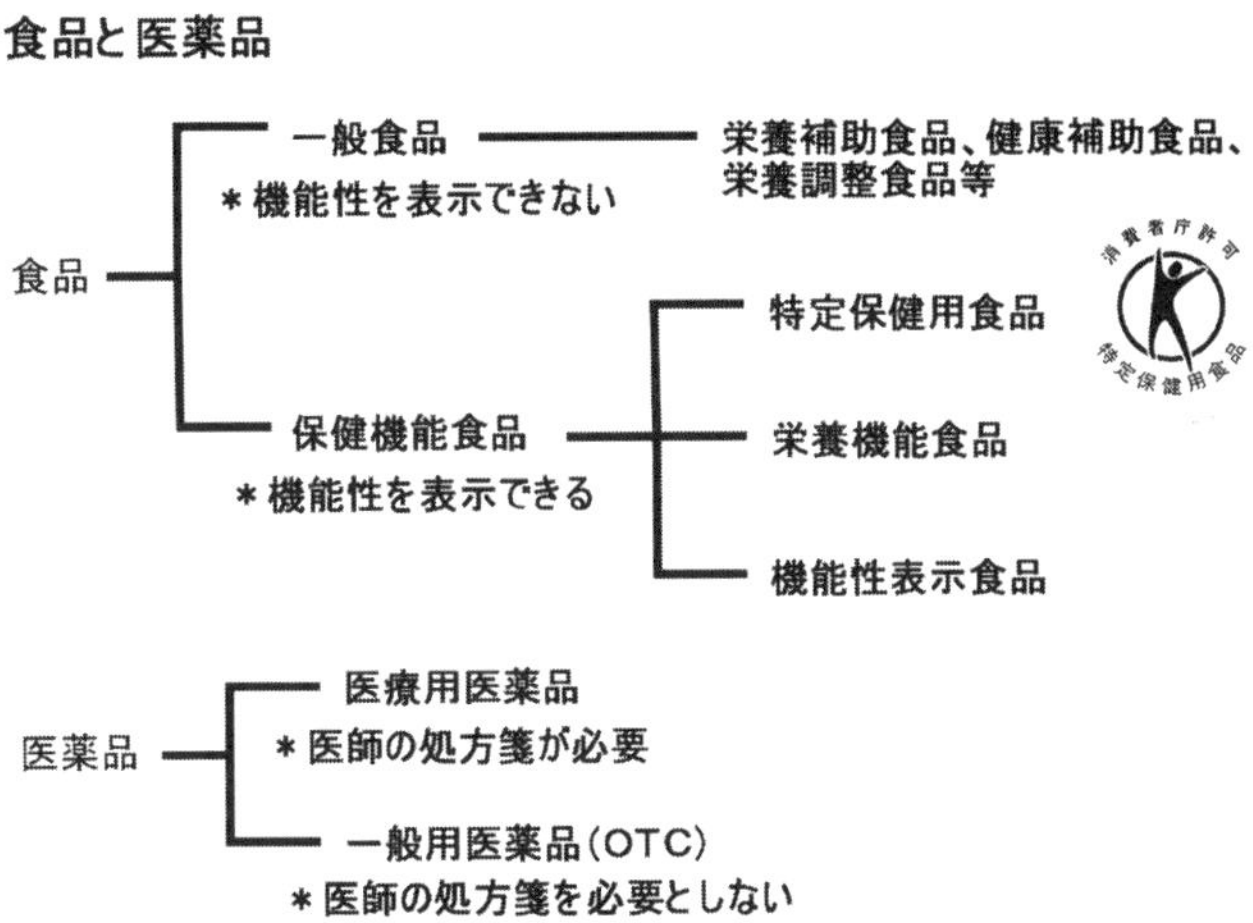

図5-3　我が国では、人が口から摂取するものは食品と医薬品の２つが定義されている。食品と医薬品をどのように規定するかを示したものが上図で、医薬品以外のものはすべて食品ということになる。いわゆる健康食品は一般食品に分類され、特定保健用食品などの保健機能食品も食品ということになるが、機能性を表示できるのは、保健機能食品として規定されている。特定保健用食品は1991年、機能性表示食品は2015年にそれぞれ制度化された。

ったが、近年、人々の健康食品に対する高い要望と欧米からの影響などにより、健康に関する機能を標榜することのできる健康食品を認めるようにとの社会的要請に押される形で、保健機能食品という法律で規定された食品の新たなジャンルが誕生した。保健機能食品には特定保健用食品、栄養機能食品、機能性表示食品の3つがあり、その機能性を表示することができる。特定保健用食品は人に対する臨床評価試験が要求され、その妥当性について政府によって審査が行われる。栄養機能食品は、ビタミンやミネラルなどのようにごく普通に用いられる機能性物質である。機能性表示食品は機能性や安全性を担保する研究例があり、その情報を申請内容に反映させることで販売者の責任で販売できるようにしたもので、その有効性を国が担保するものではない（図5-3）。

機能性を表示できる食品

前述したように、時代の要請に従う形で、我が国でも機能性を表示することのできる保健機能食品が制度化されている。保健機能食品としては、特定保健用食品、栄養機能食品、機能性表示食品の3つが制度化されている。このうち、栄養機能食品がビタミンやミネラルなど比較的限られたものであるのに対して、特定保健用食品と機能性表示食品は、国民の健康に広く関与した機能についてその機能性を表示して販売することができるものである。そこで、健康志向の高い人々からのニーズが高く、事業者側からの注目も大きくなっている。

特定保健用食品は「トクホ」とも呼ばれ広く知られている。1991年に制度化され、機能性の表示の許可にあたっては、その有効性や安全性について事業者が臨床試験で証明し審査を受ける必要がある。そのための開発費用もかかり、比較的ハードルの高い制度である。特定保健用食品として消費者庁による許可を受けると、健康に影響を与える保健機能成分を含み、血糖値、血圧、血中コレステロール等を正常に保つ働きを助けるなどといった特定の効果を表示して発売することが認められる。これにより「消費者庁許可特定保健用食品」の表示を行うことができ、あわせて特定保健用食品であることを示すマークを添付することができる（図5-3）。

特定保健用食品の開発には、数千万円から1億円ほどの経費と3年から5年ほどの時間が必要といわれている。1991年の開始以来、2019年3月までに1060余の食品が許可されており、その年間売り上げは6000億円余ともいわれている。

特定保健用食品は医薬品ではないため疾病の治療に用いるものではなく、多量を用いることで予防効果が向上するものではない。むしろ弊害の生じることもあり、1日の目安量や使用法を守る必要がある。

機能性表示食品は2015年に制度化され、有効性および安全性に関して国による審査がなく、事業者(企業や団体)の責任のもと、消費者庁に届け出る。安全性の確保を前提とし、科学的根拠に基づく機能性が、事業者の責任で表示される。そのため、最終製品の有効性や安全性に関する文献や論文を引用するか、必要に応じ臨床試験で科学的根拠を示す必要がある。

「おなかの調子を整える」とか「脂肪の吸収を穏やかにする」など健康の維持や増進に役立つ食品の機能を表示できる食品で、消費者が誤認することなく商品を選択できるように適正な情報提供が行われる。特定保健用食品に比べ開発のハードルが低いため、2019年9月末時点で2412件が受理され、市場規模も2000億円近くになっており、今後ますますその数が増えていくことが予想される。

活性酸素と疾病リスク

嫌気性細菌を除く地球上の生物は、我々人類を含め酸素を利用して好気的呼吸を行い、効率的に化学エネルギーを取り出して生きている。しかし、この過程で副産物として生成される活性酸素に日常的に晒されると体にいろいろな障害が起こる。また、太陽光に含まれる有害紫外線により生ずるラジカル物質も障害の原因となる。活性酸素としては、一重項酸素、スーパーオキシドアニオンラジカル、過酸化水素、OHラジカル、有機ラジカル、過酸化物質などさまざまなものが知られている。

これらの有害な活性酸素やラジカルの障害から生命を守るため、生物はスーパーオキシドジスムターゼ、グルタチオンレダクターゼ、ペルオキシダーゼ、カタラーゼなどの酵素により活性酸素を抑制するシステムを持っている。さらに、ビタミンC、ビタミンE、コエンザイムQなどの生体成分も抗酸化に働いている。しかし、生活の中で生体が抑えることのできない過剰な活性酸素が生じており、日常的に晒されているのが現状である。この過剰な活性酸素は、遺伝子やタンパク質などの高分子や脂質に傷をつけ、がんや生活習慣病などのさまざまな疾病、あるいは老化の促進などの原因になっている。そのため、普段の生活の中で活性酸素を抑制することが疾病のリスクを取り除くことにつながると考えられ、抗酸化物質に注目が集まっている。

抗酸化活性を持つポリフェノール

図5-4に示すように、水酸基には2つのタイプがある。エチルアルコール、メントール、グリセリン、ブドウ糖（グルコース）などアルカン（一重結合を形成）炭素に結合した水酸基を持つものをアルコール性化合物と呼ぶ。

ベンゼン環に結合する水酸基は弱い酸性の性質を持ち、フェノール性水酸基と呼ぶ。同じ水酸基でも結合する炭素の違いにより化学的性質が異なってくる。フェノール性水酸基を持つ化合物をフェノール

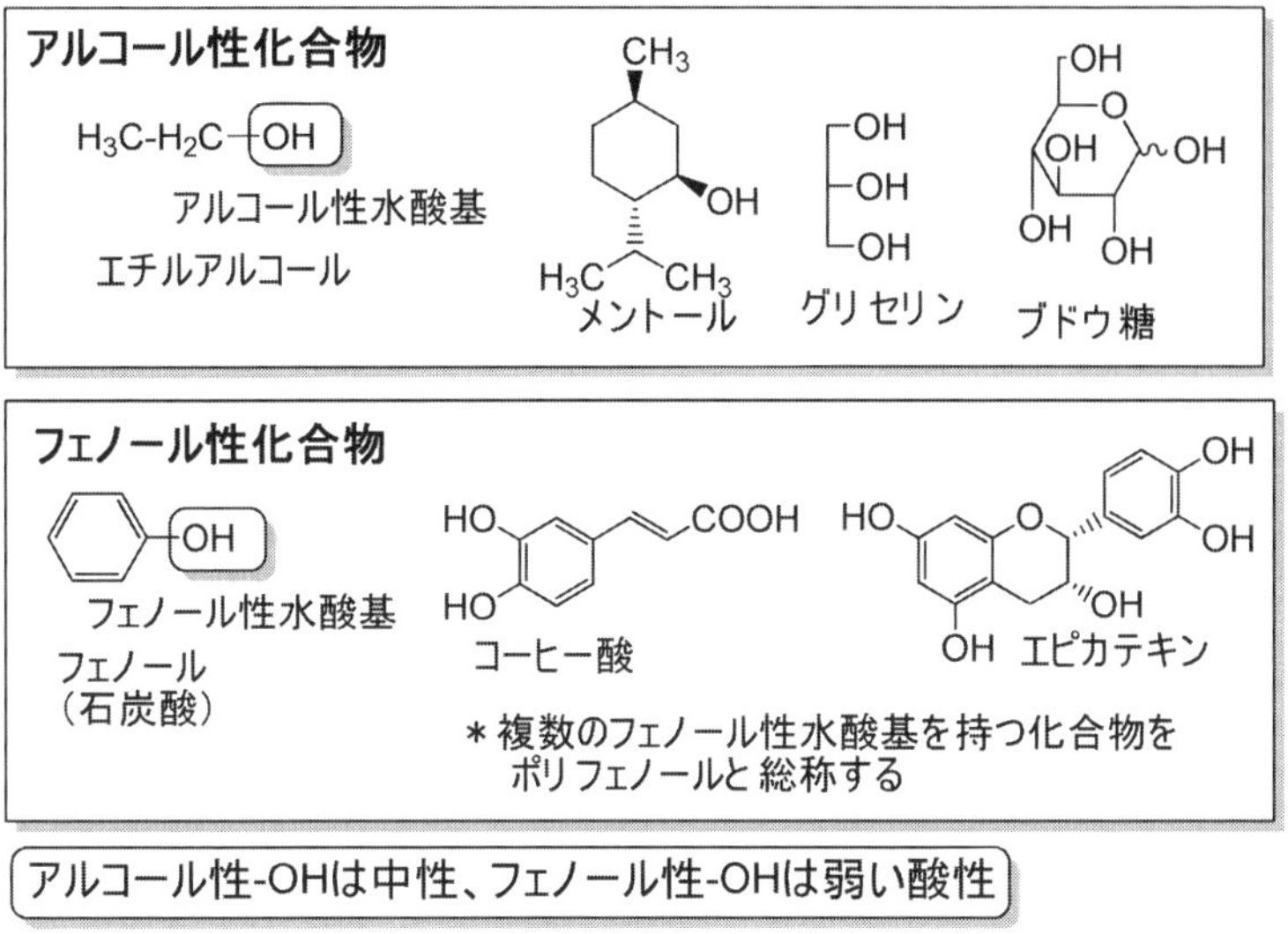

図 5-4　水酸基には、アルカン炭素に結合したアルコール性水酸基とベンゼン環に結合したフェノール性水酸基の２種類がある。アルコール性水酸基は中性であるのに対して、フェノール性水酸基は弱い酸性を示す。石炭酸、コーヒー酸、エピカテキンはフェノール性水酸基を持ち、酸性を示す。複数のフェノール性水酸基を持つ化合物はポリフェノールと総称され、抗酸化活性が期待される。

性化合物といい、基本的に抗酸化活性を持っている。フェノール性水酸基を複数持つものはポリフェノールと総称され、強い抗酸化活性が期待される。その代表的な化合物がお茶の成分としてよく知られるエピカテキンなどのフラボノイドである。

特に植物は多彩な構造を持つ多くのポリフェノールを生合成し、体内に蓄積している。その代表がお茶のカテキン類や、花やベリー類の色素であるアントシアニンなどのフラボノイドといわれるグループだ。その他には、シキミ酸経路で生合成されるフェニルプロパノイド誘導体やリグナン誘導体、酢酸-マロン酸経路で生合成されるナフトキノン誘導体やアンスラキノン誘導体など、さまざまな化合物が知られている。ポリフェノールと総称される植物成分をまとめると以下のようになる。

フラボノイド：カルコン、フラバノン、フラボン、フラボノール、カテキン
アントシアニン、プロアントシアニジン、イソフラボン
スチルベン誘導体：スチルベン誘導体、フェナンスレン誘導体
フェニルプロパノイド：フェニルプロパノイド（C_6-C_3）、リグナン誘導体、クルクミノイド
ポリケタイド：ナフトキノン誘導体、アンスラキノン誘導体

抗酸化の仕組み

アスコルビン酸（ビタミンC）は代表的な抗酸化物質で、還元作用を持っているためフリーラジカル

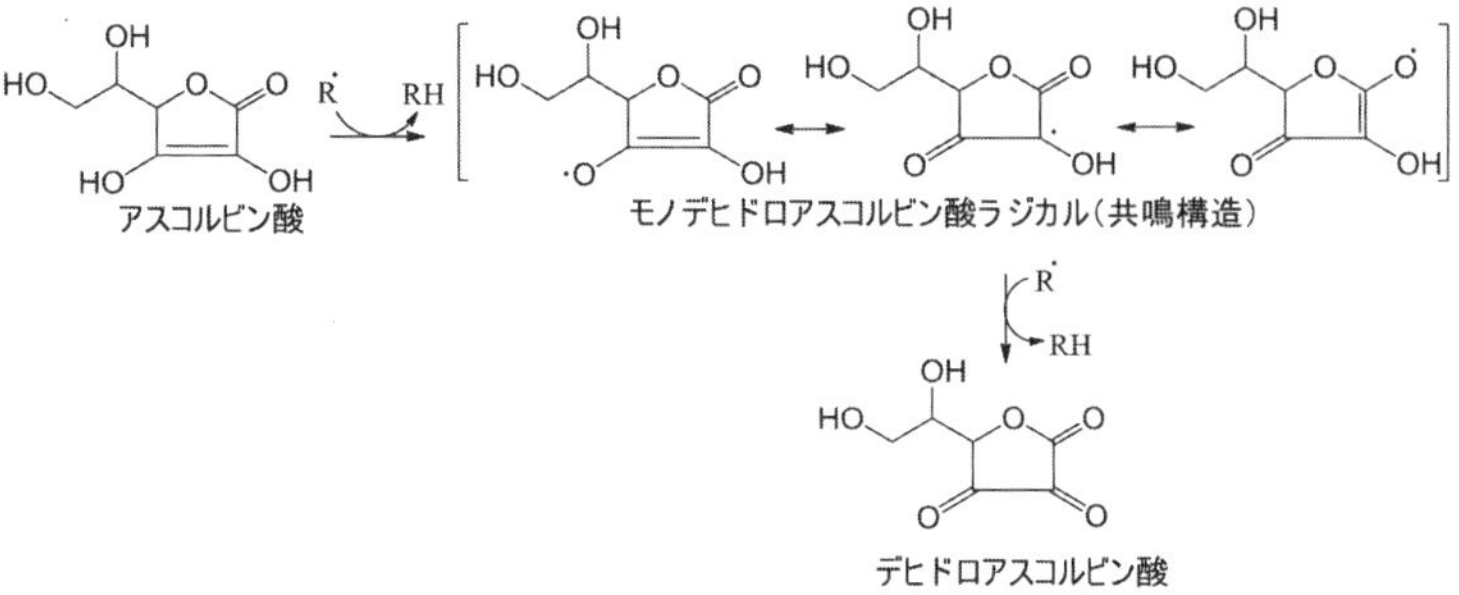

図5-5　アスコルビン酸はフリーラジカルを取り込み、自らが酸化されることで活性酸素を消去する。酸化されたアスコルビン酸は共鳴構造をとることで安定化した後、さらにラジカルを取り込みモノデヒドロアスコルビン酸として安定になる。

などの活性酸素を直接還元し、共鳴構造をとるため反応性の低いモノデヒドロアスコルビン酸ラジカル中間体を経由し、最終的に安定なデヒドロアスコルビン酸になることで抗酸化活性を示す。モノデヒドロアスコルビン酸ラジカルやデヒドロアスコルビン酸は、グルタチオンなどの関与した生体の抗酸化機構により処理されてアスコルビン酸に戻される。このようにして活性酸素による障害を取り除くことができる。アスコルビン酸の抗酸化の反応機構を**図5-5**に示す。

　ポリフェノール誘導体は自分自身が酸化されやすく、しかも酸化された形が共鳴構造をとることにより反応性が低くなって、抗酸化活性を示す。ポリフェノールタイプの抗酸化物質の代表的な構造として、ベンゼン環に2つのフェノール性水酸基が隣接して存在するカテコール構造や、3つのフェノール性水酸基が隣接して存在するガロイル構造が抗酸化に有効に働くことが知られている。**図5-6**において、カテコール構造を持つAは、活性酸素（OX）により酸化されA-OXとなる。A-OXはA-OX˙との間で共鳴

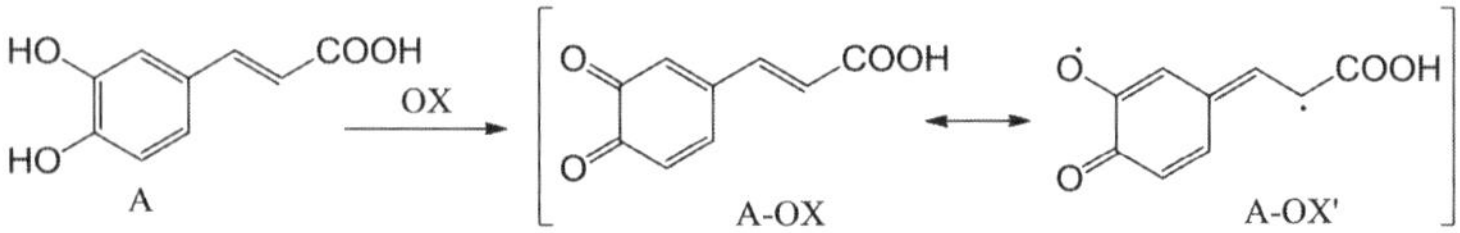

図 5-6　カテコール構造を持つフェノール誘導体 A は、高い酸化活性を持つ OX と反応し A-OX となり、A-OX は A-OX' との間で共鳴構造をとることで安定化し、酸化活性が低くなり抗酸化活性を示すことになる。

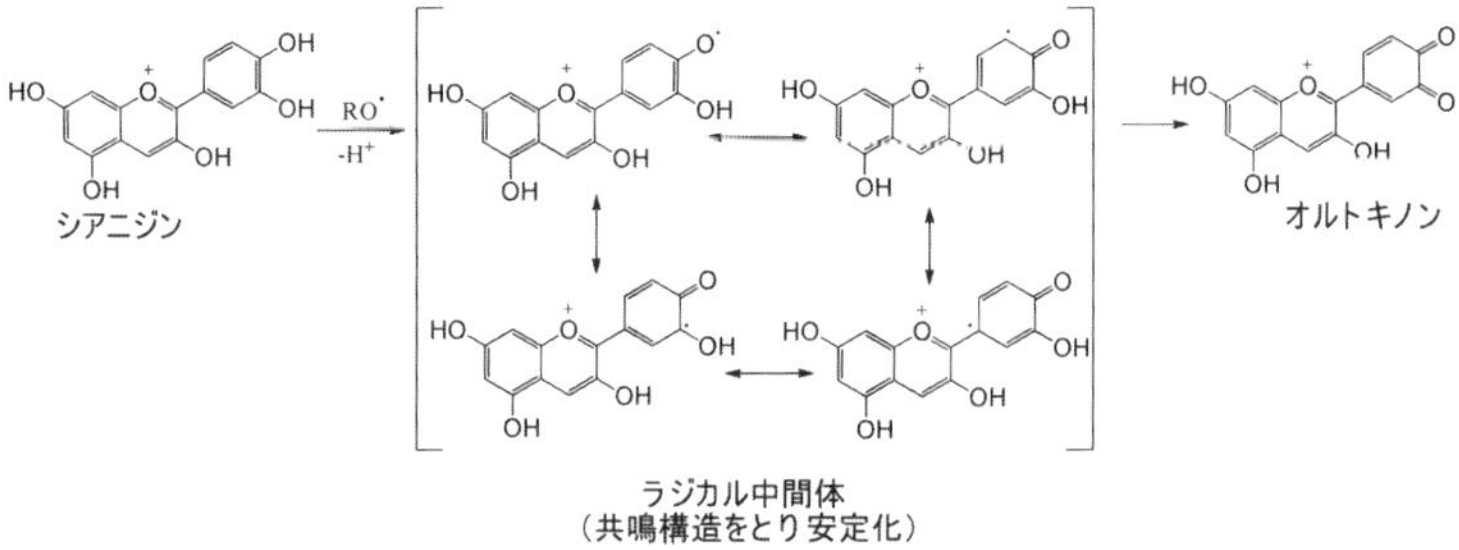

図 5-7　植物色素アントシアニンの中心構造であるシアニジンは、自らが酸化されることで反応性の高いラジカルを消去し、ラジカル中間体となる。このラジカル中間体はいくつかの共鳴構造をとることにより安定化し、さらに酸化され安定なオルトキノン型の物質となる。

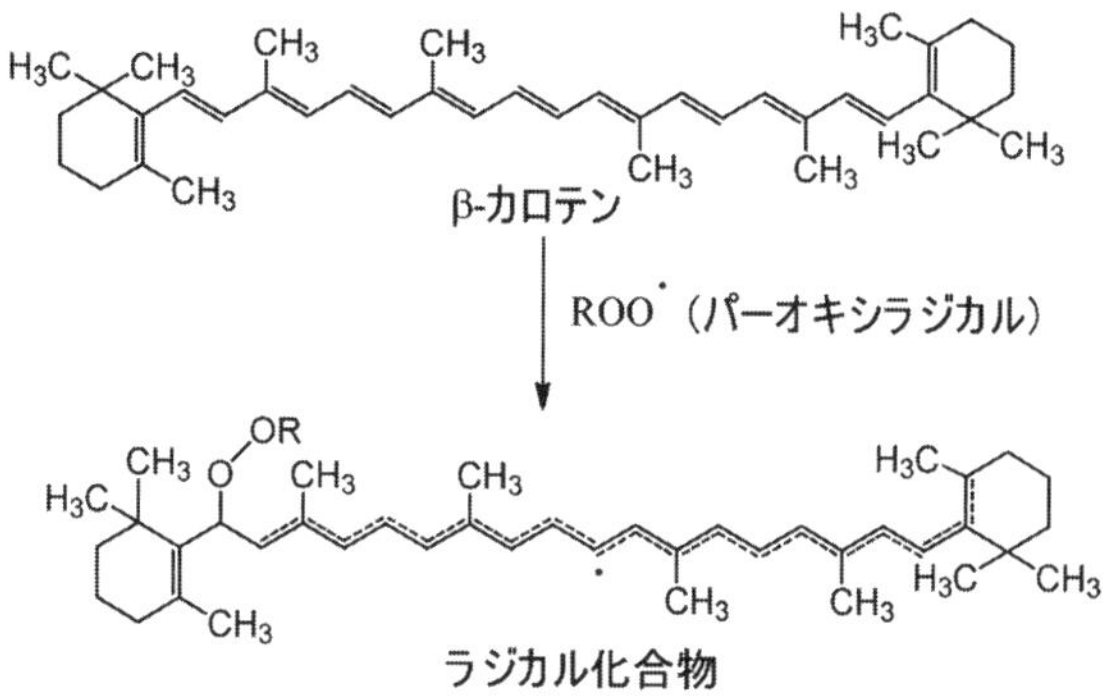

図5-8　β-カロテンなどのカロテノイドは、反応性の高い過酸化物と反応しラジカル化合物を生成するが、ラジカルの孤立電子が共役ポリエン構造上を自由に動き非局在化することで、このラジカル構造が安定化し抗酸化活性を示す。

構造をとることにより安定化し反応性が低くなり、酸化障害を与えないことになる。その後、生体中の抗酸化機構が働くことでA-OX, A-OX˙は消失することになる。

花の色素として知られるアントシアニンの中心構造部分の一つであるシアニジンは、**図5-7**に示すように、活性酸素の一つであるフリーラジカルと反応して活性なフリーラジカルを消去し、自らがラジカル中間体となるが、そのラジカル孤立電子が非局在化した共鳴構造をとることで安定化する。それによってラジカルとしての反応性が低くなり、最終的に安定なオルトキノンとなって抗酸化活性を示すことになる。

β-カロテンなどの共役したポリエン構造を持つ化合物は**図5-8**に示すように、パーオキシラジカルなどの有機ラジカルと反応し、ラジカル化合物となる。ラジカル孤立電子は共役ポリエン構造が存在するため、ポリエン構造上を自由に移動し非局在化することができる。さらに、ポリエン化合物は安定化したラジカル化合物となり抗酸化活性を示す。

いずれの場合も、抗酸化物質は反応性の高い活性酸素と反応し、自己犠牲的に自らが酸化され比較的安定な酸化体となることで、活性酸素の高い反応性を抑制するのである。

植物由来の二大抗酸化物質

フラボノイドとカロテノイドを我々動物は生合成することができない。基本的に植物のみが生合成することができ、すべての植物は普遍的にこれら化合物を生合成し体内に蓄積している。それは植物にとって意味があるからである。

植物は光合成をするため光を十分に浴びる必要がある。そのため、ほとんどの植物は、他の植物と立地を争い、より上に伸び葉の面積を広げてより多くの太陽の光を浴びようと頑張っている。その結果、有害紫外線を容赦なく浴びることにもなる。有害紫外線は直接遺伝子やタンパク質に障害を与えるだけでなく、光反応で活性酸素を産生し生体にダメージを与える。真夏の35℃以上の晴天の日、ヒトがとても過ごすことのできない環境で、容赦ない日光を浴びながら平然と茂っている植物を見ることは普通である。植物は有害紫外線を浴びながらどうして障害を受けず生きていけるのだろうという疑問が生ずる。

もちろん、植物も有害紫外線に対して無防備ではない。それがフラボノイドでありカロテノイドであることが明らかになっている。これらの化合物は有害紫外線を防御するだけでなく、強力な抗酸化物質としても働いている。多くのフラボノイドの吸収波長は有害紫外線の波長領域とほぼ同じであり、その害を防いでくれるが、光合成に必要な青色光や赤色光は吸収せず、光合成の邪魔はしない。カロテノイドは光合成に必要な光を吸収し、そのエネルギーをクロロフィルに受け渡すことで光合成を補助しながら、有害な波長の光をカットし、抗酸化物質として働いている。

有害紫外線を防ぐためにフラボノイドが生合成され、植物に蓄積されていることを示す研究例がいくつか知られている。例えば、紫外線が強力な高山に生える植物がある。ヒマラヤの標高４６００ｍ付近に自生する大型の植物であるタデ科のセイタカダイオウ（*Rheum nobile*）は、厳しい寒さと強烈な紫外線に晒されている。この植物は、大きな黄白色の半透明な苞葉で花を包み込み、温室のような働きで寒さから花を守っているといわれているが、この苞葉《ほうよう》には高濃度のフラボノイド誘導体、特にルチン、イソクエルシトリン、ヒペロシドなどのケルセチンの配糖体を高濃度に蓄積していることが明らかになっており、有害紫外線からも花を守っているものと考えられている。また、タヌキ藻などの水草では、水深の深さにより含有されるケルセチンなどのフラボノイドの量に差があり、より紫外線の強い浅い場所ほど含有量の多いことが明らかになっている。

生物、特に紫外線を強く受ける植物が生活していく過程で、いろいろな活性酸素が発生し、細胞に障害を引き起こす。フラボノイドとカロテノイドは強い抗酸化活性を有しており、生物に有害な活性酸素の消去を行っている。

フラボノイドは比較的穏やかな抗菌活性を持ち、植物に対する病原菌の感染の防除にも貢献していると考えられている。さらに根粒菌との共生における鍵となるシグナル物質としても働いている。

カロテノイドは、植物ホルモンであるアブシジン酸やストリゴラクトンの前駆物質として重要な物質であるだけでなく、ヒトの視覚を司る光受容物質であるビタミンＡの前駆物質プロビタミンＡとしても働いている。

以上のように、フラボノイドとカロテノイドは植物の生存にとってなくてはならない物質であるが、その生理活性は比較的穏やかであるため、我々人間に対しても穏やかな幅広い生理活性が期待される。まさに植物基原食品の機能性物質として最も期待できる二次代謝産物である。

フラボノイド

フラボノイドは、植物によって独占的に生産され、生物に対して特に不都合な強い生理活性を持っていない。フラボノイドの持つ抗酸化活性が、過酸化物質が原因となる生活習慣病の予防や緩和に効果があることが期待されている。また、抗酸化活性以外にもいろいろな穏やかな生理活性が明らかになっている。このようにフラボノイドの生理活性は食品の機能性として好都合なことから注目され、多くの研究報告がある。

フラボノイドが我々人間にとっても何ら有害な作用がないことは、日常的に食べる野菜や果物からさまざまなフラボノイド誘導体を摂取しているが、有害な事象はまったく知られていないことからも明らかである。むしろフラボノイドの摂取が我々の健康に寄与しているとの考えが常識となっている。

フラボノイドとしては、フラボノール、フラボン、ジヒドロフラボノール、フラバノン、カルコン、イソフラボン、茶カテキン、エピカテキン、アントシアニンなど多くのグループに分けることができる。これらフラボノイド誘導体のうち代表的な化合物について、以下に紹介する。

●フラボノール

フラボノイドの中で最も広く植物に分布しているのがフラボノール誘導体である。フラボノールは、フラボン骨格の2,3位に二重結合があり、3位に水酸基を持つグループである。その代表的な化合物がケルセチンとケンフェロールである。

ケルセチンは植物中に最も広く分布しているフラボノイドで、そのままの形でも植物に広く存在するが、ルチン、クエルシトリン、イソクエルシトリン、ヒペロシドなど多くの配糖体としてソバ、お茶、タマネギ、リンゴ、ブロッコリー、ケールなどに広く分布している。ケルセチン誘導体は抗酸化活性をはじめ抗がん作用、抗炎症作用、動脈硬化抑制作用、抗菌活性など、生活習慣病の予防や改善に重要な役割を果たすことが期待されている。

人々の健康に最も有用な天然物としてポリフェノールが最もよく知られているが、その代表物質がケルセチンである。強い抗酸化活性に基づく多くの機能性が知られており、食品の機能性成分として注目されている。

ケルセチンのB環上には2つの水酸基が隣接するカテコール構造が存在する（図5-9）。このカテコール構造が活性酸素により酸化されオルトキノンになることで、自己犠牲的に活性酸素を消去し抗酸化活性を示すことになる。

ケルセチンは多くの場合、配糖体として野菜や果物に広く分布しているため、我々は国が目標とする量の野菜や果物を食べることで、約200mg／日のケルセチンを摂取しているといわれている。日々摂取するケルセチンが我々の健康維持に寄与していることが想像できる。

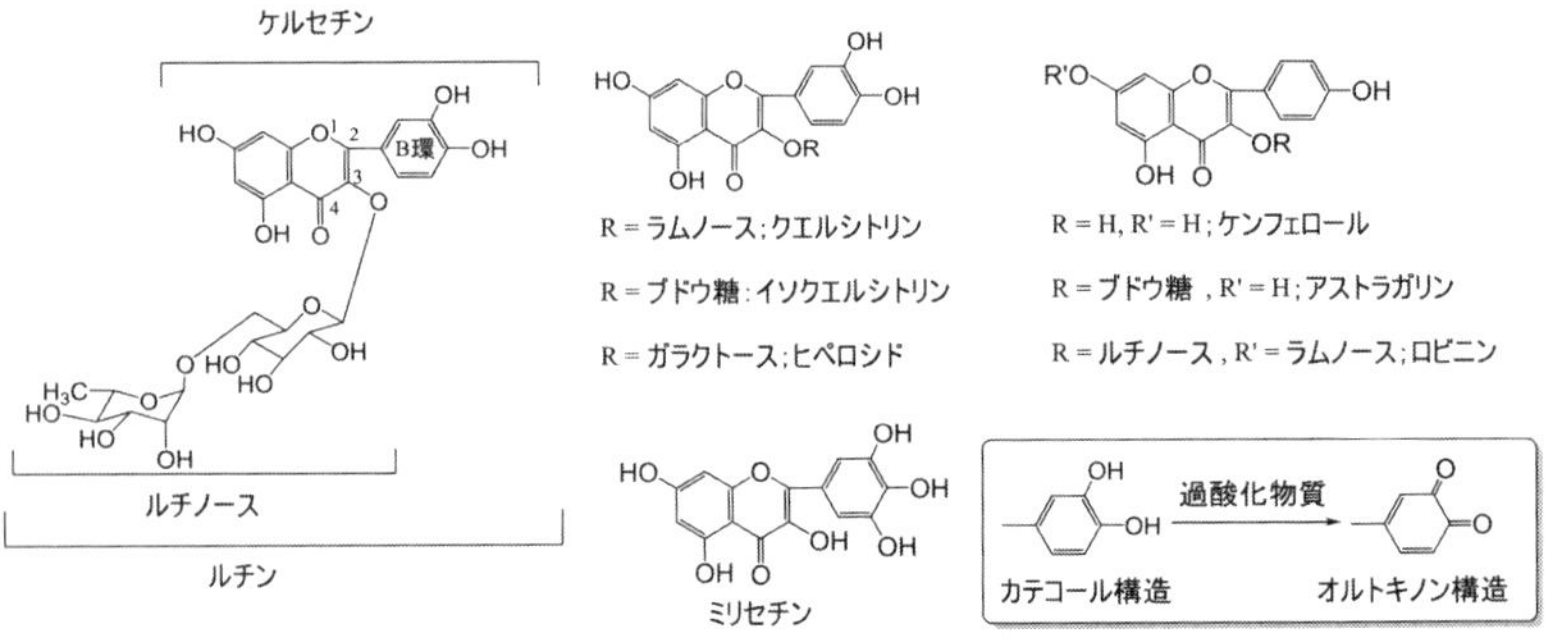

図５９　フラボノールの誘導体は、種類においても量においてもフラボノイドの中で最も多く植物中に存在している。植物のために有害紫外線の防除や活性酸素の消去などに働いている。フラボノールの抗酸化作用は我々にとっても有益な活性であり、植物素材の食品から摂取することが推奨される。特に、フラボノールのＢ環がカテコール構造を持っていると、自らがオルトキノン構造に酸化されることで抗酸化活性を示すことになる。

ケンフェロールは、ケルセチンに次いで広く植物成分として存在するフラボノール誘導体である。お茶、タマネギ、ネギ、カラシナ、ショウガ、キャベツ、ブロッコリー、ケール、マメ類、イチゴ、ブドウ、リンゴなどに多く含まれている。植物中にはアストラガリンやロビニンなどの配糖体として野菜や果物に広く存在している（図5-9）。そのため、ケルセチンと同様に、野菜や果物を食べることでケンフェロールを摂取することができる。

ケンフェロールの機能性に関しては抗酸化活性はじめ、抗炎症、血糖値低下作用、がん予防作用、抗アレルギー作用、神経保護作用、過酸化水素で誘導した肺や肝臓の障害防御作用など多くの研究報告がある。

ミリセチンはB環に3つの水酸基を持つフラボノール誘導体で、ケルセチンより抗酸化活性の強いことが予想される。ケルセチンやケンフェロールほどではないが、ミリセチンもブドウやベリー類などの果物、野菜やハーブなど広く植物に含まれており、同様にいろ

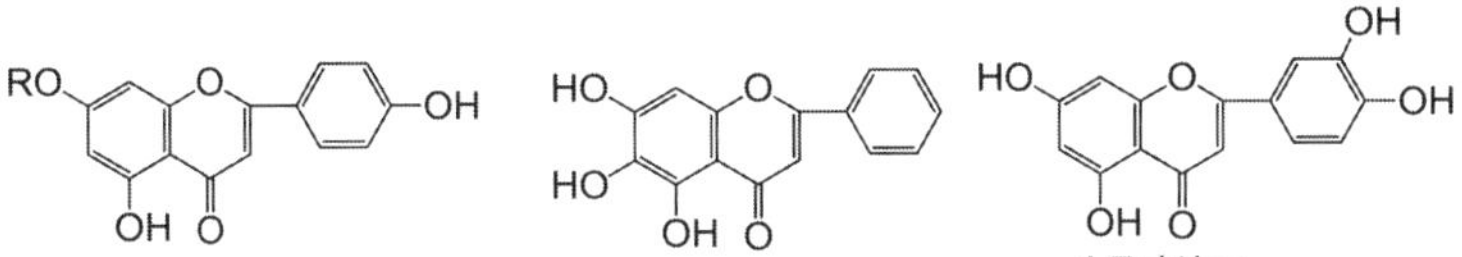

R = H; アピゲニン
R = sugar; アピイン

バイカレイン

ルテオリン

図5-10　フラボンはフラボノールの3位の水酸基がなくなった構造を持っている。

いろな機能性が期待される。

お茶の主成分は茶カテキン類であり、その有効な生理活性も注目されているが、ケルセチンおよびケンフェロールの配糖体が高含量で含まれていることが明らかになっており、お茶の好ましい機能性においても、茶カテキン類以外にこれらフラボノール配糖体が寄与している可能性が期待される。

8年間のコホート研究で、ケルセチン、ケンフェロール、ミリセチン3種のフラボノールが膵臓《すいぞう》がんのリスクを23%軽減する結果が報告されている。

●フラボン

フラボンはフラボノール誘導体に次いで広く分布するフラボノイドである。フラボン骨格の2,3位に二重結合が存在し、3位には水酸基が存在していない。アピゲニン、バイカレイン、ルテオリンなどが代表的な化合物である（図5-10）。

アピゲニンは、ケンフェロールの3位の水酸基がなくなった構造で、野菜や果物に比較的広く分布するフラボン誘導体である。パセリやセロリに多く含まれる特徴的な配糖体であるアピインの構成アグリコンとして有名で、アーティチョーク、カモミール、バジル、コリアンダー、タイムなどのハーブにも多く含まれている。アポトーシスの軽減作用、内皮障害の改善、制がん剤であるシスプラチンによる腎障害の抑制作用、前立腺がん治療作用、その他の制がん活性作用、ブドウ糖の吸収抑制作用、抗炎症作用、抗アルツハイマー作用などの機能性が報告されている。

バイカレインは *Scutellaria* 属植物に特徴的で、生薬オウゴン（黄芩）の成分として知られている。B環に水酸基が存在せず、6位に水酸基が存在する特徴的な水酸基の置換パターンを持つフラボン誘導体で、構造的に非常に珍しい化合物である。動物実験等により、抗HIV活性、抗菌活性、抗カビ活性、パーキンソン病モデルにおける神経保護作用、抗アルツハイマー作用、抗インフルエンザ作用などに関する研究報告がある。

ルテオリンはB環に2つの水酸基を持つフラボン誘導体で、基本的に抗酸化作用を有している。シナノシド、スコリモシド、オリエンチンなどの配糖体の形で多くの植物に存在している。エゴマ、シソ、セロリ、シュンギク、ピーマン、パプリカなどに多く含まれている。アレルギー症状を緩和する作用があるとされ、花粉症やアトピーを抑える活性があるといわれている。抗動脈硬化作用、抗肥満作用、抗炎症作用、神経保護作用、抗糖尿病作用、抗がん作用などの可能性が示唆されている。ルテオリンを機能性成分とするサプリメントも販売されている。

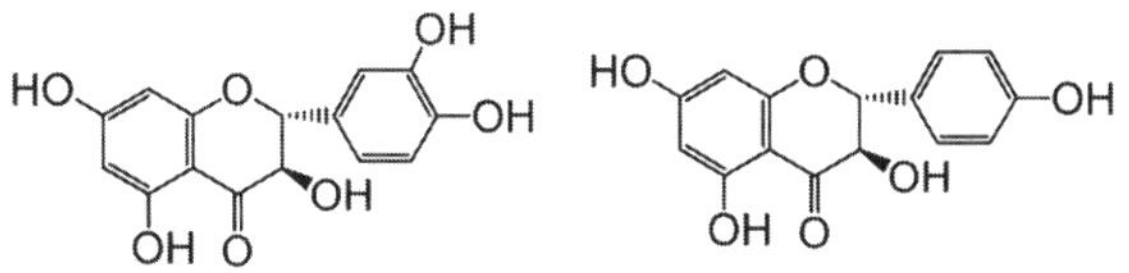

タキシフォリン　アロマデンドリン

図5-11　フラボノールの2,3位の二重結合が還元されたジヒドロフラボノールの代表的な化合物であるタキシフォリンとアロマデンドリンは寒冷地の針葉樹に多く含まれる。

●ジヒドロフラボノール

ジヒドロフラボノールはフラボノールの2,3位の二重結合が還元された構造で、フラボン骨格の2,3位に二重結合は存在せず、3位に水酸基を持った化合物グループで、タキシフォリンやアロマデンドリンなどが知られている。2,3位の炭素が不斉炭素となるため立体異性体が存在し、理論的には4つの立体異性体の存在があり得るが、天然のジヒドロフラボノールは（*2R,3R*）-配置を持っている（**図5-11**）。

タキシフォリンは、シベリアカラマツ、ヒマラヤマツ、ヒマラヤスギなどの針葉樹に多く含まれている。シベリアカラマツは、マイナス60℃にもなるロシアの永久凍土で凍結することもなく盛んに繁殖しているが、タキシフォリンやアロマデンドリンなどのジヒドロフラボノールを高濃度で蓄積して、凝固点降下を発揮することで低温下での凍結を防いでいるものと考えられる。

タキシフォリンはケルセチンの還元体でジヒドロケルセチンとも呼ばれる。他のフラボノイドと比べても毒性が低く、卵巣腫瘍の抑制作用などがん細胞の増殖抑制作用があるといわれている。その他、メラニン生成抑制作用、メシチリン耐性黄色ブドウ球菌に対する抗菌作用などが報告されている。ツンドラ地帯に住む先住民族は、シベリアアキカラマツの形成層を

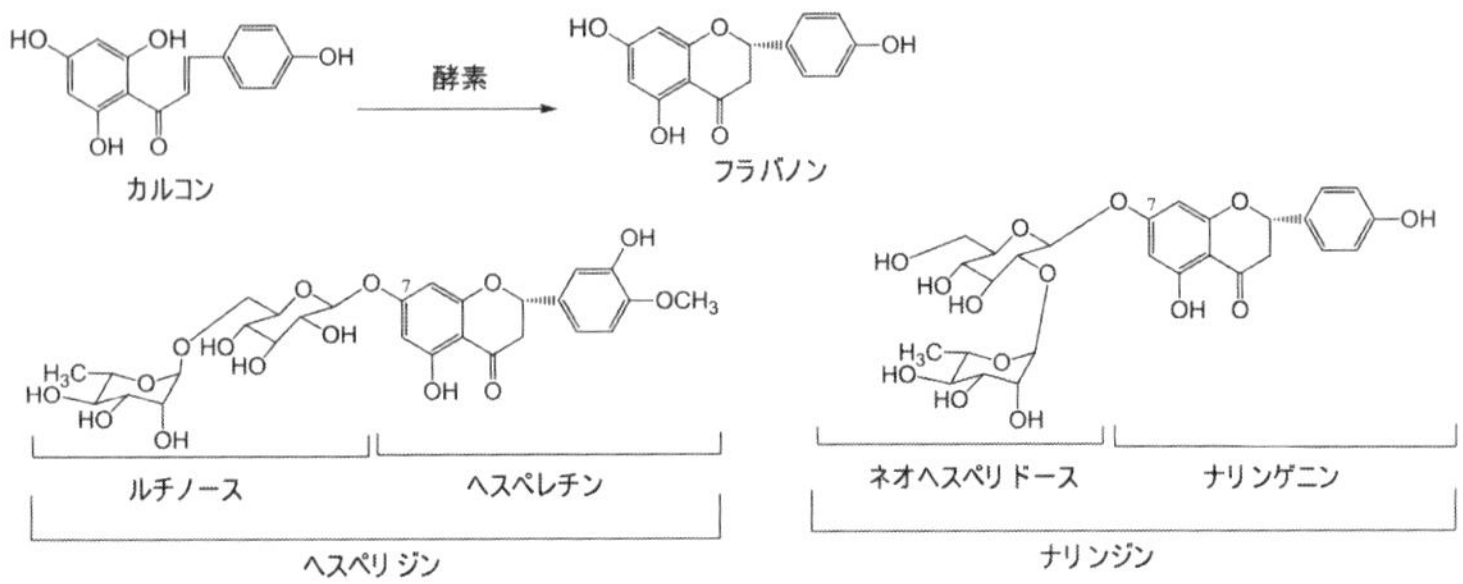

図5-12　酵素により、カルコンからフラボン骨格を持つフラバノンが誘導される。ヘスペリジンおよびナリンジンはフラバノンの配糖体で、柑橘類の苦味物質として知られており、骨密度の維持作用などが注目されている。

削って煮出したものを食用にしていた。現代でも、タキシフォリンを高濃度に含むシベリアアキカラマツのエキス製品が、サプリメントとして販売されている。

　アロマデンドリンはケンフェロールの還元体で、ジヒドロケンフェロールともいわれ、ベニマツなどに多く含まれている。心臓の肥大の抑制作用、抗炎症作用、抗糖尿病作用などの報告がある。

●フラバノン

　フラバノンとは、フラボンの生合成経路で、カルコンから合成されるフラボン骨格を持つ最初の化合物グループである（**図5-12**）。フラボン骨格の2,3位に二重結合は持たず、3位に水酸基が存在しない構造である。2位は不斉炭素になるが、通常2位の立体配置は*S*配置である。フラバノン誘導体としては、ヘスペレチン、ナリンゲニン、サクラネチンなどがあり、その配糖体としてはヘスペリジン、ナリンジンなどが知られている。

　ヘスペリジンは、フラバノン誘導体であるヘスペレチンの7位に2糖類であるルチノース（6-*O*-α-L-ラムノピラノシル-

β-D-グルコピラノース）が結合した配糖体で、ウンシュウミカン、ハッサク、ダイダイなどの柑橘類の果皮薄皮に多く含まれており、柑橘類の苦味成分の一つとして知られている。ミカンジュースの苦味の原因物質となるため、ヘスペリジンを加水分解し糖を外すヘスペリジナーゼという酵素により処理することで、苦味を除く方法が用いられている。

ヘスペリジンは骨密度の維持、毛細血管の強化作用、コレステロールの低下、血圧降下作用、抗炎症作用などが知られている。ヘスペリジンは配糖体であるが、末端にデオキシ糖であるラムノースが結合しているため、比較的水に溶けにくい。そこで、ラムノースにさらに糖を結合して水溶性を高めた糖添加ヘスペリジンの開発などが行われている。

ナリンジンも同様に、フラバノン誘導体であるナリンゲニンの7位に2糖であるネオヘスペリドースが結合した配糖体である。グレープフルーツやハッサクなどの柑橘類に含まれる苦味物質で、抗酸化活性があり、抗アレルギー作用や血管の強化作用が知られている。

●ポリメトキシフラボン

フラボノイドのフェノール性水酸基の一部あるいはすべてがメチル化され、さらに多くのメトキシ基がフラボン骨格に挿入されたフラボン誘導体のグループで、ミカン科の植物の果実に比較的広く分布している。水酸基を持つ通常のフラボン誘導体とは異なる生理活性が期待され、注目されている。ノビレチン、タンゲレチン、シネンセチンなど多くの誘導体が知られている（**図5-13**）。

ノビレチンはウンシュウミカン、カボス、ポンカンなど、特にシークワーサーに大量に含まれるポリ

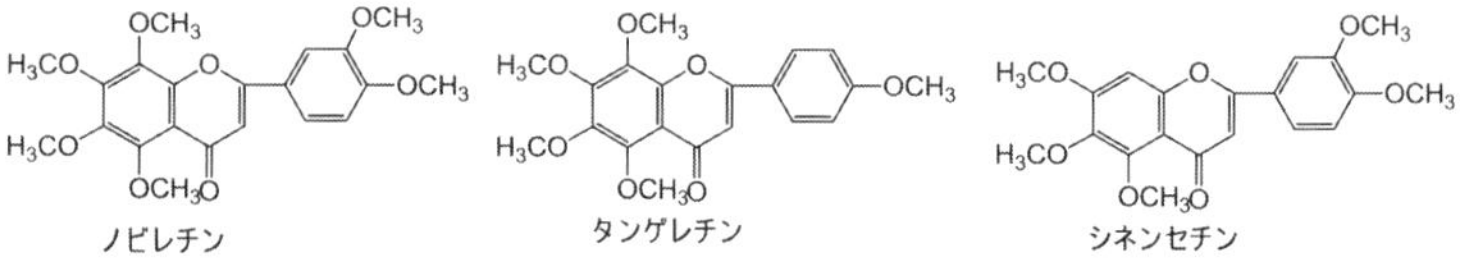

図5-13　ノビレチンの3'位のメトキシ基が取れたものがタンゲレチンで、8位のメトキシ基が取れたものがシネンセチンである。これら化合物はすべての水酸基がメチル化されているため、どれも脂溶性の高い化合物である。

メトキシフラボンの代表的な化合物で、骨格中の6つのフェノール性水酸基がすべてメチル化された6つのメトキシ基を持つ脂溶性の高いフラボン誘導体である。

抗炎症作用、動脈血栓抑制作用、血糖値低下作用、内毒性ショック抑制作用、抗がん作用、抗結腸がん作用、肝障害の改善作用、シスプラチンによる腎臓障害抑制作用、アルツハイマー抑制作用、大腸炎抑制作用などに関する生理活性が報告されている。

ノビレチンをドコサヘキサエン酸（DHA）と一緒に投与することで、神経細胞の突起の伸長を促し、神経の活性化に大きな効果を示すことが知られている。

アルツハイマー病における神経病理変化として、老人斑といわれるアミロイドβタンパク質の沈着が知られている。ノビレチンにはこの沈着を抑制するとの実験結果が報告されており、アルツハイマー病の発症を抑制する効果が期待されている。

タンゲレチンはノビレチンと同様にポンカンやシークワーサーの果皮に多く含まれている。シネンセチンはバレンシア

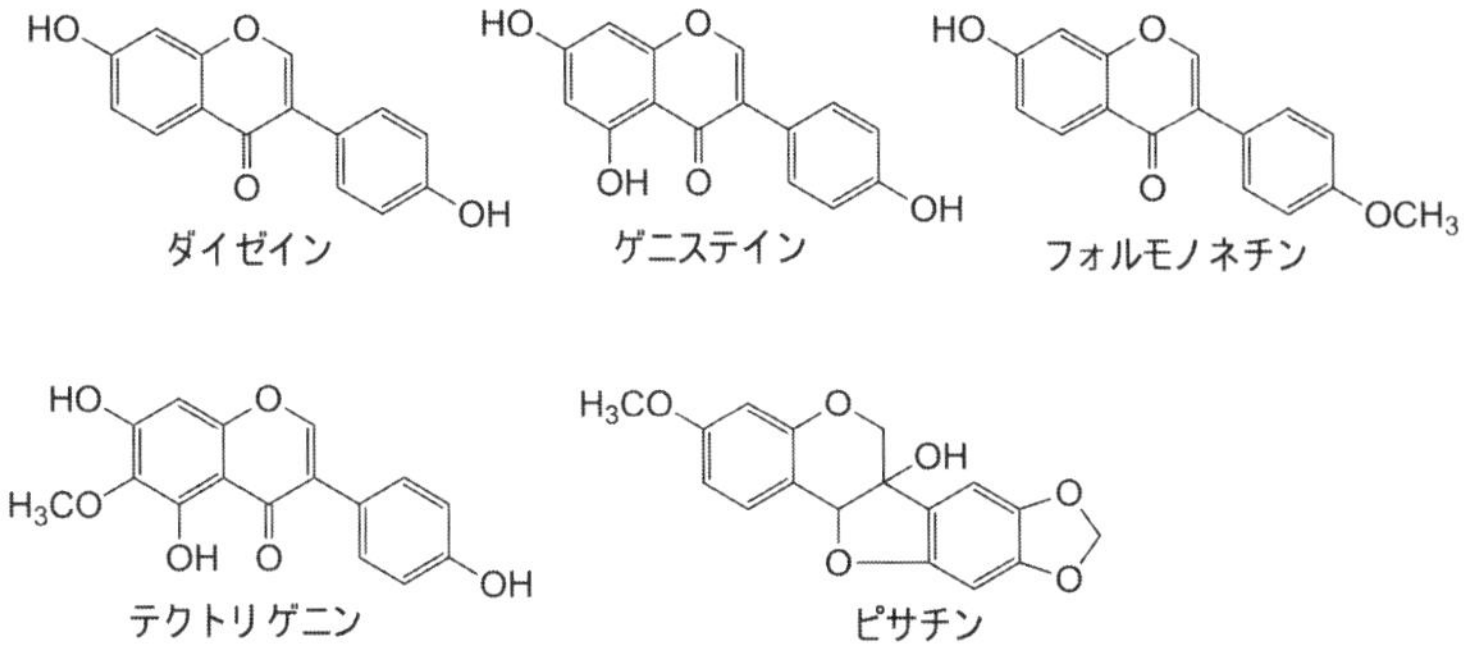

図5-14　イソフラボンはマメ科に特徴的な成分で、穏やかな女性ホルモン作用があるということで、多くの生理活性が期待されている。ピサチンのような骨格を持つプテロカルパン誘導体もイソフラボンの仲間である。

オレンジなどに含まれている。柑橘類からは多くのポリメトキシフラボン誘導体が分離されているが、ノビレチンと同様の機能性が期待され、その研究も緒に就いたばかりであることから、今後の研究成果の発展が待たれる。

●イソフラボン

イソフラボンは多くの植物から見つかっているが、特にマメ科植物に広く分布しているフラボノイド誘導体である。B環が3位に移動した構造で、関連化合物としてプテロカルパン誘導体なども含まれる（**図5-14**）。イソフラボン誘導体には弱い女性ホルモン作用があるということで、植物エストロゲンとして注目されている。イソフラボン誘導体の炭素骨格が女性ホルモンであるステロイド誘導体の炭素骨格によく似ていることが活性の理由とされている。その他、イソフラボン誘導体に肥満防止作用があるなどの研究結果も報告されている。

マメ科の植物に多く含まれており、特にダイズにはダイゼインやゲニステインなどのイソフラボンが豊富に含まれている。そのため、豆腐や味噌、納豆などのダイズ食品を摂ることで大量のイソフラボンを摂取することができる。クズの根から調製した生薬カッコンにもダイゼイン、ゲニステイン、フォルモノネチンなどのイソフラボンが含まれている。

またイソフラボンには女性ホルモンの不足による更年期障害の改善や、骨粗鬆症などの骨の障害を改善する作用がある。ダイズイソフラボンの機能性については多くの研究例があるが、多目的コホート研究によって、乳がんの発生との関係において有効であることが明らかになっている。味噌汁を1日に何杯飲むかの違いでは、1日2杯、3杯とより多く飲みイソフラボンを多く摂る人ほど乳がんの発生率が低下したのである。このことから、ダイズ製品である納豆や味噌を日常的に摂ることが推奨されている。ただし、塩分の摂りすぎには注意する必要があるため味噌汁以外のダイズ製品も摂るとよい。

イソフラボンの仲間であるピサチンはプテロカルパン誘導体と呼ばれ、エンドウなどのマメ科の植物において、病原菌が感染した際に生合成され放出されることで病原菌の攻撃を防ぐファイトアレキシンとして働いている。

●茶カテキン

第3章ですでに紹介したが、緑茶、ウーロン茶、紅茶はどれも同種のチャから製造されるものである。収穫後加熱し酵素を不活化してから製する非発酵のお茶である緑茶は、葉緑素が分解されていないため緑色で、エピカテキン類を大量に含んでいる。部分的に発酵させたウーロン茶は、葉緑素が分解しているため緑色ではないが、エピカテキン類は緑茶と同様に含まれている。一方、紅茶は完全発酵であるた

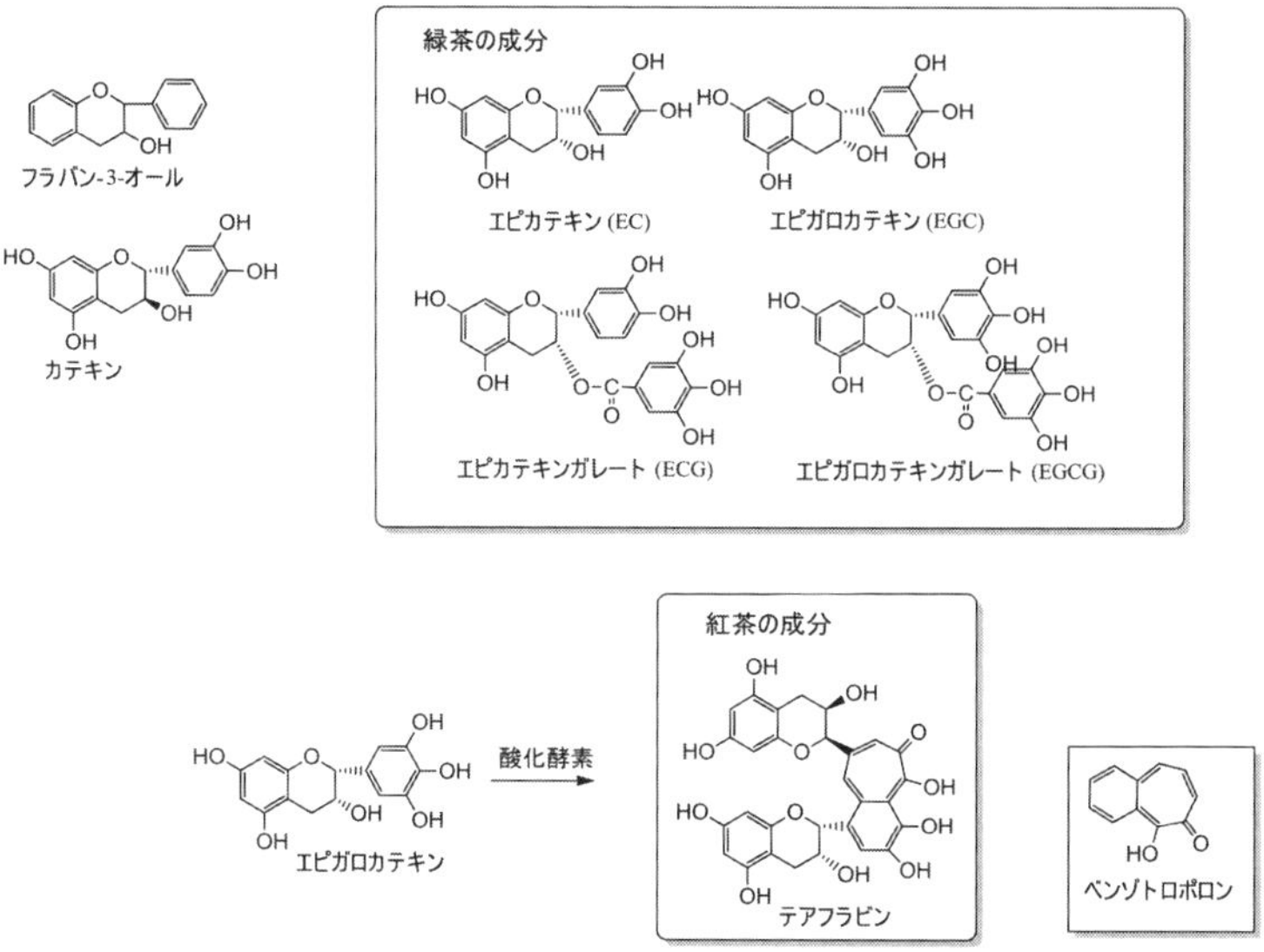

図5-15　非発酵茶の緑茶にはエピカテキン類が大量に含まれるが、発酵茶である紅茶ではこれらの成分がほとんど含まれず、酸化重合したテアフラビンなどが特徴的な成分として含まれる。

め、葉緑素が分解されているだけでなく、エピカテキン類もパーオキシダーゼなどによる酸化反応でテアフラビンなどの酸化重合したポリフェノール誘導体に変化している（**図5-15**）。

緑茶の産地である静岡県ではがんによる死亡率が低いことが知られており、川根茶の産地として有名な島田市川根地区では、胃がん罹患数が非常に少ないという調査結果が明らかになっている。また、お茶を1日に10杯以上飲む人は肺がんの発生率が大幅に低くなるという、埼玉県立がんセンターによる疫学調査結果も報告されている。この他にもお茶によるがんの発症抑制に関する研究結果が数多くある。

緑茶の主成分としてはエピカテキン、エピガロカテキン、エピカテキンガレート、エピガロカテキンガレートが知られている。エピカテキンは、フラバン-3-オール骨格を持ち、2位、3位の立体配置はシス-配置で、カテキンの3位の水酸基の向きが逆の立体異性体である茶カテキンの基本となる成分で、緑茶の成分として分離されている。エピカテキンはB環に2つのフェノール性水酸基が存在しカテコール構造を持っているため抗酸化活性があり、いろいろな機能性が期待され、その研究報告も多い。B環に3つのフェノール性水酸基を持つエピガロカテキンはガロイル構造を持ち、より強い抗酸化活性を持っている。

緑茶のカテキン類の中では、エピガロカテキンの3位に没食子酸がエステル結合したエピガロカテキンガレートの含有量が最も高く、抗酸化活性はじめ、肥満防止、血糖値低下、虫歯予防、抗がん作用などが報告されている。茶カテキン類を機能性の本体とする特定保健用食品が多くの企業から発売されている。

紅茶にはエピカテキン類はほとんど含まれず、エピカテキン類から酸化反応により誘導された複雑で多彩なポリフェノール誘導体を含むことになる。その代表的化合物がテアフラビンで、特徴的なベンゾトロポロン骨格を持つポリフェノール誘導体である。エピガロカテキンは、茶葉に存在する酸化酵素であるパーオキシダーゼの作用により酸化・二量化されて生じた物質であることが明らかになっている。ベンゾトロポロン骨格の共鳴構造による赤褐色が紅茶の特徴的な色を出している。緑茶やウーロン茶ではテアフラビンは見つかっていない。ウーロン茶と紅茶の成分も緑茶と同様に、大量のポリフェノール誘導体を含むため、同じような生理活性が期待できる。

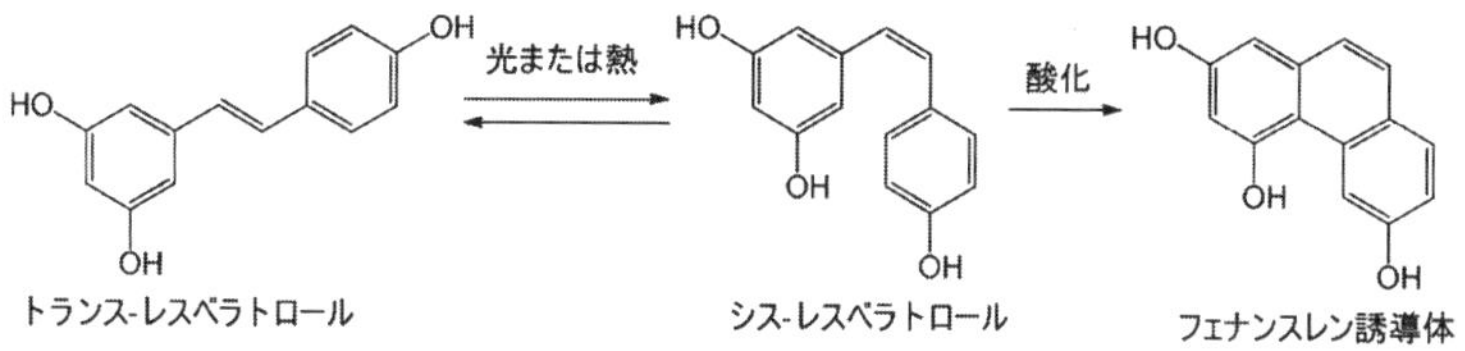

図5-16　レスベラトロールは、光や熱などの影響で安定なトランス体から不安定なシス体へ変換した後、酸化反応によってフェナンスレン誘導体に変換される。

●レスベラトロール

フラボノイドの生合成経路から分かれた経路を経由して生合成され、スチルベン骨格を持つ比較的シンプルな構造のポリフェノール誘導体であるレスベラトロールが注目されている。チーズなどの乳製品や肉類などの高脂肪食品を摂取しているフランス人に高脂血症や心臓障害、脳障害が少ないのは、ブドウ酒をよく飲むからといわれ、この現象はフレンチパラドックスとして知られている。ブドウにレスベラトロールが含まれていることから、このフレンチパラドックスの原因となる化合物としてレスベラトロールが注目されるようになった。天然のスチルベン誘導体の数は比較的少なく、代表的な化合物としてレスベラトロールが知られており、近年その多彩な生理活性が報告されている。

スチルベン誘導体は、その炭素-炭素二重結合は通常より安定なトランス体として存在するが、光などの影響から、より不安定なシス体へ変換され、さらに分子内でベンゼン環同士が結合する環化反応によりフェナンスレン骨格の誘導体となる（**図5-16**）。また、レスベラトロールなどのスチルベン誘導体がフェノールオキシデーションといわれる酸化反応で二量化した誘導体が、ブドウ科、フタバガキ科、カヤツリグサ科、マメ科などの植物から報告されている。これらスチルベン二量体は複数のフェノール性水酸基を持っため強い抗酸化活性を有しており、いろいろな生理作用が期待される。

レスベラトロールは、動物実験で多彩な生理活性が報告されており、ヒトに対する研究でも、抗糖尿病作用、循環器系障害抑制作用、白内障予防、抗がん作用、老朽化血管に対する改善作用、健康に対する寄与、筋疾患に対する作用、日の病気に対する改善作用、アルツハイマーに対する作用などさまざまな有益な作用が報告されている。また、レスベラトロールと肝機能改善に関するシステマティックレビューなど、多くの有益な生理活性に関する研究報告も行われている。

カロテノイド

カロテノイドは炭素数5のイソプレン8つがつながった炭素数40のテトラテルペンに属し、黄色、橙色、赤色の色素である。多数の二重結合が共役したトランス-ポリエン構造の両端に6員環が結合した対称的な構造を持っている。リコピンやα-カロテン、β-カロテンのように炭素と水素のみからなるカロテン類と、ルテインやアスタキサンチン、ゼアキサンチンなどの水酸基やカルボニル基のような酸素官能基を持つキサントフィル類に分けられる。カロテノイドは、基本的には炭素数40の炭素骨格を持っているが、数少ない例外として、カロテノイドの両端が開裂して短くなったアポカロテノイドといわれるサフランのクロシンなどが知られている。

カロテノイドは脂溶性物質で油によく溶けるが、水にはほとんど溶けない。配糖体やタンパク質と結合したカロテノプロテインなどは水に対して可溶性になる。植物、微生物、動物から750種余りのカロテノイド誘導体の分離が報告されており、地球上の生物に広く分布している。カロテノイドは、植物や藻類および光合成細菌によって生合成され、動物は自ら生合成することができない。そのため動物は、植物や藻類などによって生合成されたカロテノイドを食物連鎖で取り込み、生命活動に用いている。ヒトはカロテノイドのほとんどを野菜や果物などの植物基原のものから摂取している。

ヒトの血中には食物から摂取したカロテノイドが20種ほど存在しているといわれており、α-カロテン、β-カロテン、ルテイン、リコペン、ゼアキサンチン、β-クリプトキサンチンが特に多い。これらはヒトの各種臓器にも存在しており、臓器の種類によりカロテノイドの存在量が異なっている。カロテノイドは我々の通常の食事で、野菜や果物から普通に摂取することができる。α-カロテン、β-カロテン、β-クリプトキサンチンはプロビタミンAであり、ひときわ重要なカロテノイドである。

特に植物は、光合成の補助色素や有害紫外線の防御物質、さらに過酸化物質による障害を防ぐための抗酸化物質として、カロテノイドを生合成している。そのため、すべての植物や藻類、光合成細菌に多彩なカロテノイドが広く存在している。

カロテノイドは一般的に脂溶性であるため、カロテノイド含有野菜などを油と一緒に摂ることで、消化管における吸収を改善することができる。また、カロテノイドはコレステロールやその他の脂質とともに血液中を循環し、低密度リポタンパク質（ＬＤＬ）の酸化を抑制することでアテローム性動脈硬化症を抑制してくれるとの報告もあるが、関連性を否定する報告もある。

●β-カロテン

β-カロテンはβ-カロチンともいわれるが、カロテンは英語の carotene の読み、カロチンはドイツ語の carotin の読みに基づくもので、今ではカロテンが広く用いられている。炭素数40のテトラテルペノイドであるカロテノイドで、酸素官能基を持たないカロテン類の代表的な化合物として、植物に最も広く分布している。特に、ニンジン、カボチャ、ホウレンソウ、モロヘイヤ、パセリ、シュンギク、ニラなどの緑黄色野菜や果実の橙黄色色素として存在している。長鎖のトランス-ポリエン構造の両端に6員環の左右対称構造を持っている。いろいろな生理活性が知られているが、特に、視覚関連物質でもあるビタミンAの前駆物質であり、プロビタミンAの代表的な化合物である。

植物では光合成における補助色素として働き、クロロフィルの光エネルギー吸収を助けているとともに、有害紫外線の防御や活性酸素の抑制物質として働いている。また、植物ホルモンであるストリゴラクトンの前駆物質として働き、植物の生命維持にはなくてはならない物質である。

β-カロテンには強い抗酸化活性、コレステロールや血糖値の低下作用、がんの予防作用などいろいろな生理活性が報告されている。緑黄色野菜を食べる人は優位にがんの死亡率が低くなるとの研究結果からβ-カロテンが注目され、制がん活性があるとの報告が行われたが、有効性はないという報告や、喫煙者などの負荷のかかった人ではむしろ肺がんを増長するなどといった報告もある。がんに対するβ-カロテンの有効性についてはさらなる検討が必要である。

ヒトにとっては、β-カロテンの最も重要な働きはプロビタミンAとしての働きである。レチノール（ビタミンA）はレチナールやレチノイン酸に変換され、ヒトの生命活動において多彩な働きを行うことになるが、特にレチナールとしての働きは重要である（図5-17）。レチナールはタンパク質オプシンに結合し、ロドプシンとなる。ロドプシンは網膜中の桿体《かんたい》および錐体《すいたい》で光受容体として働いている。桿

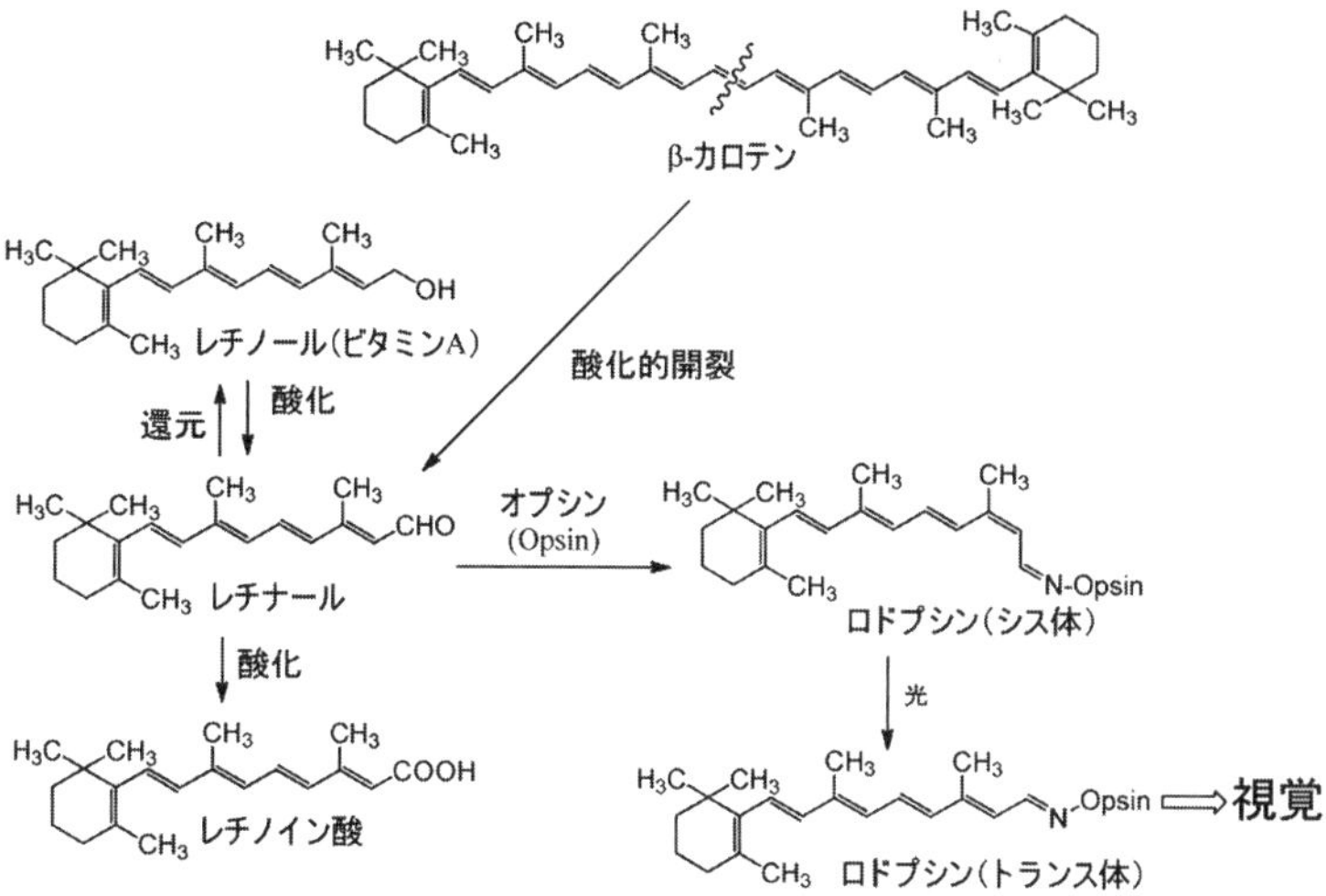

図 5-17　β-カロテンは酸化的に開裂されレチナールとなった後、還元されレチノール、酸化されレチノイン酸になる。レチノールは狭義でビタミンＡと呼ばれ、不足すると生育障害や夜盲症の原因となる。レチナールはオプシンと結合してロドプシンとなることで光の受容体となる。シス体のロドプシンが光を受けるとトランス体に変化し、この変化がオプシンの高次構造を変化させ、電気信号が生じて視覚中枢に伝わり視覚として認識される。

体は光の明暗を、錐体は光の色を感ずることができる。

●ルテインとゼアキサンチン

ルテインとゼアキサンチンは水酸基などの酸素官能基を持つキサントフィル類を代表するカロテノイドで、両端の6員環に水酸基を持っており、二重結合の位置が異なる構造異性体の関係にあるよく似た化合物である（図5-18）。

網膜中心部の黄斑に存在が確認されているカロテノイドはルテインとゼアキサンチンのみであることから、この両カロテノイドの目における機能について興味が持たれている。これらカロテノイドは400〜500nmに吸収波長を持ち、青色光を吸収して有害紫外線の影響を抑制することが期待される。実際多くの疫学調査研究で、両カロテノイドを摂取する人では青色光による弊害が抑えられることが示されている。このことから、加齢黄斑変性や白内障のリスクを抑えてくれることが期待されている。

また、ルテインとゼアキサンチンは網膜で発生する活性酸素を抑制することでも目の調子を整える作用がある。哺乳類において黄斑組織に特異的に存在する色素であるルテインとゼアキサンチンの濃度は、黄斑の中心部に行くほど高いことが報告されている。これらの情報を含めいくつかの研究で、ルテインとゼアキサンチンは加齢黄斑変性の予防に有効であるとの報告がある一方で、特に効果はなかったとの報告もあり、有効性を謳うにはさらなる研究が必要である。

ルテインとゼアキサンチンは食品中に共存することが多く、含有量は両者を合わせた量でよく示される。マリーゴールドやパプリカ（オレンジペッパー）には特に多く含まれ、ホウレンソウ、ケール、カ

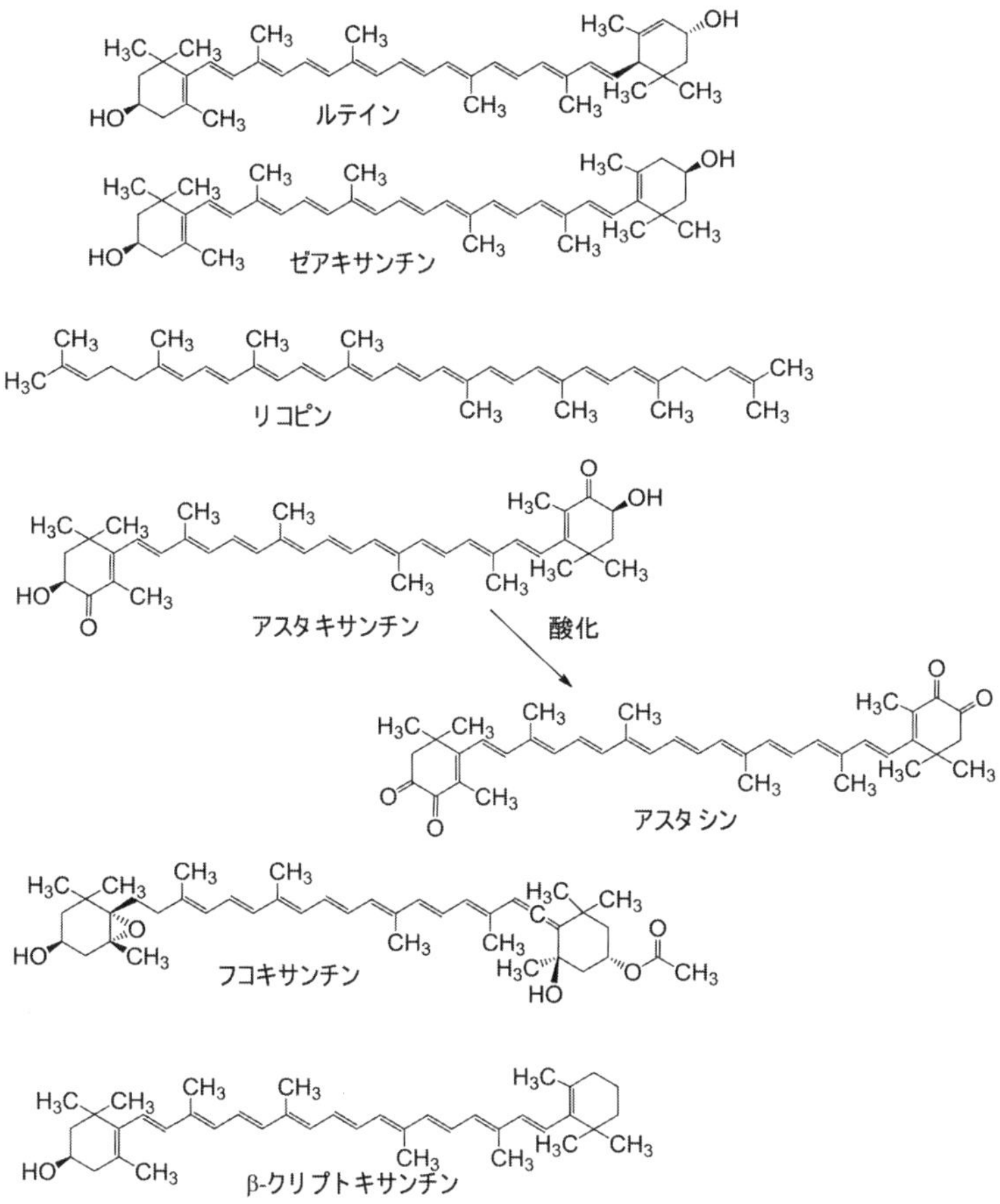

図 5-18　β-カロテンはもちろん、ルテイン、ゼアキサンチン、リコピン、アスタキサンチン、フコキサンチン、β-クリプトキサンチンなどのカロテノイドは、さまざまな有益な生理活性を持っており、日常の食生活で野菜や果物、魚介類から摂取することができる。

ブ菜、タンポポの葉などの緑黄色野菜や、クコやホウズキの実、カボチャなどの有色野菜などに多く含まれている。両カルテノイドは一般にマリーゴールドから抽出分離される。植物中では水酸基に長鎖脂肪酸が結合したエステル体として存在している。ルテインは特に卵黄に多く含まれることが知られている。

●リコピン

リコピンは11個のトランス炭素-炭素二重結合が共役し、両端に6員環構造を持たない鎖状のカロテノイドで鮮やかな赤色の色素で、リコペンとも呼ばれる（**図5-18**）。生合成経路において、β-カロテンおよびα-カロテンなどの環状カロテノイドへの前駆物質として存在している。特にトマトには多く含まれるため、トマトジュースやケチャップ、トマトピューレなどトマトの加工食品にも多い。その他にも、スイカ、パパイヤ、ニンジンなどの赤色の野菜に豊富に含まれている。

リコピンはβ-カロテンより強い抗酸化活性が知られており、生活習慣病の予防や改善に働く機能性物質として期待されている。安定な赤色を呈することから、食品の着色料としても用いられている。リコピンは酸素官能基を含まないカロテン類で脂溶性であるため、より効率的に摂取するには、油を使って調理するのがよい。コレステロール値の改善や健康な血圧をサポートするなどの機能性を持つことから、機能性表示食品として発売されている。

コホート研究において、リコピンの豊富な食事をする人では、前立腺がんの中でも特に悪性となるリスクを低減するとの報告がある。一方で、その効果を否定する研究報告も見られる。いずれにしても、日常の食生活の中で積極的にリコピンを摂取するのは好ましいが、サプリメントの形で長期間使い続けることの効能や安全性には確かな証明はない。リコピン摂取と前立腺がんの関係については、今後、より確実な検討が必要と考えられる。

●アスタキサンチン

アスタキサンチンはキサントフィル類に属するカロテノイドで、単細胞の緑藻類であるヘマトコッカス藻（*Haematococcus* 属）により生合成される。通常ヘマトコッカスは緑色をしているが、ストレスを与えることにより赤色色素であるアスタキサンチンを生合成し、真っ赤になる。これは、過剰な光、高温、高塩、乾燥などのストレスを受けたとき、アスタキサンチンを生合成し活性酸素などの影響を回避することで、生存を有利にするためと考えられている。先にも述べたように、海における食物連鎖でアスタキサンチンはカニやエビのような甲殻類の殻、サケの身、タイやコイの体表などに取り込まれ、色の発現に関与している。

アスタキサンチンは有害紫外線の防除作用や強い抗酸化活性を持っているため、皮膚における光障害の防御作用や目における障害の予防などが期待できる。

アスタキサンチンは、動脈硬化の抑制作用、肝臓の保護作用、糖尿病を予防する効果があるといわれている。肌の健康を守る、眼精疲労を改善する、炎症を抑えるなどの効果も期待され、サプリメント、ドリンク、化粧品などとして注目されている。我々は魚介類を食べることで摂取している。工業的な生産はヘマトコッカス藻の培養によって行われている。

●フコキサンチン

フコキサンチンはキサントフィル類に属するカロテノイドで、エポキシ基、アセチル基、水酸基などの酸素官能基やアレン構造を持つ、比較的特殊な赤橙色から赤色のカロテノイドである。400〜500nmの光を吸収し、特にコンブ、ワカメ、ノリ、ヒジキ、アラメなどの褐藻類に多く含まれている。褐藻類に含まれるカロテノイドの大部分を占め、光合成を行う葉緑体の働きを助ける役割を果たしている。

日本人が昔から食べてきた海藻に豊富に含まれているので、日常の食事から摂ることができる。フコキサンチンには変化を受けやすい構造が含まれるため、褐藻類の生のものには多く含まれるが、乾物の含有量は大きく減少する。

有害紫外線の防除作用や抗酸化作用はもちろん期待されるが、各種がん細胞に対してアポトーシスを誘導して抗腫瘍性を示すことが確認されている。その他、脂肪組織の燃焼を促進することなどや抗肥満作用、抗糖尿病作用を示すことが報告されている。メラニン生成阻害作用やヒアルロン酸代謝阻害作用などの報告もある。

●β-クリプトキサンチン

β-クリプトキサンチンはオレンジやウンシュウミカンを代表とする柑橘類、カボチャ、パパイヤ、ホオズキ、カキ、卵黄など、黄色の色をした食品に多く含まれるカロテノイドである。特にウンシュウミカンでは、糖度の高いものほどβ-クリプトキサンチン濃度の高いことが明らかになっている。β-カロテンの一方の環に水酸基が一つ挿入された構造であるため、キサントフィル類に属するプロビタミンAの一つとしても働いている（図5-18）。

他のカロテノイドと同様に強い抗酸化活性を持っており、複数のカロテノイドとの比較で糖尿病や肺がんをはじめとするがんのリスクを軽減するなどの報告がある。

ウンシュウミカンの産地である静岡県浜松市三ヶ日《みっかび》における栄養疫学調査で、ミカンを多く食べ、血中のβ-クリプトキサンチン濃度の高い人たちでは、骨粗鬆症、脂質代謝異常、肝機能異常、動脈硬化、2型糖尿病の発症リスクが低いなどの結果が得られている。β-クリプトキサンチンは特に骨の健康維持に有効とされる機能性を有しており、それを含む三ヶ日みかんが機能性表示食品として承認されている。三ヶ日みかんは、生鮮食品として認められた初の機能性表示食品であり、注目されている。これをきっかけに、生鮮食品の機能性食品が数多く申請され承認されるようになってきている。

テルペノイド

メバロン酸経路および非メバロン酸経路で生合成される炭素数5のイソプレンが縮合し、環状構造になったテルペノイドは、縮合の頻度により、イソプレンが2つ縮合したモノテルペン（炭素数10）、3つ縮合したセスキテルペン（炭素数15）、4つ縮合したジテルペン（炭素数20）、6つ縮合したトリテルペン（炭素数30）となり、トリテルペンからさらに変化したステロイド（炭素数21～29）が誘導されることはすでに述べた。

モノテルペンは分子量が小さいため揮発性のものが多く、精油成分といわれる香気物質として知られており、ハーブやスパイスの特徴的な香りの発現に寄与している。これらのモノテルペン類には、抗菌活性、防虫活性、抗炎症活性、鎮静活性なども知られており、森林浴のフィトンチッドや、アロマテラピーの有用な素材としても知られている。

セスキテルペンは多彩な炭素骨格を持っているため、非常に多くの化合物が知られている。モノテルペンより分子量が大きく揮発しにくいため、香り物質として働くものは少ないが、カリオフィレン、ゲルマクレン、カジネン、エレモール、カジノールなど比較的脂溶性の高い物質は揮発性を持ち香料として機能している。生理活性の面では注目されるものは少ないものの、マラリア特効薬であるアルテミシニンや駆虫薬であるサントニンなどが医薬品として使われている。

比較的分子量の大きなジテルペンは多くの生理活性化合物が知られている。有用な生理活性物質としては、優れた制がん剤であるタキソールや胃潰瘍の治療薬プラウノトール、あるいは甘味物質であるステビオシドやレバウディオシドAなどが知られている。また、ジテルペンには有毒なものも多く、トリカブトからは猛毒アコニチンなど、ツツジの仲間のハナヒリノキ、アセビ、レンゲツツジなどからは有毒なグラヤノトキシン類、トウダイグサ科の植物からはホルボールエステルといわれる発がんプロモーター物質が見つかっている。

トリテルペンは、6つのイソプレン単位が縮合して生合成される鎖状のスクワレンが環を巻くことにより生合成される炭素数が30の化合物である。分子量が大きな化合物であるが、環の巻き方のパターンが比較的少ないため、炭素骨格の種類はセスキテルペンやジテルペンより少ない。オレアナン、ウルサン、ルパン、ラノスタン、ダンマラン骨格を持つものが多い。特に、オレアナン骨格を持つトリテルペンであるオレアノール酸誘導体が広く植物に分布している。その配糖体であるトリテルペンサポニンは、サイコ、キキョウ、カンゾウ、オンジ、セネガ、クズなどの重要な生薬や、ダイズやチャの主成分として知られている。

ウルサン骨格のトリテルペン誘導体はオレアナン骨格のメチル基一つが隣接炭素に転移した構造なので、オレアナン誘導体と共存するケースが多い。ダンマラン誘導体は比較的まれで、薬用ニンジンには主要成分としてその配糖体であるジンセノシド類が含有されている。

トリテルペン誘導体には抗炎症作用、抗腫瘍作用、血糖値低下作用、止血作用、肝保護作用などが報告されているが、ヒトに対する確かな効果が検討されることが期待される。

ステロイドは、植物、動物、微生物などの生物種で生合成されるものが異なる。植物ではシクロアルテノールというトリテルペンを中間体とし、いくつかの代謝経路を経由して、植物に特徴的なβ-シトステロールやカンペステロール、スチグマステロールなどが存在している。動物ではコレステロールが、微生物ではエルゴステロールが生合成されそれぞれ細胞膜の構成に関与している。

植物ステロールとコレステロールはよく似た構造をしている。植物ステロールがコレステロールの吸収を抑制することが明らかになっており、植物コレステロールを多く摂取することによりＬＤＬ（悪玉）-コレステロールの量を減らしてくれることが報告されている。

通常の食生活において野菜や果物などを食べることで、トリテルペンや植物ステロールを摂取しており、その恩恵を受けているといえるのである。

テルペノイドの中でも、特にトリテルペンや植物ステロールの機能性に関する研究が行われており、さらに新たな機能性が明らかになることが期待される。

フェノール誘導体

酢酸-マロン酸経路で生合成されるポリケタイドの環化によってナフタレン骨格、アンスラセン骨格を持つフェノール誘導体に生合成される。さらにナフトキノンやアンスラキノン、アンスロン誘導体に変換される。生薬ダイオウやセンナの成分であるアンスラキノンやアンスロン誘導体、エモジン、センノシドなどは穏やかな瀉下作用があり、下剤として広く用いられている。

必須アミノ酸の一つであるフェニルアラニンは、タンパク質生合成の重要な物質であるとともに、二次代謝産物であるフェニルプロパノイド生合成の重要な中間体でもある。この経路で生合成される物質はベンゼン環に炭素3つがつながった C_6-C_3 骨格を持っていることから、フェニルプロパノイド（C_6＝フェニル、C_3＝プロパノイド）と呼ばれる。フェニルプロパノイドにはポリフェノール誘導体も多く、抗酸化はじめいろいろな活性が期待される。

フェニルプロパノイドが二量化して生合成されるリグナン誘導体として、抗がん薬であるポドフィロトキシンや、食品の機能性物質として注目されているゴマの成分セサミンなどが知られている。

第6章　植物は生薬の宝庫

薬用植物

　地球上の植物の数は、あくまでも推定数であるが、おおよそ30万種で、そのうち薬用植物は1割の3万種ぐらいではないかといわれている。我々の身近にある意外な植物が薬用植物として、また生薬として用いられている。

　エジプト、メソポタミア、インド、中国の世界の四大文明発祥の地では、その地域独特の医療体系が誕生し、その過程で自然の材料の中から経験的に薬としての効果が見つけられたものが、医薬品として用いられてきた。生理活性が明らかになった天然素材を簡単に処理したり、使い勝手が良いよう改良されたりして用いられてきたのが生薬である。生薬として用いられてきたものの多くは植物基原である。紀元前5000年くらいから19世紀の初め頃までは、これらの生薬が医療の中心を担ってきた。その後、植物基原の薬草から生理活性物質の分離が行われ、ケシからモルヒネ、キナからキニーネなど多くの生理活性物質が分離されるようになった。このような化合物レベルでの医薬品の使用の始まりが、有機化学を大きく発展させた。そしてその後百数十年を経て、現代医薬品が盛んに用いられる現代においても、歴史的に用いられてきた生薬の多くが使われている。

column
6・・・チンパンジーの薬

ヒトの進化の過程で、一部の植物を薬として使うようになった状況をほうふつとさせる事象が、類人猿の生活行動の中で観察されている。それは、ヒトに次いで進化していると考えられる霊長類チンパンジーの生態観察において、興味ある行動が明らかになっている。

京都大学のグループが、タンザニアのマハレ国立公園で霊長類の生態観察研究を行っているとき、一匹の雌のチンパンジーが明らかに体調不良であることが観察された。するとこの個体は、グループとは行動をともにしなくなり、ほとんど動かず、普段食べる植物とは異なる植物の枝の皮を剝ぎ、髄をかじって樹液を吸う行動を繰り返す姿が観察された。その後このチンパンジーは元気になり、群れに戻っていった。

このチンパンジーが樹液を吸っていたのはキク科の *Vernonia amygdalina* という植物で、現地住民が腹痛やマラリア原虫や住血吸虫などの寄生虫感染の治療に用いていることがわかった。また、他の *Vernonia* 属植物に対してチンパンジーが同様の採食法を行うことが観察されている。このような行動をとったチンパンジーの糞を分析した結果、寄生虫の感染が明らかになっている。

以上のようなチンパンジーによる、普段食料としない植物を独特の摂取法で利用する行動は、栄養摂取を目的とするのではなく、健胃、駆虫作用など何らかの薬理作用を目的としたものであると考えられている。

別の研究によれば、チンパンジーが普段食用としないキク科の *Aspilia* 属植物数種の葉を、一枚一枚ゆっくりと口に入れ噛まずに飲み込む特異な採食行動が報告されている。この *Aspilia* 属植物は、現地のバンツウ族により伝統的な薬として使われており、葉や根は止血、鎮痛、寄生虫駆除、外傷や腹痛の治療などに用いられている。

チンパンジーだけでなく、ボノボやゴリラにおいても同様な採食行動が観察されており、さらに詳細な研究も行われ、霊長類が特定の植物を食料としてではなく、何らかの薬として用いているのではないかとの結論に至っている。霊長類が薬と意識して用いていると考えられる候補植物は20種類ほど確認されているが、それらの植物のいくつかは、現地住民の民間療法に利用され、薬理効果が知られている。

これらの植物の一部については、その成分が分離され、構造が解明され、抗住血吸虫作用、マラリア原虫やリーシュマニア原虫に対する抑制効果、抗赤痢アメーバ活性、細胞毒性などの活性のあることが明らかになっている。

これらの行動は、我々人類が誕生した初期の時代、特に20万年前に誕生したといわれる現生人類 *Homo sapiens* が植物を薬、すなわち生薬として用いるようになった頃の状況を再現しているかのようである。より知恵を持った我々現生人類は、薬用植物をそのまま用いるだけでなく、保存する方法や、さらに使いやすい形に加工することで生薬に発展させたのである。

生薬

我が国では、中国から伝わった医療体系をもとに、江戸時代に医療従事者の努力によって体系化した漢方が確立され、そこで用いられた生薬が現代に受け継がれている。一方、日本の各地で伝統的に用いられてきた民間薬も受け継がれ、今でも使われている。

漢方薬は、長い使用の歴史からその信頼性が認められ健康保険の適用を受け広く使われている。そのため現代でも、漢方薬として処方されたり、民間薬として用いられてきた生薬が広く流通している。これら生薬の品質等の健全な維持のため、公定書である日本薬局方に規格・基準が定められ、これに従って生薬が用いられている。比較的なじみの生薬としては、サイコ、ニンジン、クズ、オウレン、オウバク、シャクヤク、ボタン、シャゼンシ、キキョウ、ジュウヤク、マオウ、ダイオウ、チンピ、カンゾウ、キョウニン、ガイヨウなどがあり、約140種が日本薬局方に記載されている。

有名な生薬や身近な植物、身の回りに普通に生えている野草を基原とする生薬を、以下に見てみよう。また、各項の最後には各成分の化学構造式を添付した。

名前のよく知られた生薬

本項では16種の生薬を紹介する。このうちザクロヒ以外の生薬はすべて日本薬局方に収載されている。

●サイコ

セリ科の多年草ミシマサイコ（*Bupleurum falcatum*）を基原とし、その根を乾燥させ調整したものを生薬サイコ（柴胡）として用いる。基原植物のミシマサイコは、江戸時代、東海道の宿場町であった三島（現・静岡県三島市）の宿に良品のサイコが集まり供給されていたことから、その名がついたといわれている。ミシマサイコは草丈40～100㎝で、根はやや太くて長い。7～10月に黄色い小花をたくさんつける。東北アジアに分布し、日本では本州中部以南、中国、四国、九州の丘陵地の日当たりの良い場所に分布していたが、野生のものは少なくなり、2017年、環境省レッドリストで絶滅危惧種Ⅱ類に指定されている。静岡県、宮崎県、鹿児島県、高知県、熊本県などでも栽培されるが、主として中国や韓国から輸入されている。

図6-1　ミシマサイコ

　サイコは最も多くの漢方薬に処方される重要な生薬の一つで、一般用漢方処方294処方のうちの43処方に用いられる。胸から脇にかけて膨満し、圧迫感があり苦しい胸《きょう》脇《きょう》苦満《くまん》の改善に柴胡剤が用いられる。解熱、鎮痛、鎮静、消炎、排膿などの作用があり、小柴胡湯、大柴胡湯、柴胡桂枝湯、柴胡湯、四《し》逆散《ぎゃくさん》、補中益気湯《ほちゅうえっきとう》、加味逍遥散、乙字湯《おつじとう》など多くの重要な漢方薬に処方されている。主成分はトリテルペンサポニンである、サイコサポニンa～f等である。

　サイコを主剤とする小柴胡湯が広く用いられており、1992年にはその市場規模が400億円を上回り漢方薬の24%を占めていた。しかしその頃から小柴胡湯によると思われる間質性肺炎が問題となり、

10名の犠牲者が報告された。C型肝炎による肝硬変などの治療のために行われたインターフェロンとの併用が原因とされ、1994年には併用が禁止された。安全性が高いと思われた漢方薬による薬害は社会に衝撃を与えた。

●ニンジン

ニンジンといえば普通は野菜が思い浮かぶだろうが、生薬にもニンジンがあり、漢字では同じ人参という字が使われているものの、野菜と生薬でまったく異なる植物である。野菜のニンジンはセリ科の植物で、学名を *Daucus carota* という。薬用ニンジンはウコギ科の植物で、学名は *Panax ginseng* と称し、オタネニンジン、コウライニンジン（高麗人参）、チョウセンニンジン（朝鮮人参）などとも呼ばれる。薬学部の学生でも、まれに野菜のニンジンと混同していることがあり驚かされる。

図6-2　オタネニンジン

オタネニンジンの細根を除いた根またはこれを軽く湯通ししたものをハクジン（白参）といい、根を蒸してから乾燥させたものをコウジン（紅参）という。ニンジンは古くから高価な生薬として知られている。

中国や韓国では、中医学の考えに基づき、薬草と食品を合わせて料理する健康を志向した食事として薬膳料理が親しまれている。疲労、食欲不振、精神不安定の改善などいろいろな効用が期待されるということで、ニンジンは薬膳料理の素材として用いられる。韓国では、高価なニンジンの代用としてツルニンジン等が用いられている。

同属植物を基原とする生薬もいくつか知られており、デンシチニンジン（田七人参 *P. notoginseng*）や、我が国に野生するチクセツニンジン（竹節人参 *P. japonicus*）なども生薬として用いられている。ニンジン、チクセツニンジンは日本薬局方に収載されている。

ニンジンの主成分は、比較的珍しい炭素骨格であるダンマラン系のトリテルペンサポニンであるジンセノシド Rb1, Rb2, Rg1, Rh1 などを大量に含んでおり、これらのニンジンサポニンがいろいろな生理活性に関係すると考えられている。

滋養・強壮、疲労回復、ストレス解消、降圧活性などの作用があり、人参湯、桂枝人参湯、四君子湯《しくんしとう》、十全大補湯、小柴胡湯、補中益気湯、人参養栄湯など多くの漢方薬に処方される重要生薬である。

図 6-3　トウキ

●トウキ

トウキ（当帰）は、日本各地の山地の岩場やガレ地に自生する多年生草本であるセリ科のトウキ（*Angelica acutiloba*）および近縁のホッカイトウキ（*A. acutiloba* var. *sugiyamae*）などの根を湯通しした生薬である。日本では群馬、岩手、青森、奈良、和歌山県および北海道、海外では中国、韓国などで栽培されている。中国産のトウキには *A.*

sinensis が用いられる。食用のセリによく似た葉っぱで、セリ科の代表的な野菜であるセロリのような香りを持っている。生薬とする根は、葉が枯れる冬に採取する。

主成分としては、リグスチリド、ブチリデンフタリド、ブチルフタリドなどのフタリド誘導体やファルカリンジオール、ファルカリノールなどのアセチレン誘導体、ウンベリフェロン、スコポレチンなどのクマリン誘導体が含有されている。

補血、強壮、鎮痛、鎮静、解熱、末梢血管拡張などの作用を示し、冷え症、貧血、血行障害など、各種の婦人科疾患に広く用いられる。当帰芍薬散、当帰建中湯、加味逍遥散、補中益気湯、四物湯《しもつとう》などの漢方薬に処方される。家庭薬の婦人用の薬の主薬として用いられている。

●ダイオウ

タデ科のダイオウは中国の甘粛省、青海省、陝西省、チベット自治区などの比較的高地で生産され、*Rheum palmatum, R. officinale, R. tanguticum, R. coreanum* または、それらの種間雑種の根茎を生薬ダイオウ（大黄）として用いられる。野生品は5～10年もの、栽培品は4～6年ものの根を9～10月に掘り出し、生薬に調整する。我が国の製薬企業が開発した、*R. palmatum* と *R. coreanum* の種間雑種である信州ダイオウと呼ばれる国産のダイオウも用いられている。

多年生のダイオウは草本でありながら成長が良く、高さが2ｍぐらいにまで育つ。タデ科植物に特徴的な成分のアンスラキノン誘導体であるエモジン、レイン、アロエエモジンなどや、ジアンスロンの配糖体であるセンノシドA～Eを高含量で含有している。大腸性瀉下作用、駆瘀血作用、消炎性健胃作用などがあり、乙字湯、桂枝加芍薬大黄湯、大黄甘草湯、大柴胡湯、通導散、大黄牡丹皮湯など多数の漢方薬に処方される。センノシドは穏やかな緩下作用を持っているため、市販の便秘治療薬に配合され、緩下剤として広く用いられている。

●センナ

アフリカからインド西南部に分布する *Cassia angustifolia* およびナイル川中流に分布する *C. acutifolia* は、マメ科の植物で、生薬センナの基原植物とされている。センナの小葉は開花前に摘み取り乾燥させたものが生薬として用いられる。主にインドやアフリカから輸入されている。

タデ科のダイオウとマメ科のセンナは異なる科に属し、分類的に離れた関係にあるにもかかわらず、ともにアロエエモジンやレインなどのアンスラキノン誘導体、センノシドなどのアンスロン二量体の配糖体が主成分として含まれている。

アンスラキノン誘導体やセンノシドには大腸の働きを活発にする作用や瀉下作用があるほか、健胃作用、整腸作用などが知られている。これら成分を含むセンナとダイオウは同様の薬理活性が期待され、主として緩下剤として、便秘や便秘に伴う諸症状の緩和を目的に医療用や市販の医薬品として広く用いられている。センナは漢方薬には用いられていない。

同じ属のエビスグサ（*C. obtusifolia*）の種子はケツメイシ（決明子）と呼ばれる生薬で、センナと同様にアンスラキノン誘導体を含んでおり、緩下作用が知られている。

●タイソウ

生薬タイソウ（大棗）は、中国から西アジア原産のクロウメモドキ科の落葉高木であるナツメ（棗 *Zizyphus jujuba*）およびその近縁植物の果実を秋に収穫し乾燥させたもので、初夏にかけて芽を出すということで「夏芽」とも書く。ほとんどが中国からの輸入品で、河北省、河南省、山東省で生産されている。果糖（フルクトース）やブドウ糖（グルコース）など甘い多量の糖分を含んでおり、中性・酸性多糖、オレアノール酸、ウルソール酸などのトリテルペンやジジプスサポニンなどのトリテルペンサポニンを含んでいる。甘味の強いものが良品といわれている。

ナツメは国内ではあまり食べられることはないが、生のものはリンゴのような食感で、甘さは控えめながら、素朴な味わいが感じられる。乾燥させてドライフルーツにしたり、ナツメ酒を作ることもある。ナツメを用いた料理などもいろいろ提案されている。

滋養・強壮作用、鎮静作用、鎮痛作用、利尿作用、精神安定作用があるといわれており、小柴胡湯、甘麦大棗湯《かんばくたいそうとう》、炙甘草湯《しゃかんぞうとう》、葛根湯、黄連湯、補中益気湯、六君子湯など多くの漢方薬に処方されている。

●オウギ

日本の本州中部から北海道の高山帯、中国東北部、朝鮮半島、シベリア東部に分布するマメ科の多年生草本であるキバナオウギ（*Astragalus membranaceus*）およびその同属のナイモウオウギ（*A. mongholicus*）の長く伸びた黄色の根から、生薬オウギ（黄耆）が調製される。

マメ科植物に特徴的なイソフラボン誘導体であるフォルモノネチンや、トリテルペンサポニン誘導体であるアストラガロシドなどを、主成分として含有している。主に中国の山西省や黒竜江省、河北省などやロシア、韓国で栽培されている。日本でも北海道や岩手県で栽培され、供給されている。利尿作用、血圧降下作用、血糖降下作用、止汗作用、強精作用などがあるといわれており、代表的な補気強壮薬（胃腸を強くし、気を補い、強壮作用を持つ薬）である。黄耆建中湯、補中益気湯、十全大補湯、防已《ぼうい》黄耆湯、小建中湯、桂枝加黄耆湯などの漢方薬に処方される。

●オウバク

東アジア北部に自生するミカン科の落葉高木であるキハダ（*Phellodendron amurense*）またはその同属のシナキハダ（*P. chinensis*）の樹皮を剝ぎとり、コルク層を除いて日干ししたものをオウバク（黄柏）と称し、生薬として用いる。北海道、長野、岐阜、群馬、鳥取県などでも産するが、中国、韓国などから輸入される。

キハダはベルベリンやパルマチンなどのベンジルイソキノリン型アルカロイドを高濃度に含んでおり、これらのアルカロイドが黄色の成分であるため、周皮の内側は鮮やかな黄色をしている。その成分はキンポウゲ科のオウレンを基原とする生薬オウレンの主成分でもある。オウバクとオウレンはまったく異なる科に属する植物であるが、その主成分がほとんど同じであることに興味が持たれる。ベルベリンは抗菌作用、血圧降下作用、抗炎症作用などが認められている。

キハダの樹皮は、我が国でも昔から胃腸病のための民間薬として用いられており、胃の働きを活発にし炎症を抑えるということで、苦味健胃整腸薬として胃腸炎や下痢を改善する。また、打ち身やねんざのための湿布薬として用いられている。日本各地にオウバクを主剤とする民間薬があり、奈良の「陀羅《だら》尼助《にすけ》」、鳥取の「煉熊《ねりくま》」、長野の「御嶽百草《おんたけひゃくそう》」などが胃腸薬として知られている。温清飲、黄連解毒湯、荊芥連翹湯《けいがいれんぎょうとう》、柴胡清肝湯などの漢方薬に処方されている。

●オウレン

我が国の山地のスギ林などの樹下で、比較的日当たりの悪いところに自生するキンポウゲ科の多年生草本であるオウレン（*Coptis japonica*）の根茎は重要な生薬オウレン（黄連）として用いられ、セリバオウレン、コセリバオウレン、キクバオウレンの3つの変種がある。普通、セリバオウレンが生薬原料として用いられる。オウレンは比較的小さな植物であり、根の生育にも時間がかかるため貴重な生薬である。畑栽培では5年、山地栽培では8~10年のものを秋に採掘し調製する。オウレンには、主成分としてベルベリン、パルマチン、コプチシンなどオウバクと同様ベンジルイソキノリン型アルカロイドが含まれている。

ベルベリンには抗菌作用、抗炎症作用、血圧低下作用のほか、腸内の腐敗や異常発酵を抑えることによる止瀉作用が知られている。オウレンにも苦味健胃作用、殺菌作用、止瀉作用があり、黄連湯、黄連解毒湯、三黄瀉心湯《さんおうしゃしんとう》、半夏《はんげ》瀉心湯などの漢方薬に処方される。

●キキョウコン

基原植物であるキキョウ（桔梗 *Platycodon grandiflorus*）はキキョウ科の多年生草本で、日当たりの

図6-4　キキョウ

良い草地に自生する。日本全国で見られ、朝鮮半島や中国などにも分布している。切り花用として各地で栽培され、また園芸植物としても親しまれ家庭の庭で栽培されている。紫の花が普通であるが、白い花もしばしば見られる。あまり華やかな感じではないが、どことなく存在感のある花である。キキョウは昔から家紋として用いられており、明智光秀が特に有名で、加藤清正、そして意外と知られていないかもしれないが、坂本竜馬もそうである。こんなこともあり、またキキョウの花の佇まいから、日本的なイメージのする花の一つである。

生薬キキョウコン（桔梗根）は、秋に掘り起こしたキキョウの根を水洗し日干ししたものや、周皮を取り除き乾燥させたものである。薬用のキキョウは、北海道、長野県、新潟県、富山県などの野生品、および中国や韓国からの輸入品が用いられる。

キキョウコンにはイヌリンなどの多糖類およびトリテルペンサポニン誘導体であるプラチコジン誘導体などが主成分として含まれている。鎮咳、去痰、排膿などの目的で桔梗湯、排膿散などの漢方に処方される。去痰の目的で粉末や流《りゅう》エキスが家庭薬として用いられる。

●レンギョウ

中国原産のモクセイ科の落葉低木であるレンギョウ（*Forsythia suspensa*）またはシナレンギョウ（*F. viridissima*）の果実が生薬レンギョウ（連翹）として用いられる。

図6-5　レンギョウ

サクラのソメイヨシノに先駆け、3月中旬から4月中旬にかけて黄色の花を咲かせるレンギョウは、我が国では園芸植物として親しまれており、公園などで比較的普通に植えられている。園芸品として植えられているのはシナレンギョウなどが多く、日本原産のヤマトレンギョウなどは花の数も少なくあまり目にすることはない。北海道南部から九州まで広く見られる。

成熟直前の果実を夏から秋に採取して日干しにして調製したものを生薬として用いる。産地は中国の山西省、河南省、河北省、山東省、甘粛省などである。レンギョウにはフラボン配糖体であるルチンや、リグナン誘導体であるアルクチゲニン、ピノレジノール、マタイレジノールや、トリテルペン誘導体であるオレアノール酸などが含まれている。

消炎、利尿、解毒、排膿の各作用があり、皮膚疾患などに用いられる。荊防排毒散《けいぼうはいどくさん》、防風通聖散《ぼうふうつうしょうさん》、荊芥連翹湯などの漢方薬に処方されている。

●サンキライ

中国原産のサルトリイバラ科の蔓性多年草ドブクリョウ（*Smilax glabra*）の塊根を秋に掘り出し、細切、日干しにし調製したものが、生薬サンキライ（山帰来）として用いられる。我が国には類縁植物であるサルトリイバラ（*S. china*）が広く山野に自生しており、代用とされる。サルトリイバラには鋭い棘があり、サルも棘に絡まり逃げることができないということでこの名前がついた。ルリタテハというチョウの食草になっている。広島県や岡山県などの中国地方では柏餅にサルトリイバラの葉が用いられている。赤く熟す果実は生け花に用いられる。

薬用部分は塊茎であるためデンプンを多量に含み、含有量はあまり多くないがステロイドサポニンであるスミラックスサポニンを含有している。解毒作用、清熱作用、利尿作用があり、香川解毒剤、八味《はちみ》帯下方《たいげほう》などの漢方薬に処方される。

中国では土茯苓と表記される。ヨーロッパで用いられる生薬サルサ根は同属の植物 *S. mediva* である。

●センキュウ

中国四川省が原産とされているが我が国にも自生しているセリ科の草本センキュウ（*Cnidium officinale*）のひげ根を除いた根茎を、通常は湯通しして処理したものが生薬センキュウ（川芎）として用いられる。センキュウは茎の先端に小さな花をたくさんつけるが、結実しない。我が国では江戸時代から栽培されていたが、明治時代の中頃北海道で栽培が始まったことが契機となり、現在では北海道を中心に、岩手県、群馬県、富山県、新潟県などで生産され、国内消費のすべてが国内栽培で賄われている。

センキュウは精油成分を多く含んでおり、セリ科に特徴的な成分であるフタリド誘導体リグスチリド、ブチリデンフタリド、センキュウノリド、シニジリドなどを含んでいる。

鎮痛作用、鎮静作用、駆瘀血作用、強壮作用などが知られており、冷え症、貧血、生理不順の改善など婦人薬を中心に用いられる。当帰芍薬散、女神散《にょしんさん》、四物湯、十全大補湯、温清飲、十味敗毒湯など多くの漢方薬に処方されている。生薬としては根が用いられているが、民間では茎葉が入浴剤に用いられる。

●ブシ

キンポウゲ科のトリカブト属（*Aconitum*）の植物はトリカブトと総称され、有毒植物として有名である。トリカブトの仲間は日本を含むユーラシア大陸に自生し、世界中に300種以上が知られている。日本ではオクトリカブト（*Aconitum japonicum*）、ヤマトリカブト（*A. japonicum* var. *montanum*）、エゾトリカブト（*A. sachalinense*）、ハクサントリカブト（*A. hakusanense*）、キタダケトリカブト（*A. kitadakense*）など30種以上が知られている。

図6-5　トリカブト

ドクウツギ、ドクゼリとともに日本の三大有毒植物にされている。トリカブトの芽生え直後のみずみずしい姿が山菜のニリンソウとよく似ているうえに、山菜の時期になると両者がしばしば混生することなどから、誤食事故が問題になっている。また、トリカブトを用いた保険金殺人事件が話題になったこともある。

トリカブトにはアコニチンやメサコニチンと呼ばれる有毒なジテルペンアルカロイドが含まれている。中国原産のハナトリカブト（*A. carmichaeli*）はカラトリカブトとも呼ばれ、オクトリカブトとともにその塊根を高圧蒸気処理などにより減毒して乾燥させたものがブシ（附子）やウズ（烏頭）と称して生薬として用いられている。ブシは新陳代謝機能促進作用、強心作用、利尿作用、鎮痛作用などが知られており、附子湯、乾姜附子湯、桂枝附子湯、真武湯《しんぶとう》、桂枝加朮附《じゅつぶ》湯、八味地黄丸《じおうがん》などの漢方薬に処方されている。

●ザクロヒ

小アジア原産の落葉小高木であるミソハギ科ザクロ属のザクロ（*Punica granatum*）は世界各地で食用の果実として栽培されている。日本でも東北以南の各地で観賞用の庭木などとして植えられているが、食用としては栽培されず比較的なじみの薄い果物である。果物として市販されているものはアメリカからの輸入品である。海外では、果汁や果肉をジュースにしたり料理に用いるなどさまざまな形で使われている。

ザクロの果実の皮は生薬ザクロヒ（石榴皮）として用いられる。ザクロヒには加水分解型タンニンおよびアルカロイドであるペレチエリンが含まれており、駆虫作用、抗菌作用などがあり、駆虫薬、下痢止めなどとして用いられる。ザクロの根の皮はセキリュウコンピと称して駆虫薬として用いられるが毒性が強い。

●クコ

クコ（*Lycium chinense*）はナス科の植物であるが、ナス科の野菜と異なり草本ではなく落葉小低木で、

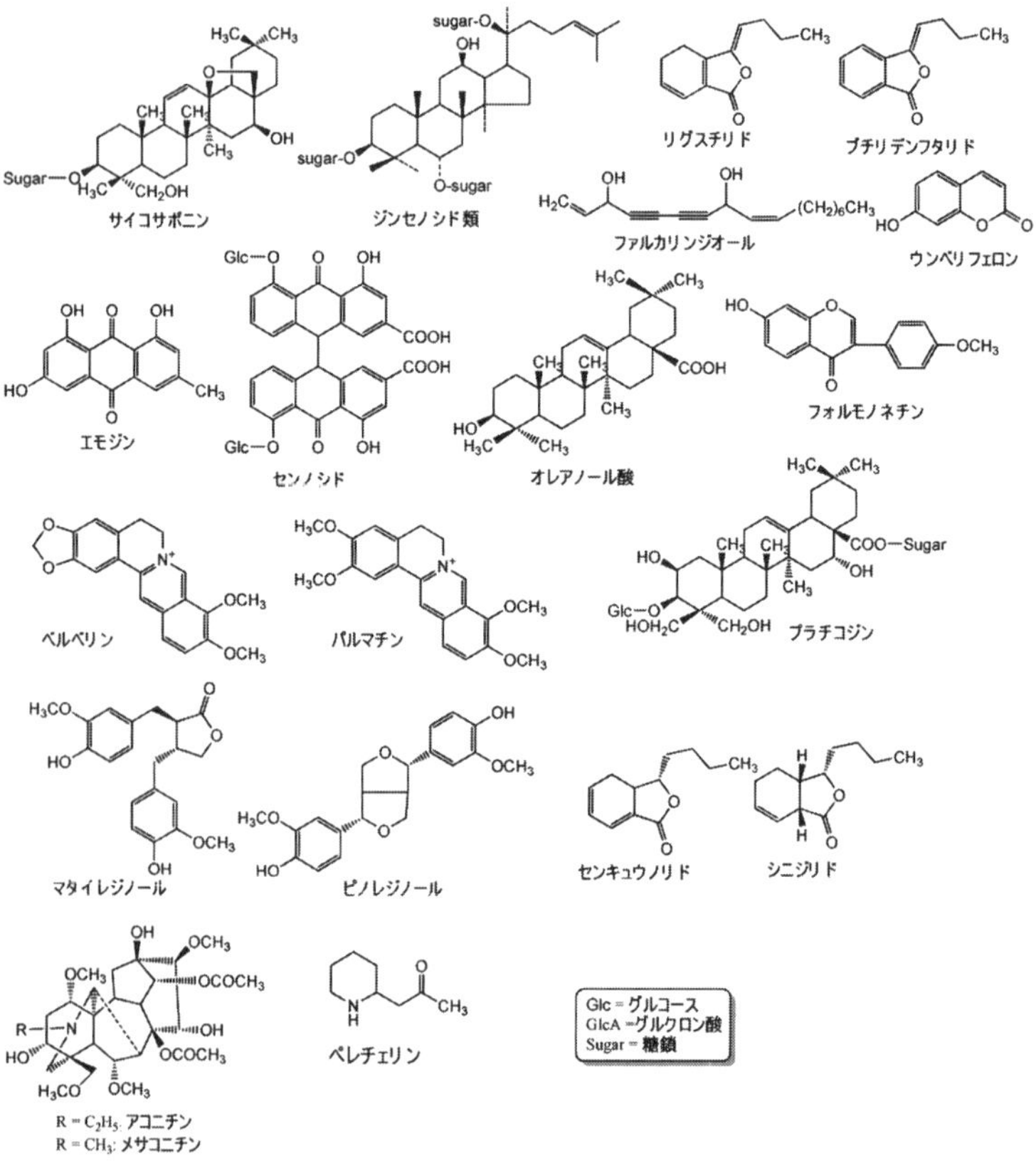

図 6-7　名前のよく知られた生薬の主要成分。トリテルペン誘導体、フタライド誘導体、アンスラキノン誘導体、リグナン誘導体、イソフラボン誘導体、アルカロイド誘導体などいろいろな化合物が知られている。

小さな紫色の花と可愛らしい赤い実をつける。クコおよび同属のナガバクコ（*L. barbarum*）の成熟果実の干したものはクコシ（枸杞子）と称して中国、韓国、日本では薬に用いられる。ゼアキサンチンなどのカロテノイドやルチンやベタインなどを含んでいる。滋養・強壮作用などがあり、杞菊《こぎく》地黄丸などに処方されている。クコシはドライフルーツとして利用され、薬膳粥の素材や杏仁豆腐のトッピングなどとしても用いられ、中国ではいろいろなレシピがあるようである。また、焼酎に漬けこんで枸杞酒などとしても用いられる。

ジコッピ（地骨皮）と呼ばれるクコの根は解熱薬や強壮薬として用いられ、漢方薬にも処方される。葉は枸杞葉と呼ばれ民間では高血圧症などに用いられる。クコの葉は野菜としても、クコ茶の材料としても民間的に用いられている。

身近な植物が薬用に

本項では24種の植物を紹介する。このうち、タンポポ、カリン、イチョウ以外の植物を基原とする生薬は、日本薬局方に収載されている。

●ドクダミ

古くからの言い伝えにより利用されてきた民間薬の中でも特に広く用いられてきたものに、日本三大民間薬といわれるドクダミ、センブリ、ゲンノショウコが知られている。

多年生草本であるドクダミ科のドクダミ（*Houttuynia cordata*）はアジアに広く分布し、比較的日照りの強くない庭などにはびこる雑草である。ちょっと油断すると庭中に広がり、5～6月頃に目立つ白い花を咲かせる。花びらのように見える4枚の白い部分は花弁ではなく総苞片《そうほうへん》と呼ばれるもので、中心の淡黄色に膨らんだ部分は花弁を持たない小花が密生したもので、ドクダミは花弁を持たない植物である。ドクダミは結実して種で増えるのではなく、地下茎を伸ばして繁殖する。引き抜いても地下茎が残るので駆除が難しく、繁殖力も強いうえ、独特の匂いを持っているため敬遠されている。

ドクダミの名前は、毒矯み（毒を止める）からとする説や、解毒や痛みを止める効果があることから、毒痛み説がある。嫌われ者のドクダミであるが、八重咲きや、斑入りの園芸品種が栽培されているようである。

匂い物質は、ラウリルアルデヒドやデカノイルアセトアルデヒドなどの鎖状アルカンのアルデヒド誘導体で、黄色ブドウ球菌に対する抗菌活性や抗カビ活性があり、水虫菌である白癬《はくせん》菌の増殖を抑えるといわれている。パクチーやカメムシと同様の匂い物質であるアルデヒド誘導体は科学的に不安定なため、乾燥させてドクダミ茶にしたり、調理し熱を加えたりすることで分解されるために、お茶として飲んだり食べたりして利用することができる。

図6-8　ドクダミ

ドクダミの全草を乾燥させたものはジュウヤク（十薬または重薬）といわれ昔から民間薬として便秘薬や皮膚疾患の治療などに用いられる。十薬の名は、馬に与えると病気を十種類治すということに由来する。解熱、解毒、消炎、緩下、清熱の各作用も知られている。

ドクダミには匂い成分であるアルデヒド類以外に、クエルシトリンなどのフラボノイドも含まれている。

●センブリ

「良薬は口に苦し」という言葉があるが、これを最も端的に表しているのがリンドウ科の植物センブリ(*Swertia japonica*)である。学名の小種名*japonica*が示すように日本に縁のある薬草で、別名をトウヤク(当薬)と称し、古くから民間薬として使われている。ゲンノショウコ、ドクダミとともに三大民間薬といわれている。センブリの名は、煎じて1000回振り出してもなお苦味が残るということからつけられた。

草丈は20㎝ほどで、茎は暗緑色から暗紫色で、蕾は薄紫色であるが、白色から類白色の可憐な花を咲かせ、日本各地のやや湿った日当たりの良い草地に自生していた。胃腸薬としての需要が高いものの繁殖力が低く、採取が行きすぎたためか今ではその数が減り見つけることが難しくなっている。現在は野生品も用いられるが、長野県や高知県などで栽培され供給されている。

センブリが我が国で胃腸薬として用いられるようになったのは、ドイツの医師であり博物学者であるシーボルトが、近江の製薬所で俵に入ったセンブリを見た際ヨーロッパで古くから用いられていた健胃薬であるゲンチアナと間違えたことがきっかけであったといわれている。それ以降、苦味健胃薬や整腸薬として用いられており、センブリ末、苦味チンキ、センブリ重曹散として製剤化されている。

その強い苦味の成分は、スウェルチアマリン、スウェロシド、ゲンチオピクロサイドなどのセコイリドイド型苦味配糖体で、薬効の成分でもあると考えられている。中国の生薬リュウタン（*Gentiana scabra*）やヨーロッパの生薬ゲンチアナ（*G. lutea*）も同じリンドウ科の植物で、同様のセコイリドイド型苦味配糖体が主成分として含まれ強い苦味を持っており、センブリと同様の苦味健胃薬などの目的で用いられている。

近縁種にムラサキセンブリやイヌセンブリがあるが、苦味が弱いため薬用には適さない。

●ゲンノショウコ

フウロソウ科の多年草であるゲンノショウコ（*Geranium thunbergii*）はミコシグサとも呼ばれ、日本各地の山野や道端で見られた雑草であるが、最近では外来植物である近縁種のアメリカフウロ（*G. carolinianum*）がはびこり、ゲンノショウコの姿を見ることが難しくなっている。アメリカフウロの花が小さく地味なのに反して、ゲンノショウコの花はやや大きく白花または紫花を咲かせ可憐な姿をしており、高山植物のハクサンフウロウやアサマフウロウなどに似ている。野生のゲンノショウコは少なくなったが、徳島県、富山県、滋賀県などで栽培され、供給されている。

図6-9　ゲンノショウコ

ゲンノショウコも三大民間薬の一つとされ古くから用いられている。ゲラニインなどのタンニン成分やモッショクシ酸、ピロガロール、エラグ酸などのポリフェノール誘導体を主成分として含んでおり、整腸作用や止瀉作用がある。服用するとすぐに下痢が止まることから、「現の証拠」という意味でその名前がついたとの話もある。このように早く効果が表れることから、地域によってはイシャイラズ、イシャダオシ、テキメンソウ、タチマチグサ、ゲリドメなど、いかにもその効用を謳う名前でも呼ばれている。

●オオバコ

山野や道端に自生する雑草であるオオバコ科の多年草オオバコ（*Plantago asiatica*）は、昔、小学校で飼育していたウサギの餌にしたり、花茎の部分を絡めて引き合って切る遊びをしたものである。オオバコは、中国では車前草と呼ばれているが、これは馬車や牛車の轍《わだち》沿いによく生える草ということでその名がつけられたといわれている。日本各地、千島列島、朝鮮半島、シベリア、中国、東南アジアに広く分布している。

図6-10　オオバコ

オオバコを素材とする生薬として、シャゼンシ（車前子）とシャゼンソウ（車前草）がある。シャゼンシは熟した種子から、シャゼンソウは花期の全草からそれぞれ調製したもので、同じ植物基原であっても、基原となる部位の違いで異なる生薬として用いられている。シャゼンシには消炎、利尿、去痰、鎮咳、止瀉、止血の各作用などが知られており、牛車腎気丸《ごしゃじんきがん》、竜胆瀉肝湯《りゅうたんしゃかんとう》、五淋散《ごりんさん》などの漢方薬に処方される。シャゼンソウは民間的に利尿、鎮咳、胃腸薬として用いられる。

また、腫れものや切り傷の治療に世界的に用いられている。
シャゼンシには粘液質であるプランタサン、プランタゴムシラージＡや、イリドイド誘導体であるアウクビンなどが含まれている。シャゼンソウにはアウクビンや、フラボン配糖体であるプランタギニンなどが含まれている。

●アケビ

東アジアの暖地に分布し、我が国でも山野に広く自生する蔓性の落葉低木であるアケビ科のアケビ（*Akebia quinata*）は、雌雄同株だが花は雌雄異花で、淡い紫色をしている。秋には10㎝近くの細長い卵状の果実を実らせ、熟すと表面が薄紫色になり果皮が割れ、食べどきを知らせてくれる。種の周りにある白いゼリー状の果肉には強くはないがまったりとした甘味があり、物の豊富でない昔は、子どもたちにとって大切な山の幸であり代表的な秋の風物詩であった。

図6-11　アケビ

アケビの果皮は刻んで炒め物にしたり、肉詰めにして揚げたりして料理に利用される。東北地方などでは、新芽を山菜として利用する。野生のものが採取されるが、山形県などでは栽培されている。アケビの蔓は、籠や手提げなどの工芸品を編むための材料としても用いられている。

アケビや同属のミツバアケビ（*A. trifoliate*）、ゴヨウアケビ（*A.*

pentaphilla）が我が国に自生しているが、それらの蔓性の茎を乾燥させて横切し調製したものはモクツウ（木通）と呼び生薬として用いられる。

モクツウは、アケボシドと呼ばれる多種類のトリテルペンサポニンを主成分として含んでおり、消炎性利尿作用、抗炎症作用、胃液分泌抑制作用があり、循環器系障害による浮腫や黄疸の改善に効果があるといわれている。五淋散、消風散、竜胆瀉肝湯、加味解毒湯、通導散などの漢方に処方されている。

●ヨモギ

我が国の本州以南や南西諸島、朝鮮半島、台湾に分布し、日当たりの良い原野や道端、河川の土手などに自生するヨモギ（*Artemisia princeps*）は、地下茎で増える繁殖力の旺盛な代表的な雑草である。

図6-12　ヨモギ

キク科の多年草で、別名をカズサヨモギ、モチグサなどと呼ばれ、独特の香りを持っている。香りの主成分は、1,8-シネオール、α-ツヨン、ボルネオール、カンファーなどのモノテルペン誘導体で、特にシネオールは精油の50％以上含まれている。オレイン酸、リノール酸などの脂肪酸、ビタミンA、B_1、B_2なども含む。

ヨモギは夏から秋にかけ、伸びた茎の先の方に複総状花序の形で淡褐色の小さな花をたくさんつける。風媒花であるヨモギの花粉は飛散しアレルゲンとなるため、秋の花粉症の原因になるといわれている。

我が国では、その独特の香りを生かして、ヨモギ餅や草団子など、和菓子の材料として広く親しまれている。若葉を茹でて灰汁を抜き、浸し物の材料や汁の具として用いることもある。葉の裏には短毛が密生しており、これはお灸のモグサの材料になる。

ヨモギの葉はガイヨウ（艾葉）と呼ばれ、生薬として用いられる。止血、鎮痛、去痰、健胃、利尿の各作用のほか、冷え症や月経不順の改善作用などの目的で、我が国で昔から民間薬として利用されてきた。さらに湿疹や皮膚のかゆみを抑える作用から、入浴剤や塗り薬に、またヨモギ茶としても利用されている。このようにヨモギは昔からいろいろな形で利用されており、日本を代表するハーブともいわれる。

●ウンシュウミカン

果物の中でも古くから日本人に最も身近であるミカンはウンシュウ（温州）ミカン（*Citrus unshiu*）である。温州とは中国の地名に由来するため、中国原産と思われるかもしれないが、じつは鹿児島県発祥の柑橘で、我が国独特の品種である。

ウンシュウミカンは甘味が強く、皮が薄く柔らかで容易に剝くことができ食べやすいため、広く愛される品種である。我が国における柑橘類の中でも、ウンシュウミカンの生産量がダントツである。和歌山県、静岡県、愛媛県、熊本県などを中心に年間70万トンほどが生産されている。

このように身近な果物であるウンシュウミカンの皮を乾燥させて調整したものはチンピ（陳皮）と呼ばれる重要な生薬である。日本薬局方では、チンピはウンシュウミカンおよびマンダリンオレンジの果皮を干したものと定義されている。チンピにはリナロール、ターピネオールなどのモノテルペンや、柑橘類に特徴的なポリメトキシフラボンであるノビレチン、フラボン配糖体であるヘスペリジン等が含まれている。カロテノイドとして黄色色素であるβ-クリプトキサンチンなどが含まれている。

発汗、去痰、鎮咳、芳香性健胃作用などがあり、香蘇散《こうそさん》、二陳湯《にちんとう》、補中益気湯、六君子湯、平胃散などの漢方薬に処方されている。また、地域によって異なるが、チンピは七味唐辛子の構成材料としても知られている。

図6-13　ウンシュウミカン

●クズ

原野や山地、河川の土手、時には都会の空き地などどこでも見られる繁殖力旺盛なクズ（*Pueraria lobata*）はマメ科蔓性の多年草で、秋の七草の一つである。その和名は、葛粉の産地であった奈良県吉野川上流の国栖《くず》に由来するといわれている。今でも奈良県は有名な吉野葛の産地である。

大きな葉が繁茂するため目立たないが、秋には房状の紫色の花を上向きに咲かせ、良い香りを発している。クズの根は肥大化して塊状となり、大きいものでは径が20㎝、長さが1ｍ以上にもなる。その根には大量のデンプンが含まれており、そこから得られる葛粉は、葛餅や葛きりの原料として昔から我々の生活に密着している。

クズの根はカッコン（葛根）と称し、重要な生薬として知られている。カッコンには、トリテルペンサポニンであるクズサポニンと、イソフラボンであるダイゼインやゲニステインなどが主成分として含まれている。ダイゼインやゲニステインはダイズにも主成分として含まれている。

花はカッカ（葛花）として二日酔い改善作用が知られている。クズの花に含まれるイソフラボン誘導体であるテクトリゲニンに肥満防止作用があるということで、機能性表示食品が開発された。しかしその後、過大広告であることを問われ16の企業が措置命令を受けた。静岡県掛川市などではクズの蔓の繊維を用いた葛布が伝統工芸品として知られている。

図6-14　クズ

カッコンには、鎮痙《ちんけい》作用、発汗作用、解熱作用があり、特に葛根湯に処方され風邪の治療薬として用いられていることは有名である。葛根湯は実証（体力のある）の人に効く薬であり、風邪の引き始めに用いることで、頭痛、発熱、寒気、汗が出にくいなどの症状を改善してくれる。漢方薬の中でもよく知られている処方である。葛根湯は、風邪に限らず頭痛や鼻炎など、炎症が関係する症状の初期にも広く用いられる。

●アロエ

かってはユリ科に属していたが、ＡＰＧ体系ではススキノキ科のアロエ属に分類され、約３５０種が知られている。そのうち１３３種が南アフリカ原産で、特に南端のケープ地方は有名な産地である。ケープ原産のアロエ（*Aloe ferox*）の葉から得られた液汁を乾燥させたものが生薬アロエとして用いられる。

図6-15　キダチアロエ

しかし、我が国では別種のキダチアロエ（*A. arborescens*）がイシャイラズという名で健胃薬、緩下薬、外傷や火傷《やけど》の治療などの目的で広く民間薬として用いられ、家庭の庭や公園などに植えられている。

キダチアロエ以外には、アロエベラ（*A. vera*）が比較的広く知られており、主に食用として用いられている。キダチアロエに比べて葉が大振りで厚く、その皮を剥いで内部のゼリー部分を食べる。一時期アロエゼリーやアロエヨーグルトがブレークしたことがある。キダチアロエもアロエベラも葉の外皮は苦いが、内部のゼリー状の部分はあまり苦くないうえに、茹でることで苦味が取れる。アロエ料理が売りの民宿が静岡県伊豆半島で流行したことがある。

アロエは古代オリエント、ギリシャ、ローマ時代には薬用として栽培されていたといわれている。アロエの仲間の生理活性成分は、アンスロン配糖体のバルバロインやアンスラキノン誘導体のアロエエモジンなどである。キダチアロエも同様の成分が含まれており、瀉下作用、健胃作用、外傷や火傷の治癒作用などが知られている。主成分であるバルバロインには瀉下作用があるため、アロエの健康食品やアロエジュースの摂りすぎは、下痢が止まらなくなったりおなかの調子が悪くなったりするなどの問題が指摘されている。

●ボタンとシャクヤク

ボタン（牡丹 *P. suffruticosa*）とシャクヤク（芍薬 *P. lactiflora*）は、「立てば芍薬、座れば牡丹、歩く姿は百合《ゆり》の花」などと美しい女性の姿に例えられるように、大きな美しい花を咲かせる園芸植物として有名で、同じボタン科のボタン属（*Paeonia*）の植物である。

どちらも中国原産で薬用植物として伝えられ、江戸時代初期に観賞用として品種改良が行われ見事な園芸植物として愛されるようになった。ちなみに、ボタンは葉を落とすが翌春には地上の木部から新芽を出す木本植物で、シャクヤクは冬に地上部は枯れ地表から姿を消すが、翌春に地面から芽を出す草本植物である。

生薬ボタンピ（牡丹皮）はボタンの根皮から調製されたものであり、その主成分は低分子のフェノール誘導体であるペオノールで、シャクヤクと同じペオニフロリンなども含んでいる。鎮静作用、鎮痛作用、駆瘀血作用や婦人病薬として知られており、八味地黄丸、桂枝茯苓《ぶくりょう》丸、大黄牡丹皮湯、温経湯、加味逍遥散などの漢方に処方される。

図6-16　ボタン(上)とシャクヤク(下)

生薬シャクヤク（芍薬）はその根から調製したもので、ペオニフロリンやアルビフルリンなどのモノテルペン配糖体を主成分としている。鎮静、鎮痛、鎮痙、収斂の各作用があり、桂枝湯、芍薬甘草湯、四物湯、小青龍湯、当帰芍薬湯、大柴胡湯、葛根湯などの漢方薬に処方される。

●キク

キク（*Chrysanthemum morifolium*）は古くから観賞用の園芸植物として親しまれてきた日本を代表する花で、皇室の家紋にもなっている。属名 *Chrysanthemum* は、ギリシャ語の Chrysos（黄金色）+ anthemon（花）を語源としている。日本には、野生のキクはハマギク、イソギク、シオギク、ノジギク、リュウノウギク、シマカンギクなど20種余りが知られている。

奈良時代か平安時代の初め頃中国から薬用として伝えられたキクは、江戸時代に美濃、伊勢、京都、熊本地方で観賞用の花として品種改良が行われ、多くの栽培品種が作出された。大輪のものから小さなもの、さまざまな色や形をしたものがある。秋には各所で菊花展が盛んに開催され、菊人形なども観賞できる。

国内の切り花で生産量が最も多いのがキクで、農林水産省のデータでは、全切り花の40％を占める。特に仏花としての需要が高いようである。まさに日本を代表する花である。

キクの花は苦味があり、通常では食用には適さないが、品種改良が行われて苦味のない食用菊が開発され、料理の添え物や食材として用いられるようになっている。

キクまたはシマカンギク（*C. indicum*）を秋の満開期に採取し調製したものをキクカ（菊花）と称し、生薬として用いる。中国では２０００年以上昔から薬用として栽培され、生薬や菊花茶として親しまれていた。中国の安徽省や河南省などで栽培され、薬用のキクは黄花品種と白花品種が用いられる。

キクに特徴的な成分であるクリサンテモール、クリザンテノールなどのセスキテルペノイドや、アピゲニン、アピゲニン-グルコシドなどのフラボノイドおよび、香気成分であるボルニルアセテート、サビネン、カンファーなどのモノテルペン誘導体を含んでいる。解熱作用、鎮痛作用、鎮静作用、消炎作用などがあり、目の疾患や精神疾患を改善する漢方薬である釣藤散《ちょうとうさん》、杞菊地黄丸などに処方される。

●チガヤ

イネ科の多年性草本であるチガヤ（*Imperata cylindrica*）は、アジア、アフリカ、オーストラリアと広く世界中に分布し、日本各地の日当たりの良い山野に群生する昔から身近な雑草である。5～6月頃になると白い穂状の花を咲かせる。草丈30～60㎝ぐらいで、ススキに比べて小型である。

図6-17　チガヤ

種子を飛ばすとともに、地下茎を伸ばして増えるためよく繁殖し、駆除が難しく、最強の雑草ともいわれる。しかし、一面に広がる白い穂の景観は初夏の風物詩でもある。チガヤはサトウキビの近縁種であるため糖分を蓄えるといわれており、若い穂や地下茎の新芽をかじるとほのかな甘い味がする。古くは一般的に食べられていたようである。

チガヤの根茎の細根を取り除いて調整したものはボウコン（茅根）と称して生薬として用いられる。ボウコンには果糖、ブドウ糖、ショ糖などの糖やアルンドインやシリンドリンなどのトリテルペン誘導体を主成分として含んでいる。利尿、解熱、浄血、止血の各作用などがあり、鼻血、尿血、水腫、小便不利などの改善に用いる。茅根湯、茅葛湯などの漢方薬に処方されている。

●ヤマノイモ

日本の本州以南の山地、朝鮮半島、中国に自生するヤマノイモ科の蔓性で雌雄異株の多年草のヤマノイモ（*Dioscorea japonica*）、あるいは、中国原産で栽培品種であるナガイモ（*D. batatas*）の肥大した根は、我が国では食品として広く親しまれている。とろろ汁、山かけ、和え物などに使われ、栄養価が高く消化も良いことに加え精力がつくということで、古くから山のウナギとも呼ばれていた。

静岡市の丸子《まりこ》地区では昔からすりおろしたとろろを味噌汁でのばしたものを麦ご飯にかけるとろろ汁が食べられてきた。店の姿が歌川広重の絵にも登場しており、今でも名物になっている。

ヤマノイモはジネンジョ（自然薯）ともいい、食用として栽培されるヤマノイモ類にはいろいろな品種がある。ヤマノイモをすりおろしたときや食べたときに、手や口の周りがピリピリしてかゆくなることがあるが、これはヤマノイモに含まれるシュウ酸カルシウムの結晶による刺激が原因である。シュウ酸カルシウムは酸に容易に溶けて結晶構造がなくなるため、お酢やレモン汁の入った水で洗うことで刺激を除くことができる。

ヤマノイモや同属のナガイモの周皮を除きそのまま乾燥させたもの、あるいは湯通ししてから乾燥させたものがサンヤク（山薬）として生薬に用いられる。滋養・強壮作用、血圧降下作用、止瀉作用、鎮咳作用、男性ホルモン作用などがあるといわれており、ジオスシン、ジオスゲニンなどのステロイド誘導体やデンプン、糖タンパク質、ジアスターゼなどを含む。八味地黄丸、牛車腎気丸、六味丸、啓脾湯《けいひとう》、参苓白朮散《じんりょうびゃくじゅつさん》などの漢方薬に処方されている。

●スイカズラ

スイカズラ科の蔓性木本であるスイカズラ（*Lonicera japonica*）はニンドウ（忍冬）とも呼ばれ、日本各地の日当たりの良い原野、川岸、丘陵地帯で普通に目にすることができる。その茎葉を乾燥させた生薬もニンドウと呼ばれる。花の蕾を基原とするものはキンギンカ（金銀花）と呼ばれ生薬として用いられる。スイカズラの名前は、花の付け根の部分が甘く、子どもたちがそれを吸って遊ぶことに由来する。ニンドウの名前は、常緑植物で枯れずに冬を越すので、冬を耐え忍ぶということから、また、キンギンカの名前は、最初に白い花が咲き、その後に黄色に変わるので、白い花と黄色の花が同居することからついたといわれている。

図6-18　スイカズラ

茎葉や花をお茶にして飲んだり、ホワイトリカーに漬けて金銀花酒あるいは忍冬酒を作ったりする。忍冬酒は徳川家康が愛飲したといわれ、家康ゆかりの地である浜松や三河地方では今でも製造されている。

ニンドウにはイリドイド誘導体のロガニンやトリテルペンサポニンであるロニセロシドなどが含まれており、民間薬として健胃、利尿の目的や入浴剤などとして用いられている。金銀花は化膿性皮膚疾患、風邪、扁桃炎、腸炎などの改善に効果があるといわれ、五物解毒散、荊防排毒散などの漢方薬に処方されている。

●クワ

クワ（*Morus alba*）は東南アジアに自生および栽培されるクワ科の落葉低木で、我が国では、昔から絹糸を生産するカイコの餌として桑畑で盛んに栽培されていた。地図にも桑畑を表す記号が使われるほどだったが、養蚕業が衰退したため、クワの栽培もあまり見られなくなった。

クワの果実はマルベリーという名で親しまれ、今でも果実を収穫するために栽培する農家もある。昔はクワの実を摘んで食べることは子どもたちの素朴な楽しみの一つであった。童謡「赤とんぼ」の歌詞にも「山の畑の桑の実を　小籠に摘んだはまぼろしか」と唄われるほどである。クワにはいろいろな品種があるが、養蚕用の葉を収穫するためのヤマグワと果実の収穫を目的とするセイヨウグワに大別される。

クワその他の同属植物の根皮は、ソウハクヒ（桑白皮）という名前の生薬として用いられている。ソウハクヒにはモルシンやクワノンGなど、プレニルフラボン誘導体といわれる特徴的な成分が含まれている。消炎性利尿作用、緩下作用、鎮咳作用、去痰作用などがあるといわれており、清肺湯、五虎湯などの漢方薬に処方されている。

図6-19　タンポポ

●タンポポ

タンポポは、キク科タンポポ（*Taraxacum*）属の多年生草本の総称で、多くの野生種がユーラシア大陸に分布している。タンポポは英語でダンデライオン（dandelion）と呼ばれ、フランス語で「ライオンの歯」を意味している。

タンポポは、春の訪れを告げる花との認識が普通であったが、現在では一年中姿を見るようになった。これは、外来種のセイヨウタンポポ（*Taraxacum officinale*）が日本在来のカントウタンポポ（*T. platycarpum*）、カンサイタンポポ（*T. japonicum*）などを圧倒して繁殖しているからである。他家受粉の日本在来種に対して、セイヨウタンポポは自家受粉でより効率的に種を生産し、一年中花を咲かせることで在来種を圧倒する繁殖力がある。

セイヨウタンポポの学名の小種名が *officinale*（ラテン語の「薬用に」にちなむ）であることからもわかるように、世界中で民間薬として用いられている。我が国ではホウコウエイ（蒲公英）と呼ばれ、昔から苦味健胃、利尿、解熱、消炎、催乳などの目的で用いられてきた。ヨーロッパでは、利尿および黄疸や貧血の改善などに効果があるとされている。

タンポポは、葉が食用としても用いられているだけでなく、その根を焙煎したタンポポコーヒーが、不眠症、二日酔い、肝臓病、便秘の改善などに良いといわれ飲まれている。高価なコーヒーの代用としてヨーロッパで広く飲まれた歴史があり、ノンカフェインを売りに今でも販売されている。

タンポポにはタラキセロールなどとトリテルペン、ルテインなどのカロテノイド、コーヒー酸などのフェニルプロパノイド誘導体が含まれている。

●アサガオ

熱帯アジア原産の一年生蔓植物であるヒルガオ科のアサガオ（朝顔 *Pharbitis nil*）は、中国、ヒマラヤ地域の原産といわれ、その種子には強い下剤作用があり世界に広がった。我が国には奈良時代に、遣唐使が薬として伝えたと考えられている。時代の流れとともにやがて観賞用として栽培されるようになった。

江戸時代後期の二度の朝顔ブーム（文化・文政期と嘉永・安政期）に盛んに品種改良が行われ、色や形が異なる多くの品種が開発された。キクの花と同様に最も広く愛されている園芸植物の一つであり、各地で鉢植えのアサガオが並ぶ朝顔市は夏の風物詩で、家庭でも緑のカーテンとして盛んに植えられている。今でも新しい品種の開発が行われている。

最近は、ヘブンリーブルーという鮮やかな青色をした西洋アサガオも広く植えられている。西洋アサガオは南米原産で、同じ *Pharbitis* 属であるが異なる種（*P. tricolor*）であり、日本アサガオは一年草、西洋アサガオは宿根草である。日本アサガオが夏咲くのに対し、西洋アサガオは秋に咲くなどの違いがある。

アサガオの種子は、ケンゴシ（牽牛子）と称して生薬として用いられている。ケンゴシには樹脂配糖体といわれる特徴的な化合物ファルビチンが含有されている。樹脂配糖体は、直鎖の脂肪酸アルコールの配糖体で、脂肪酸のカルボキシル基と糖鎖の水酸基との間でエステル結合した環状構造をとっている。この成分に強い下剤作用があるため、ケンゴシは投与量によって緩下剤や峻下剤として用いられる。中国では、利尿薬や駆虫薬として用いられている。

●**キカラスウリ**

ウリ科のキカラスウリ（*Trichosanthes kirilowii* var. *japonicum*）は日本の各地に自生する蔓性多年草で、竹やぶや森の木に絡みつき夜に真っ白なレース状の花をつける。秋には黄色の果実をつける姿が見られ、赤い実をつけるカラスウリ（*T. cucumeroides*）とは区別することができる。キカラスウリやカラスウリが夜に白い花を咲かせるのは、スズメガなどのポリネーター（花粉媒介者）により花粉の媒介を行ってもらうためだと考えられる。

中国や朝鮮半島などに自生するトウカラスウリ（*T. kirilowii*）とキカラスウリの肥大した根から調製される生薬がカロコン（括楼根）である。カロコンを水に晒して得られるデンプン質は、天花粉《てんかふん》として、ベビーパウダーやあせもの予防に用いられていたが、今では使われなくなった。

カロコンはデンプンや脂肪酸を多く含むほか、ウリの仲間に特徴的な強い苦味を持つククルビタシンDなどのトリテルペンを含んでいる。ククルビタシンDなどのククルビタシン誘導体は強い抗腫瘍活性を有すると報告されている。

カロコンには解熱、鎮咳、排尿、催乳の各作用があり、柴胡清肝湯、柴胡桂枝乾姜湯などの漢方薬に処方される。

図6-20　ハトムギ

●ハトムギ

中国やインドシナ半島原産のイネ科の一年生植物ハトムギ（*Coix lacryma-jobi* var. *ma-yuen*）の種皮を除いた種子はヨクイニン（薏苡仁）と称し生薬として用いられる。身近な植物としてジュズダマ（*Coix lacryma-jobi*）をよく見かけるが、ハトムギはジュズダマの栽培変種である。ジュズダマは我が国の水辺に野生する多年草だが、ハトムギは一年草で栽培されている。ジュズダマの身は丸みをおび、種皮が堅く黒っぽく艶があり、実の中心に花軸が通る穴があいているため糸を通しやすく、ネックレスや腕輪を作る子どもたちの遊び道具となった。

ハトムギは種皮が柔らかく、デンプンは糯性《もちせい》で雑穀として食用にもなる。薬膳粥の重要な素材であり、ハトムギ茶などとしても用いられている。生薬ヨクイニンは、デンプン、多糖であるコイクサンを含み、滋養・強壮、イボ取、排膿、消炎の各作用や、体の水分バランスを整える作用などがあり肌荒れの改善などに用いられる。薏苡仁湯、麻杏薏甘湯《まきょうよくかんとう》などの漢方薬に処方される。

●イチョウ

イチョウ（*Ginkgo biloba*）は雌雄異株で、裸子植物のイチョウ綱イチョウ目の中で唯一イチョウ科イチョウ属に属する植物である。中生代に栄え、現在まで生き残った「生きる化石」と呼ばれる樹木で

図6-21　イチョウ

ある。中国原産で、今では世界中の温帯地域に、街路樹や公園などの庭木として広く植えられているが、野生のものは少ない。秋に黄色く色づいたイチョウの葉やギンナンは我々に季節感を与えてくれる非常に身近な樹木である。明治神宮外苑のイチョウ並木や、2010年に倒伏した鎌倉・鶴岡八幡宮の大イチョウなどが有名である。

我々日本人にとっては、イチョウは身近な園芸樹木としての認識があるが、欧米ではその葉に含まれる成分による脳血管の血流改善効果から、アルツハイマーなどの脳機能障害に対し改善作用があるとされ、医薬品やサプリメントとして広く用いられている。欧米の影響を受け、我が国でも同様の目的で機能性表示食品として商品化されている。

イチョウは他の植物と分類上非常に縁遠い関係にあるため、その含有成分も大きく異なっている。イチョウの成分として含まれるギンコライドなどのジテルペン誘導体は非常に特殊な化学構造を持っており、イチョウ以外の植物からは見つかっていない。また、含まれるフラボノイドも、他の裸子植物と同様フラボノイドの二量体を多く含んでおり、被子植物の成分とは大きく異なっている。

●カリン

カリン（*Pseudocydonia sinensis*）は中国原産のバラ科の落葉高木で、春にはピンク色のサクラの花より大きめの可愛らしい花を咲かせ、家庭の庭木として人気があり栽培されている。秋には楕円形の大きな果実を実らせ、熟して黄色くなった果実は芳香を発するようになる。果実にはビタミンC、リンゴ酸、クエン酸、タンニンなどが含まれており苦味が強く生で食べることはできないが、砂糖漬けやカリン酒などとして利用されている。

カリンによく似たもので、西アジア原産のマルメロ（*Cydonia oboloηga*）が知られている。長野県ではカリンとマルメロが農業作物として植えられているが、諏訪地方ではマルメロがカリンと呼ばれており、両者を区別するために、カリンを木カリンと呼んでいるとのことである。マルメロの果実はカリンに比べ丸みをおび、西洋ナシの形

図6-22　カリン

に近く、表面がざらざらしている。

熟したカリンの果実を日干し乾燥させたものはモッカ（木爪）の名で生薬として用いられている。なお、クサボケの果実も生薬モッカの基原植物として用いられる。

カリンは鎮痙作用、鎮痛作用、鎮咳作用などが知られ、昔から喉の不調を改善するといわれて民間的に用いられてきた。一部の漢方薬にも処方されている。特にカリンの成分を配合したのど飴や、鎮咳や疲労回復を目的としたカリン酒が売られている。

●ホオノキ

日本の各地に自生するモクレン科の落葉高木であるホオノキ（*Magnolia obovata*）および中国のホオ

ノキ（*M. officinalis*）の樹皮は、コウボク（厚朴）の名で生薬として用いられる。モクレン科の植物であるため、園芸植物であるハクモクレンによく似た大きな花を咲かせる。日本産由来のものをワコウボク（和厚朴）、中国産由来のものをカラコウボク（唐厚朴）と呼んでいる。ワコウボクとカラコウボクにおける含有成分の比較研究が行われているが、両者に大きな違いはないといわれている。日本薬局方ではともに生薬コウボクとしている。

成分として、セスキテルペノイドであるβ-オイデスモール、フェノール性物質としてマグノロールやホーノキオール、アルカロイドとしてマグノフロリンなどを含んでいる。特に主成分であるマグノロールは強い抗菌作用を持っている。コウボクには鎮痙作用や鎮痛作用が知られており、漢方では収斂、利尿、去痰などを目的として用いられ、桂枝加厚朴杏仁湯、半夏厚朴湯、柴朴湯、平胃散など多くの漢方薬に処方される。

同じモクレン科モクレン属（*Magnolia*）のコブシ（*M. Kobus*）またはタムシバ（*M. salicifolia*）の蕾は生薬シンイ（辛夷）として用いられ、鎮静、鎮痛作用を目的として、鼻炎、蓄膿症、頭痛などの改善に用いられる。

●モモ

モモ（*Prunus persica*）は中国原産のバラ科のサクラ属（*Purunus*）の落葉小高木で、中国では3000年以上昔から食用として栽培されていた。我が国に伝わった時代は定かではないが各地の遺跡からモモの種が見つかっており、縄文時代末から弥生時代には食べられていたのではないかといわれている。明治時代に中国から導入された水蜜桃《すいみつとう》が品種改良され、今に至っている。モモは大きく分けて、白鳳系、白桃系、黄金桃系の3つがあるが、多くの品種が開発されており、広く愛されている高級な果物の一つである。

モモの成熟果実の種子は生薬のトウニン（桃仁）として日本薬局方に収載されている。中国山東省、山西省、河北省などが産地である。成分としては*Prunus*属植物に特徴的なアミグダリン、プルナシンなどのシアン配糖体や脂肪油などが含まれている。通経、緩下、排膿などの目的で桂枝茯苓丸、大黄牡丹皮湯、桃核承気湯《とうかくじょうきとう》などの漢方薬に処方されている。

一方、モモの葉は昔から、肌荒れ、湿疹、あせも、ニキビなどの皮膚トラブルの改善に有効であるとして知られ民間的に用いられており、近年ではローションなどの形で発売されている。同様の目的でモモの葉茶も民間的に飲まれている。成分としてはアミグダリン、タンニン、オレイン酸などが含まれている。

●サクラ

サクラといえば日本の春のお花見を代表する花で、ソメイヨシノ、カワヅザクラ、サトザクラ、シダレザクラなど多くの花を思い出す。我が国のサクラの園芸品種は約300種といわれており、野生種はヤマザクラ、オオヤマザクラ、カスミザクラ、オオシマザクラ、エドヒガンなど9種といわれている。サクラの中でも最も広く植えられており、花見の主役であるソメイヨシノ（染井吉野）は、江戸時代後期にオオシマザクラとエドヒガンの交配により染井村（現・東京都豊島区駒込）で誕生した。

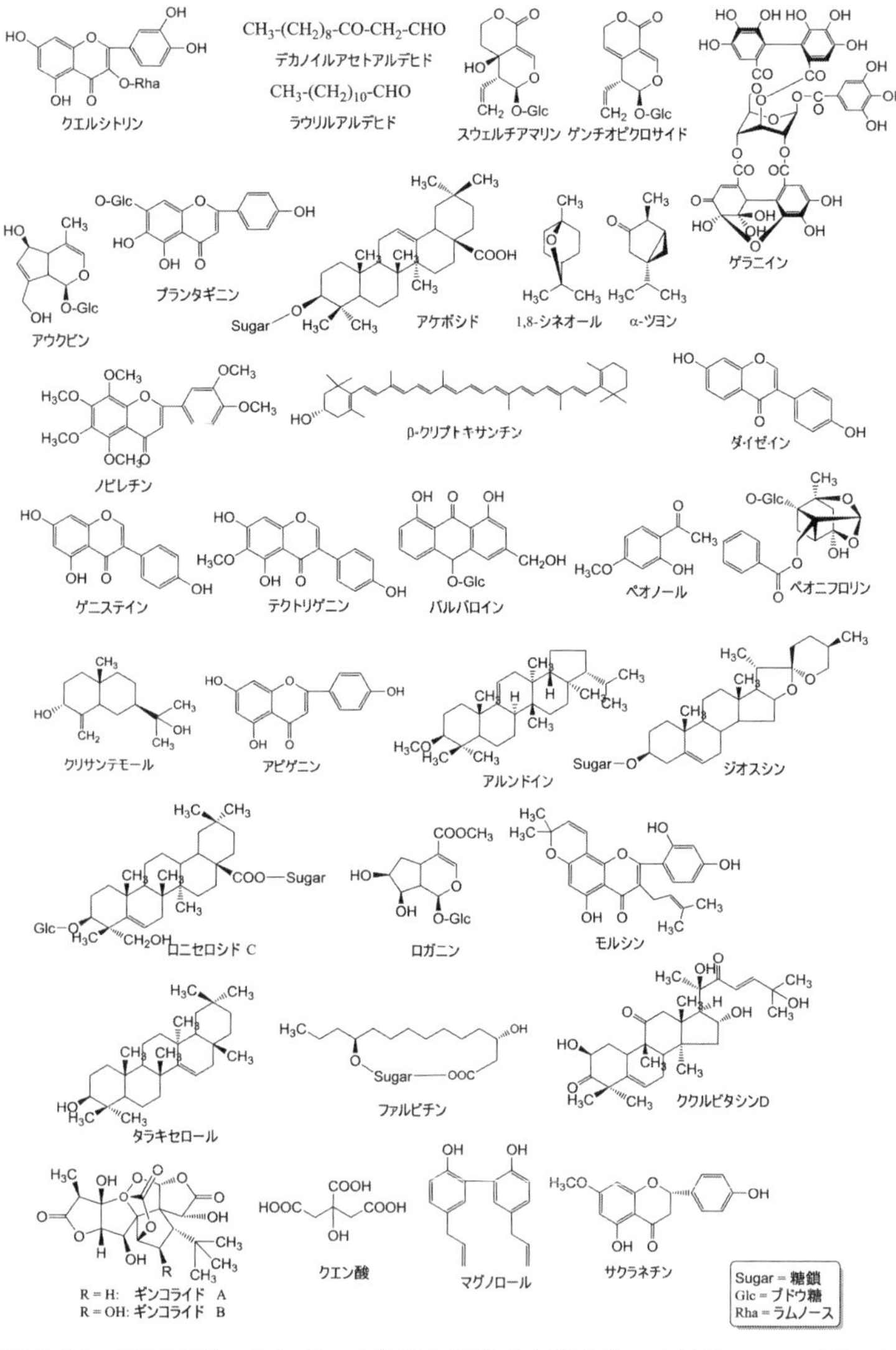

図 6-23　薬用に用いられている身近な植物の主要成分。トリテルペノイド、モノテルペノイド、フラボノイドなど多彩な化合物が知られている。

我が国に広く分布するバラ科のサクラの代表的な野生種であるヤマザクラ（*Prunus jamasakura*）やカスミザクラ（*P. verecunda*）の樹皮を日干しにしたものが、オウヒ（桜皮）と称し生薬として用いられている。サクラネチン、サクラニン、ゲンカワニンなどのフラボノイド誘導体が主成分として含まれている。

オウヒには解毒作用や排膿作用のあるほか、鎮咳作用、湿疹治療、かゆみ止めなどを目的として民間的に用いられている。漢方薬に処方されることは少ないが、十味敗毒湯には処方されている。

column

7・・・日本で体系化された漢方

「漢方」は古代中国から伝えられた医学体系が我が国で独自の発展を遂げた医療体系である。現代の中国では伝統医学を「中医」という。韓国では、中国から伝わった伝統医学をもとに独自の発展を遂げた医療体系を「韓方」という。漢方も中医も韓方も、古代中国の医学体系をもとに発展したものである。

中国伝統医学のもととなる聖典である『黄帝内経』は紀元前200年頃に作られたといわれ、理論は中国古来の思想である陰陽五行説に基づいている。陰陽説では、この世はすべて相対する組み合わせ、例えば男と女、太陽と月、天と地、昼と夜、実と虚、熱と寒などの関係で成り立っているとしている。五行説では、すべてのものは5つの要素（木、火、土、水、金）に帰属できるとする。陰陽五行説は一種のバランス論であり、この理論ではヒトの健康を総括的に見ていくという考えである。

『神農本草経』は紀元20～220年代の後漢時代に著されたもので、著者は不明。個々の生薬の薬効について述べた、いわゆる薬物学の原典となるものである。神農とは、伝説上の皇帝である三皇の一人で、農耕、医薬、商業の神とされている。伝説によれば、神農は民に農耕を教え、毎日あまたの植物を舐めて薬草を見つけ出し、その効能・毒性を定めた。このため1日に70回も中毒したといわれている。

『神農本草経』には、365種（植物252種、動物67種、鉱物46種）の薬物が収載されている。薬効別に上品（120種）、中品（120種）、下品（125種）の3つに分類され収録されている。上品は保健薬的なもので、長期使用が可能なもの。中品は保健薬と治療薬を兼ね備えたもの。下品は治療薬で毒性が強いものも含まれている。

『傷寒論』と『金匱《きんき》要略』は後漢時代、張仲影によって著されたといわれているもので、急性の熱性病や慢性病に対して、煎剤を中心として用いる治療体系を示した原典となるものである。『傷寒論』では急性熱性病を扱い、葛根湯、麻黄湯、芍薬甘草湯など、『金匱要略』では慢性病を扱い、当帰芍薬散、桂枝茯苓湯、八味地黄丸などの処方が収載されている。

漢方の歴史

漢方は中国の医療システムだと思われる人が多いだろうが、中国の医療システムがそのまま用いられているわけではない。昔、中国から伝わった伝統医学をもとに江戸時代に我が国で整備され完成した、日本独自の伝統医学である。

先に述べた中国の伝統に基づく中国医薬は、飛鳥～平安時代に朝鮮半島などを介して我が国に伝わった。その頃伝わった薬物が正倉院に保存されている。その後も室町時代、江戸時代と中国の新しい医学が伝えられていた。中国から伝わった医学は、古方派、後世方派、折衷派など流派があったが、これらの流派の医師たちがまとまり、日本独自の漢方を作り上げた。当時、オランダから移入された西洋医学である蘭学に対して、この日本独自の伝統医学を「漢方」と呼ぶようになった。

明治維新になり、西洋医学を重視した政府の方針で漢方はすたれ冬の時代を迎えることになった。しかし、一部の漢方医の努力で漢方が継承され続けた結果、昭和になると一部の医師や薬剤師により漢方が見直され、1976年に漢方薬の一部が保険適用された。その後、積極的に漢方薬を治療に用いる医師が現れ、保険適用漢方処方の数も増え、2019年現在140以上になっている。

漢方薬は本当に効くのかとの疑念を持つ人もいるが、肯定的にとらえ、現代医薬を補うものとして漢方薬を用いる医師は増えてきている。漢方薬は長い年月使用され、その歴史の中で実証されてきていることから、効果には根拠があるといわれている。もちろん、漢方薬には科学的な研究が十分に行われていないとの問題もあり、西洋医学に基づく現代医薬品を凌駕するものではないが、現代医薬の及ばない部分を補完するものとして十分役割を果たすことのできる医薬品である。

西洋医学では疾病の原因を局所的に追究し原因を取り除く治療を行うが、漢方では患者の全身的な状態を考慮し治療を行う。そのため、患者の状態「証」、すなわち体力のある「実証」か体力のない「虚証」かを判断し薬を使い分ける。また、疾病の状態によっても使い分けを行う。例えば、風邪の引き始めは葛根湯や麻黄湯などを、こじれた風邪には柴胡桂枝湯や小柴胡湯などを、風邪が長引いてぐずぐずした症状には体力をつけるために補中益気湯や参蘇飲《じんそいん》が処方される。

column

8・・・日本薬局方

医薬品は一般的に強い生理活性を持ち、ヒトの消化管、呼気、皮膚、皮内や血管を経由して体内へ取り込まれるものであるために、その品質や性状が時には健康に深刻な影響を与える可能性がある。そのため、国の責任のもとに安全性が担保され、品質や性状がコントロールされている必要がある。そこで、薬品の規格、品質、形態、投与法、分析法など基準を決め、これに合わない医薬品の流通は禁止される。

40か国以上で薬局方が作成され実施されている。国によりそのあり方が異なり、日本やイギリスのように国が直接制定するものや、米国のように、国が学術団体に委託して、それを認証して用いるものもある。独自の薬局方制度を持たないため、欧州薬局方や国際薬局方を準用している国もある。

「日本薬局方は、医薬品、医療機器等の品質、有効性及び安全性の確保等に関する法律第41条により、医薬品の性状及び品質の適正を図るため、厚生労働大臣が薬事・食品衛生審議会の意見を聴いて定めた医薬品の規格基準書です。(中略)日本薬局方は100年有余の歴史があり、初版は明治19年6月に公布され、今日に至るまで医薬品の開発、試験技術の向上に伴って改訂が重ねられ、現在では、第十七改正日本薬局方が公示されています」(厚生労働省ホームページより)

上記のように、日本薬局方は日本国内で流通する医薬品に関する性状、規格、品質の適正化について基準を記載することによる安全性の確保を目的とした公定書である。そのため、我が国で流通する医薬品は、日本薬局方の規格基準に合格しなければならない。

日本薬局方の医薬品各条には生薬に関する条

項があり、150種余りの生薬について、その起源、性状、確認試験法、定量法、エキス含量等が規定されている。

日本薬局方は、薬学を学ぶ学生にとってはバイブルであり、法学部に学ぶ学生にとっての六法全書のようなもので、学生時代は数万円もする分厚い日本薬局方解説書を購入し、座右の書としたものである。

世界の多くの国では薬局方が公示され、その国の医薬品の適正化に役立っている。我が国は薬局方に関しては先進国といえるが、発展途上国では薬局方が整備されていないところもあり、先進国である日本がアジアの発展途上国の薬局方の策定に指導・援助をし、貢献している。

日本薬局方は5年ごとに見直され改訂されることになっており、最新のものとして第十七改正日本薬局方が2016年に発行された。第十七改訂では、76品目が新しく収載され、10品目が削除され、収載品目が1962品目となっている。

第7章　植物基原の医薬品

織田信長が、敦盛《あつもり》という舞《まい》の中の「人間五十年、下天のうちをくらぶれば、夢幻の如くなり」という一節をしばしば舞ったことは有名である。そのためこの時代の平均寿命は50歳ぐらいであったと思われがちだが、じつはもっと短命で、江戸時代でも30歳代、明治時代でも40歳代半ばで、50歳を超えたのは１９４７年になってからとのことである。現在の日本人の平均寿命は女性が87歳、男性が81歳といわれ、ここ数十年の間に格段に長寿となっている。欧米やアジアの先進国でも平均寿命が延びており、目を見張るものがある。このように人々の寿命が延びたのは医療、特に薬の進歩によるところが大きいと考えられている。

これまで述べてきたように、植物基原の生薬は５０００年以上の歴史を持って今なお広く用いられ、医療の現場で使われてきた。20世紀に入り、生薬や薬用植物から分離された生理活性物質が医薬品として使われるようになった。それは、19世紀以降には、今でもよく知られている多くの生理活性天然物が次々と発見され、分離されてきたことがきっかけとなっている。この生理活性天然物の発見は、有機化学領域の発展にとって大きなインパクトを与えた。19世紀に発見された生理活性物質を**表7-1**に示す。

表 7-1　生理活性天然物発見の歴史
19 世紀は天然物化学における大発見の時代で、現在も用いられている有名な生理活性物質が次々と発見された。その結果、化合物が医薬品として用いられる歴史的な世紀となった。

物質名	基原植物	発見年
モルヒネ	アヘン（ケシ）	1806 年
エメチン	トコン	1816 年
ストリキニーネ	ホミカ	1816 年
キニーネ	キナ	1820 年
コルヒチン	イヌサフラン	1820 年
カフェイン	コーヒー豆	1820 年
ニコチン	タバコ	1828 年
アトロピン	ベラドンナ根	1831 年
コカイン	コカ葉	1860 年
エフェドリン	マオウ	1887 年

本章では、植物を基原として開発された医薬品の例を述べる。

小さな巨人アスピリン

紀元前400年頃にはギリシャで、ヤナギの樹皮が痛みを和らげる作用があるとして用いられていたとの記録がある。中国でも、歯痛の際にはヤナギの小枝を歯の間にこすりつけて痛みを抑えたといわれている。

19世紀になり、セイヨウシロヤナギ（*Salix alba*）の小枝からサリシンという成分が分離され、鎮痛作用を持つことが明らかになった。しかしサリシンの鎮痛作用はあまり強いものではなかった。その後、サリシンの誘導体であるサリチル酸に強い鎮痛作用があり、ヤナギの樹皮などにも含まれていることが明らかになった。

サリチル酸は解熱・鎮痛薬として使われるようになったが、強い苦味と胃腸障害という副作用が問題となった。ドイツのバイエル社のフェリックス・ホフマンによりアセチル誘導体であるアセチルサリチル酸が開発され、解

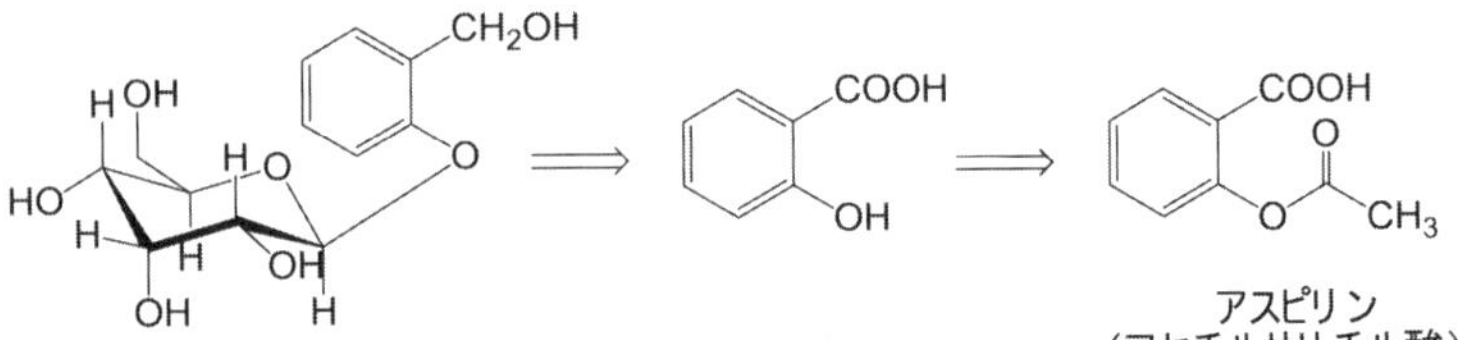

サリシン(柳の樹皮)　サリチル酸　アスピリン（アセチルサリチル酸）

図7-1　ヤナギの樹皮から鎮痛活性物質サリシンが分離され、より活性の強いサリチル酸が開発されたが、副作用が強く、最終的にアセチルサリチル酸が開発された。アスピリンの名で解熱・鎮痛薬として120年の間人類の痛みを和らげ、今もなお用いられている。

熱・鎮痛効果を維持したまま副作用と苦味が大幅に軽減された。さらに、当時の化学レベルでは難しかった純度の高いアセチルサリチル酸を生産する技術をバイエル社が確立し、１８９９年にはアスピリンの名で発売を開始した（**図7-1**）。その直後には我が国でも「阿斯泌林」という名で発売されたとのことである。

アスピリンは１２０年もの長い間、解熱・鎮痛薬の代表的医薬品として用いられ、現在も相変わらず高い需要がある。アスピリンというのは商品名であるが、あまりにも有名になったために、物質名としてもアスピリンが用いられている。

アスピリン自身が植物から分離されたわけではないが、その開発の原点はヤナギから見つかったサリシンという成分であり、植物由来の生理活性物質をもとに世界的な医薬品が開発された最も有名な例である。

今では強力なステロイド系抗炎症・鎮痛薬が広く用いられているが、ステロイド製剤の特別な副作用が問題となり、非ステロイド系抗炎症・鎮痛薬の需要も高く、その中心として分子量が１８０という小さな分子のアスピリンが長い間用いられてきたことは、まさに驚きである。今でも、世界中で年間約５万トン、１０００億錠のアスピリンが生産

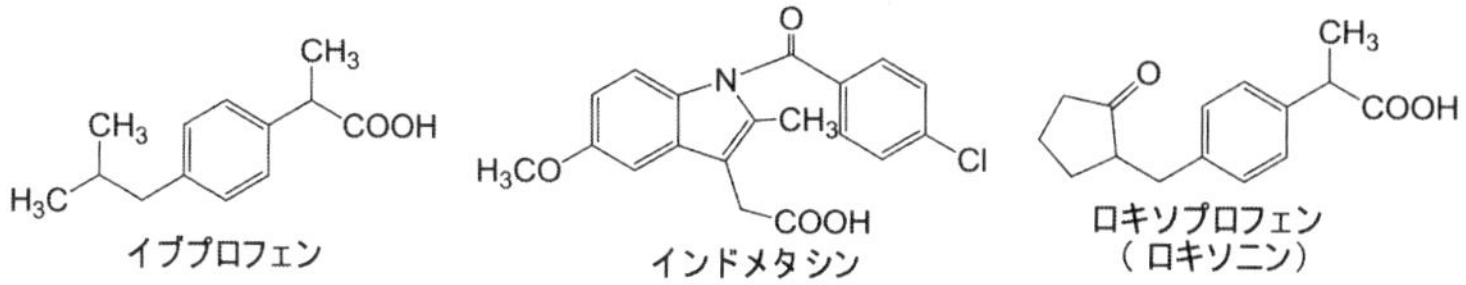

図7-2　アスピリンの構造を参考に開発されたイブプロフェンやインドメタシン、ロキソプロフェンは非ステロイド系鎮痛薬として広く用いられている。

されており、特にアメリカ人の使用量が多く、その約30％、320億錠が消費されているとのことである。

アスピリンの構造を参考に、副作用の少ない非ステロイド系の鎮痛剤がいろいろ開発され、イブプロフェンやインドメタシン、ロキソプロフェン（商品名ロキソニン）などが解熱・鎮痛・抗炎症薬として広く用いられている（図7-2）。

アスピリンの解熱・鎮痛効果は、発熱や痛みの発現に関係したプロスタグランジンの生産を抑えることによるため、プロスタグランジンによる胃粘膜保護作用や胃酸分泌抑制作用を阻害し、胃腸障害を引き起こす副作用のリスクがある。そのため胃腸薬の併用が普通に行われている。

近年アスピリンには、血小板の凝集を阻害する作用が明らかになり、臨床試験の結果、アスピリン投与で血栓の発生を抑え心筋梗塞を予防する効果のあることがわかっている。また、アスピリンを日々少量摂取することにより大腸がん予防の効果のあることが明らかになり、アルツハイマー病のリスクを抑えるとの研究報告もされ、アスピリンの新たな医薬品としての発展が期待されている。このように小さな分子であるアスピリンには多彩な生理活性が認められることから、医薬品における小さな巨人と呼べるだろう。

植物基原の抗がん薬

今では日本人の2人に1人はがんにかかるといわれており、死亡原因では男女ともがんが圧倒的に多く、その死亡率は全体の約28％に上る。心疾患と脳疾患による死亡率を足しても、がんによる死亡率には及ばないのが現状である。がんに対しては外科的方法や放射線による治療法に加え、最近では、本庶佑が2018年のノーベル生理医学賞を受賞して話題になった免疫力を高める治療法などがあるが、その中でも重要な治療法の一つとして、抗がん薬を用いた化学療法が行われている。この化学療法に用いられる抗がん薬のいくつかは植物基原であり、がんの治療に大きく貢献している。

植物などの天然素材由来の医薬品の探索研究は、天然物化学という研究分野で広く行われている。特に抗がん物質の探索研究が広く行われてきた。活性物質を見つけ出すためには多くのステップがあり、最初は細胞レベルの試験で培養がん細胞に直接投与して、がん細胞の成長を抑制するかどうかを試験し、活性があればがん細胞を移植した実験動物のがんを抑えるかどうかを丹念に検討し、候補物質を絞っていく。選抜された物質の有効性が明らかになると、副作用や毒性のないことが確認された候補物質について、ヒトに対する有効性を確認するための臨床試験が慎重に行われた後、厳しい審査を受けて医薬品として使用が許可されることになる。

このような開発研究において、候補物質のうちほとんどが途中で消えることになり、医薬品の形で日の目を見るものはごくわずかである。そのため、天然物から医薬品を見つけ出すことは非常にハードルの高い道なのだ。そんな厳しい開発過程を経て実用化された、植物基原の抗がん薬を見ていこう。

●タキソール（パクリタキセル）

米国の国立がん研究所（ＮＣＩ）を中心とする抗がん物質探索のプロジェクトで、米国の北部に広く分布する太平洋イチイ（*Taxus brevifolia*）の樹皮のエキスに細胞毒性が見つかったことをきっかけに、その活性本体としてタキソールという成分が分離された。タキソールの構造は、高度に酸化された炭素数20のジテルペンに窒素を含む側鎖が結合したアルカロイドである。その後動物実験による抗がん活性試験、慎重な臨床試験を経て抗がん薬として用いられるようになったが、足掛け30年の時が過ぎていた。この抗がん薬は、長い間タキソールと呼ばれていたが、商業開発の過程で化合物名をパクリタキセルと改め、タキソールは商品名として流通されるようになった。しかし、長い間多くの論文の中でタキソールの名が使われてきたため、物質名としてタキソールが今でも広く用いられている。

タキソールは太平洋イチイの樹皮から得られるため、その供給には木を伐採しなければならず、いずれは原料の枯渇が起こることになる。そのため、アメリカを中心に世界中の有機合成の一流グループが参加する全合成競争が熾烈を極めた。最終的にはフロリダ州立大学のロバート・ホルトン教授のグループが、並み居る研究グループに先んじて全合成に成功した。その後、我が国の研究者を含めいくつかの研究グループにより全合成が達成されている。

けれどもその行程数が40以上になるため、医薬品として大量のタキソールを供給することは不可能であり、安定供給という問題は解決されなかった。しかし、ヨーロッパイチイ（*T. bacata*）の葉からバッ

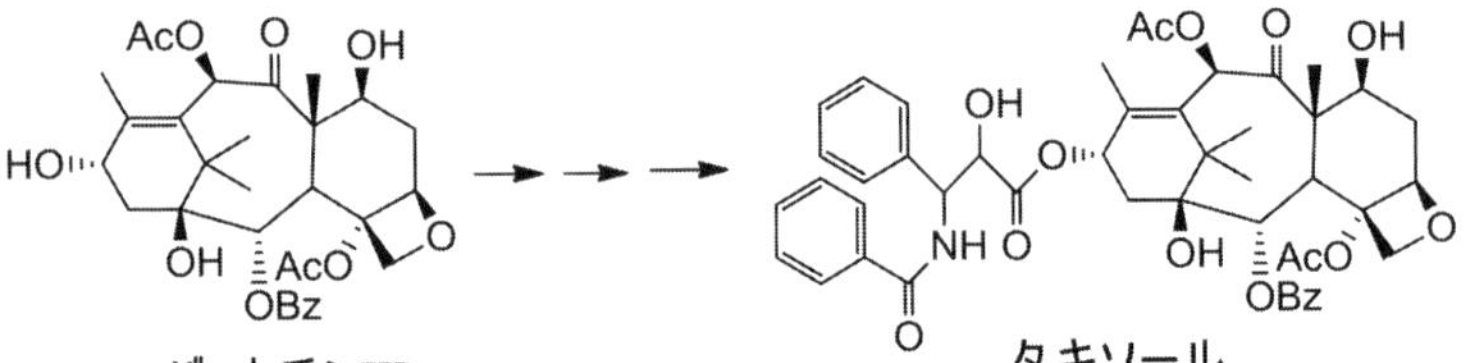

図7-3　太平洋イチイの樹皮から得られたタキソールは優れた抗がん薬であるがその供給に問題があった。しかし、ヨーロッパイチイの葉から得られたバッカチンⅢからの誘導で安定的な供給が可能となった。

カチンⅢというタキソールの前駆物質が収率よく得られることが明らかになり、数行程でタキソールに誘導が可能なルートがロバート・ホルトン教授により確立されていた（図7-3）。葉は毎年再生されるため原料の枯渇は避けられることから、タキソールの安定的な供給が確保され、乳がん、卵巣がん、肺がんなどの治療に用いられている。タキソールを供給するための部分合成の行程に関する特許料は数百億円といわれ、フロリダ州立大学およびホルトン教授に与えられた。

タキソールは、細胞分裂の過程で重要な微小管の正常な形成を阻害することにより、がん細胞の増殖を抑える。正常細胞に対しても同様の細胞分裂阻害作用があるが、増殖性がはるかに高いがん細胞に対してより強く効果を表すことで、抗がん薬としての活性を示す。そのため、タキソールの使用は副作用が懸念されるが、専門の医師のコントロールのもとで使用することで、副作用を抑えて抗がん薬として用いることができる。

●イリノテカン（カンプトテシン）

中国原産のヌマミズキ科のキジュ（喜樹 *Camptotheca acuminata*）はカンレンボクとも呼ばれる樹高20 mにもなる高木で、中国では昔から根や葉、実などに抗菌作用や抗腫瘍作用があるといわれてきた。雲南省では街路樹としても植えられている。この樹木から米国の化学者により１９６６年に発見されたカンプトテシンというアルカロイドに強い抗腫瘍活性が認められた。カンプトテシンは、ＤＮＡの複製に必要なトポイソメラーゼＩという酵素を阻害することにより抗がん活性を発現していることが明らかになり、抗がん薬としての期待が持たれた。

抗がん物質はがん細胞に対して毒性を示すと同時に、正常細胞に対しても同様に働くことが予想されるが、心配されたようにカンプトテシンにも抗がん作用と同時に強い副作用が表れたため、開発が断念された。しかしその後も我が国の研究グループにより、抗がん活性を維持しつつ副作用を軽減するための誘導体合成研究が粘り強く続けられた。

図7-4　キジュ

そして、ヤクルト本社を中心とする研究グループが、多くの苦難を克服し、抗がん活性を維持したまま副作用が軽減された抗がん薬への誘導を１９７８年に達成、１９９５年にイリノテカンの名で抗がん薬として承認されることになった。カンプトテシンの基本構造を大きく変えることなく、その非水溶性を克服するためにジアミン構造を側鎖に導入し水溶性を高めるなどの工夫を行っている（図７-５）。

イリノテカンは肺がん、子宮頸がん、卵巣がん、胃がん、大腸がん、膵臓がん、悪性リンパ腫などの治療に用いられる。開発を行った第一三共やヤクルト本社が製造・販売しているが、最近ではいくつかの

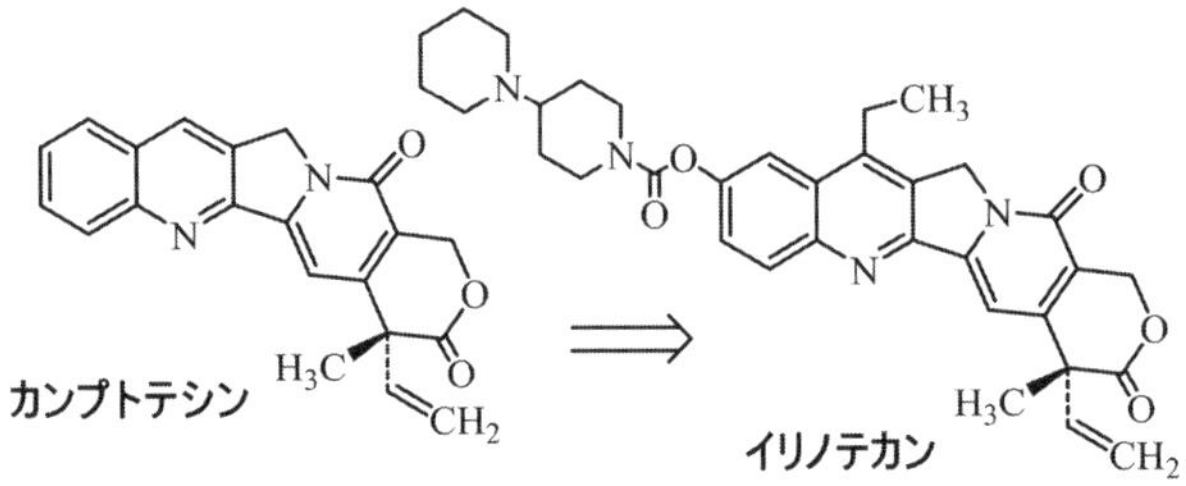

図7-5　中国の薬用植物であるキジュから得られた抗腫瘍物質カンプトテシンから、抗がん薬イリノテカンが開発された。

製薬会社から後発医薬品（ジェネリック医薬品）として発売されている。

●ビンカアルカロイド

マダガスカル原産のニチニチソウ（*Catharanthus roseus*）はキョウチクトウ科の一年草で、ピンクや白い花を咲かせ広く親しまれている園芸植物である。こんなに可憐で身近な植物だが、アルカロイドであるビンブラスチンとビンクリスチンなどが分離され、抗がん活性のあることが明らかになった。これらアルカロイドはニチニチソウの旧学名 *Vinca rosea* にちなんでビンカアルカロイドと総称され、インドールアルカロイドの二量体で複雑な化学構造を持っている（**図7-6**）。その抗がん活性のメカニズムは、細胞分裂の際に重要な働きをするタンパク質の重合体である微小管の正しい重合体形成を阻害することで、がん細胞の増殖を抑え抗がん作用を示す。

これらアルカロイドは優れた抗がん薬であるが、ニチニチソウからの分離収率が低く、効率的な供給が困難であるため、多くの有機合成化学者による全合成研究が盛んに行われてきた。しかし分子が大きく複雑な構造を持つため、満足のいく結果が得られていない。そのため、

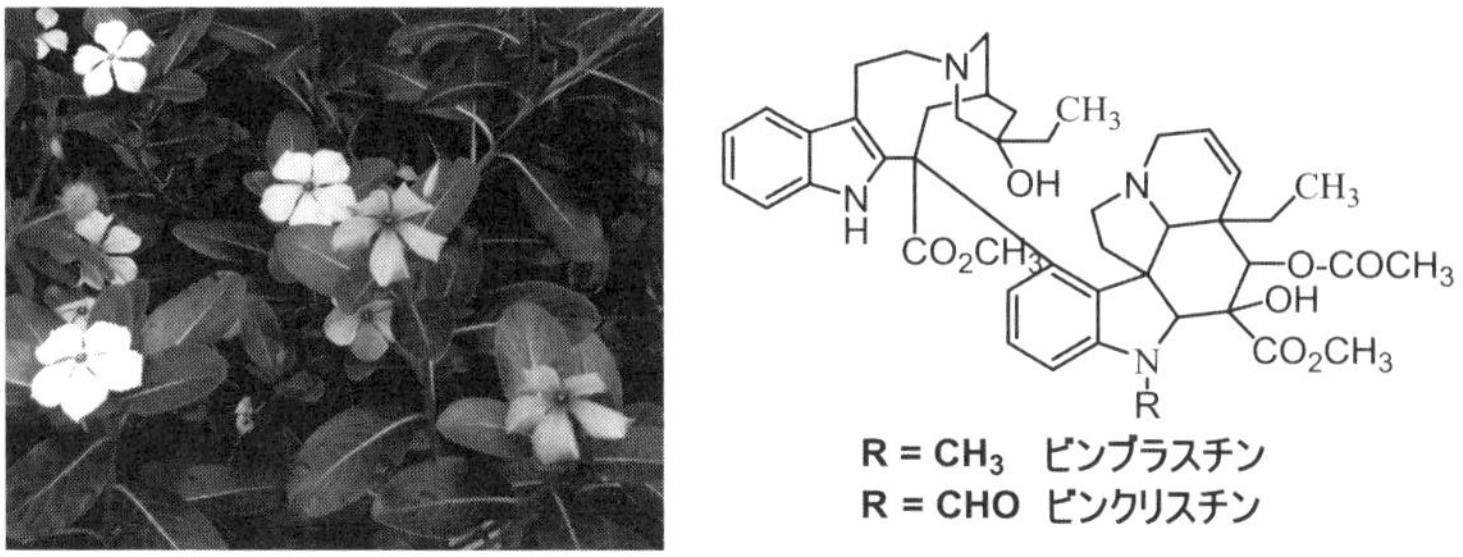

図7-6　ニチニチソウから抗がん薬としてビンカアルカロイドであるビンブラスチンおよびビンクリスチンが分離された。

ニチニチソウの培養細胞による生産研究なども試みられたが、こちらもいまだ実用には至っていない。

ビンカアルカロイドは悪性リンパ腫、小児がん、繊毛性疾患、卵巣腫瘍、胚細胞腫瘍の治療などに効果がある。

●エトポシド（ポドフィロトキシン）

米国北東部原産で有毒植物として知られるメギ科のポドフィルム（*Podophyllum peltatum*）は、日本名ではアメリカハッカクレンと呼ばれる。もともとポドフィルムは瀉下作用を持っていたが、その根茎から分離・構造決定されたリグナン誘導体のポドフィロトキシンには、さらに抗腫瘍活性、抗ウイルス活性が認められていた。特に抗腫瘍活性が注目され、より確かな活性と副作用の軽減を求めた誘導体が数多く合成され、ポドフィロトキシンから誘導されたエトポシドが選抜された（**図7-7**）。エトポシドはDNA複製に必要なトポイソメラーゼⅡを阻害して細胞周期を停止させることで抗腫瘍活性を示す。抗悪性腫瘍薬として肺小細胞がん、悪性リンパ腫、子宮頸がん、膀胱がん、急性白血病、小児の固形がんなどの治療に用いられる。

植物基原の抗がん薬の多くが強力な生理活性を持つアルカロイドの

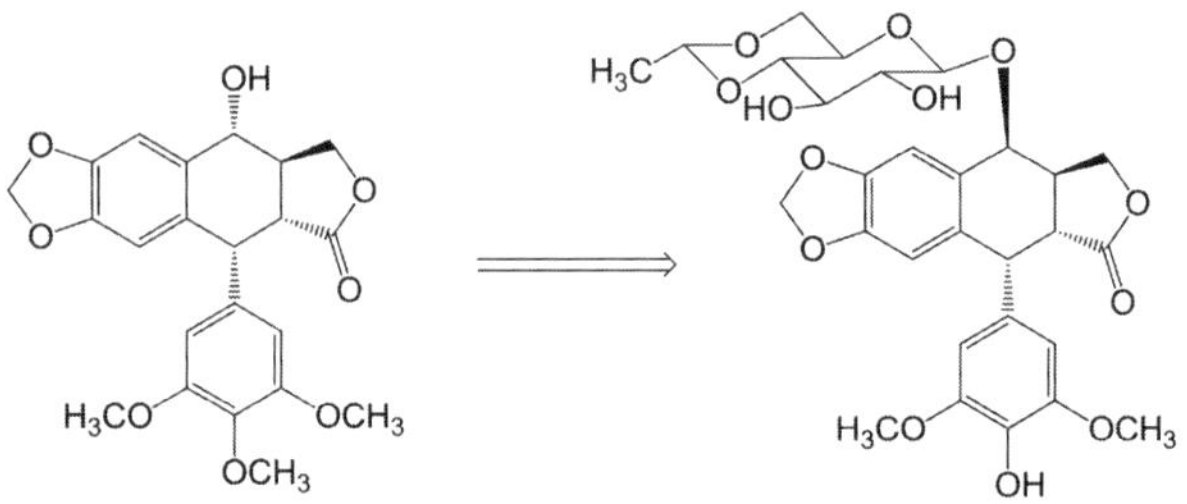

ポドフィロトキシン　　　　エトポシド

図7-7　強い抗腫瘍活性を示したポドフィロトキシンをリード化合物として開発されたエトポシドは、優れた抗がん薬として用いられている。

誘導体であるのに対して、ポドフィロトキシンは、一般的に穏やかな生理活性を持つリグナン誘導体のグループに属しているにもかかわらず、このような強い生理活性を持っていることは興味深い。

ポドフィロトキシンからエトポシドへの開発研究は１９６０年代から始まり、１９８３年に抗がん薬として米国で承認され、我が国では１９８７年に承認された。

生理活性の強いアルカロイドは医薬品に

窒素原子を含んでいるアルカロイドは一般的に生理活性の強いものが多く、植物の有毒物質の多くがアルカロイドである。そんな有毒物質もうまく用いれば医薬品になる。先に述べた植物基原の抗がん薬のうち、タキソール、イリノテカン、ビンカアルカロイドもアルカロイドである。

そのほかのアルカロイド基原の医薬品について、以下に述べる。

●モルヒネ（アヘン）

ケシ科ケシ（*Papaver somniferum*）の果実を傷つけると滲出《しんしゅつ》する樹脂から得られるアヘン（阿片）には強力な鎮痛作用が知られて

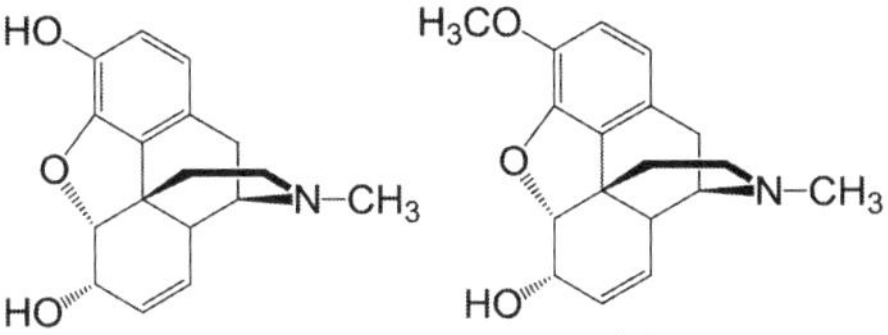

モルヒネ　　コデイン

図7-8　モルヒネには強い鎮痛作用と耽溺性があるが、水酸基がメトキシ基に変わったコデインは、鎮痛作用と依存性が弱くなった一方、強い鎮咳作用を持っている。

おり、19世紀初頭にはアヘンからモルヒネが分離された。当然、その化学構造が明らかになったのはずっと後のことである。アヘンからはモルヒネはじめコデイン、パパベリンなど多くのアルカロイドが分離されている（図7-8）。アヘンアルカロイドの多くは強力な鎮痛作用を持っているが、耽溺《たんでん》性が強いため、世界中で麻薬としての乱用が社会問題となっており、どちらかというとネガティブな印象がある。

しかし、窒素原子を持つアルカロイドであるモルヒネの鎮痛作用は強力で、これにかなうものは知られていない。そのためがん患者などの終末期医療で患者のQOL（生活の質）を向上させるためにはなくてはならないものとなっており、医師の指導のもとで使用すれば耽溺性を避けて有効に用いることができる優良な医薬品として、高く評価されている。そのため、医師の間でも、モルヒネは自然界が人類に与えた最高の鎮痛薬と評価する声もある。

モルヒネの化学構造を参考に、耽溺性のない強力な鎮痛作用を持つ薬の開発研究は行われているが、耽溺性を抑えることができても、本来の目的であるモルヒネに匹敵する鎮痛作用の強い薬の開発には至っていない。

陶酔感と強い耽溺性を持つアヘンやモルヒネは乱用されることが多く、歴史的にも政治的にも、常にトラブルの原因となってきた。

1840年頃、アジアに進出しインドを領土としていたイギリスは、清国（現在の中国）との貿易不均衡で赤字に陥ったことから、アヘンの吸飲が広まりつつある清国に、インドで栽培したアヘンを強引に売り込み、貿易赤字解消を狙った。そのため清国民にアヘンの乱用による中毒者が増え、貿易も清国が赤字となりトラブルとなった。さらに強引にアヘンの輸出を推し進めるイギリスと清国との間でアヘン戦争が起こり、戦力優勢なイギリスの勝利で終わった。その結果、1842年、不平等条約である南京条約により香港がイギリスに割譲された。1997年に中国に返還されたことは記憶に新しい。

タイ、ミャンマー、ラオス国境付近の黄金の三角地帯といわれる貧しい地域ではケシの栽培によるアヘンの密造が比較的最近まで行われていたため、日本政府や日本のNPO団体によって、アヘンに代わる農作物や薬用植物の栽培促進事業などが行われた。

また、アフガニスタンでは、紛争のさなか、貧しい人々の唯一の収入源としてケシの栽培が行われ、そこで生産されたアヘンが闇のルートで違法に市場に流れ大きな国際問題となった。

●抗マラリア薬

古くからアフリカでは蚊が媒介するマラリア原虫によるマラリアが知られており、多くの人がその犠牲となっていた。人類の長い歴史の中で、感染症で死んでいった人たちの死因の一番はマラリアだろう。毎年数億人が感染し、数百万人が命を落としており、長い間人々を苦しめてきた。現在でも年間40万人以上が命を落としている。感染すると、マラリア原虫は血液中の赤血球に寄生し増殖する。その結果、高熱、頭痛、関節痛、嘔吐、下痢などの激しい症状が表れ死に至る。植民地政策によってアフリカや南米などへ進出していたヨーロッパの列強にとって、マラリアは大きな問題であった。

昔から、アンデスの高地に繁殖するアカネ科のキナノキ（*Cinchona succirubra*）などのキナ属樹木の樹皮がマラリアに有効であることが知られていた。17世紀中頃、現地でキリスト教の宣教師がキナを治療に用いていたといわれている。その後ヨーロッパに伝えられ、18世紀の末頃には広く用いられるようになった。オランダは当時植民地であったインドネシアでキナノキを栽培し供給することで、大きな利益を得た。その活性本体であるキニーネは、19世紀初頭にピエール＝ジョセフ・ペルティエらにより分離され用いられるようになった。

キニーネの需要は高まり、その合成研究が活発に行われた。ただ、キニーネの分子式はわかっていたもののその化学構造が明らかになっていない状況で、しかも当時の有機化学のレベルでは合成は無謀なものであった。当然合成には誰も成功しなかったが、弱冠18歳のウィリアム・パーキンもアニリンを原料にキニーネの合成に挑戦し失敗した。しかし彼はそのとき偶然に紫色のタール色素を合成することになり、人工染料モーブを誕生させた。この成功は化学工業に大きな刺激を与え、アニリン染料の大きな進歩を促した。

キニーネは150年以上の間、多くの人々の命を救ってきた。医薬品の中でも、特に多数の人の命を救ったものとして最も評価されるべきだろう。キニーネは優れた抗マラリア薬であるが安全性には問題があり、キニーネの構造をモデルとして開発されたクロロキンやメフロキンなどの合成マラリア治療薬

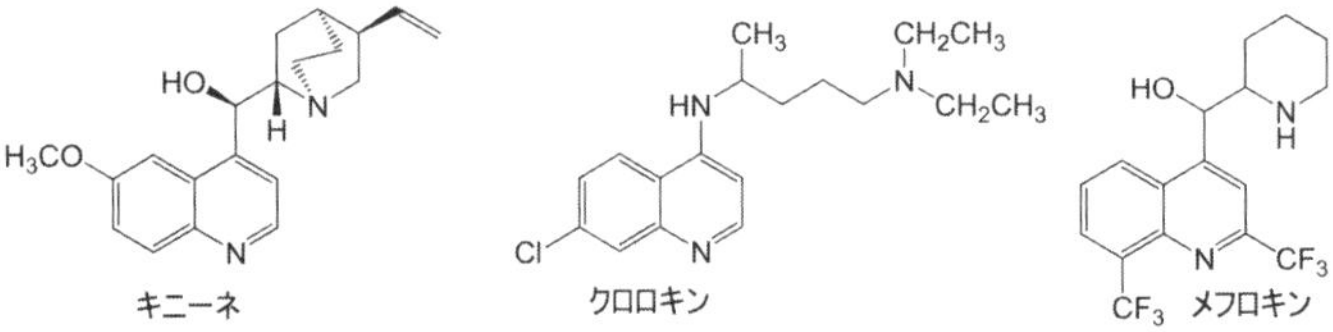

図 7-9　キニーネはキナノキから得られたマラリアの特効薬で、キニーネをリード化合物として開発されたのが合成マラリア薬である。クロロキンなどに耐性を持つマラリアに有効な抗マラリア薬の開発が喫緊の課題となり、世界中でその新しいマラリア治療薬の開発研究が行われた。

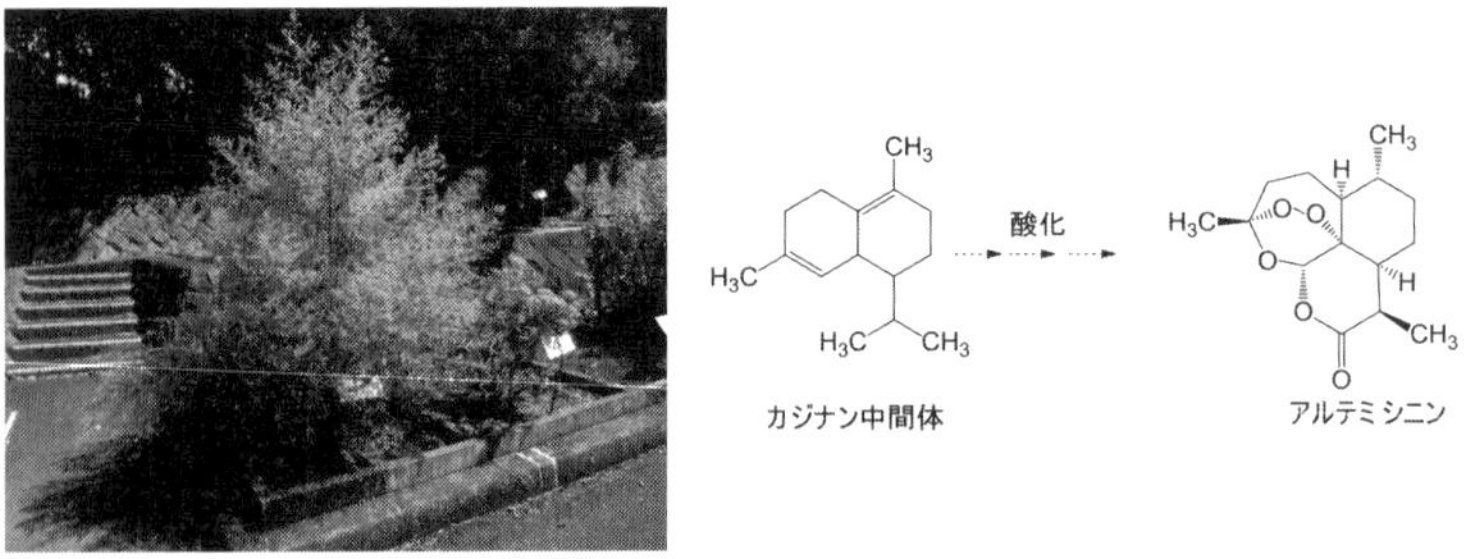

図 7-10　クソニンジン（左）から得られたマラリア治療薬アルテミシニンはセスキテルペン誘導体で、カジナン中間体から数段階の酸化反応を経由して生合成されるキニーネ耐性マラリアにも治療効果がある。

も広く用いられている（**図7-9**）。

1960年頃からクロロキンなどに耐性を持つマラリアが広がり問題になっている。現在でも、特にサハラ砂漠以南の子どもにその被害が大きい。

そんな中、中国の屠呦呦《トウヨウヨウ》博士が主導する研究グループにより、中国に広く分布するキク科のクソニンジン（*Artemisia annua* 中国名は青蒿《セイコウ》）の抗マラリア活性が注目され、マラリアに有効な物質の探索研究が行われた。その結果、抗マラリア活性を持つセスキテルペン誘導体であるアルテミシニンが発見された（**図7-10**）。キニーネに耐性を持つマラリアにも有効であることが明らかになり、マラリアに苦しむ多くの人々の命を救うことになった。

トウ博士はこの業績が認められ、2015年のノーベル医学生理学賞を受賞した。また、放線菌から分離されたイベルメクチンの発見により、アフリカの寄生虫感染症（象皮症と河川盲目症）の治療薬を開発し多くの人々を苦痛から救った大村智博士も、同賞を同時受賞したことは記憶に新しい。

アルテミシニンが分離されたセイコウは日本名をクソニンジンといい、比較的にどこにでも自生するヨモギと同属の植物である。こんな素晴らしい医薬品が身近な雑草から発見されたことは非常に興味が持たれる。

●トロパンアルカロイド

ナス科植物基原の生薬ヒヨス（*Hyoscyamus niger*）、ベラドンナ（*Atropa belladonna*）、ハシリドコロ（*Scopolia japonica*）などには、ヒオシアミンやスコポラミンなどのアルカロイドが含まれている（**図**

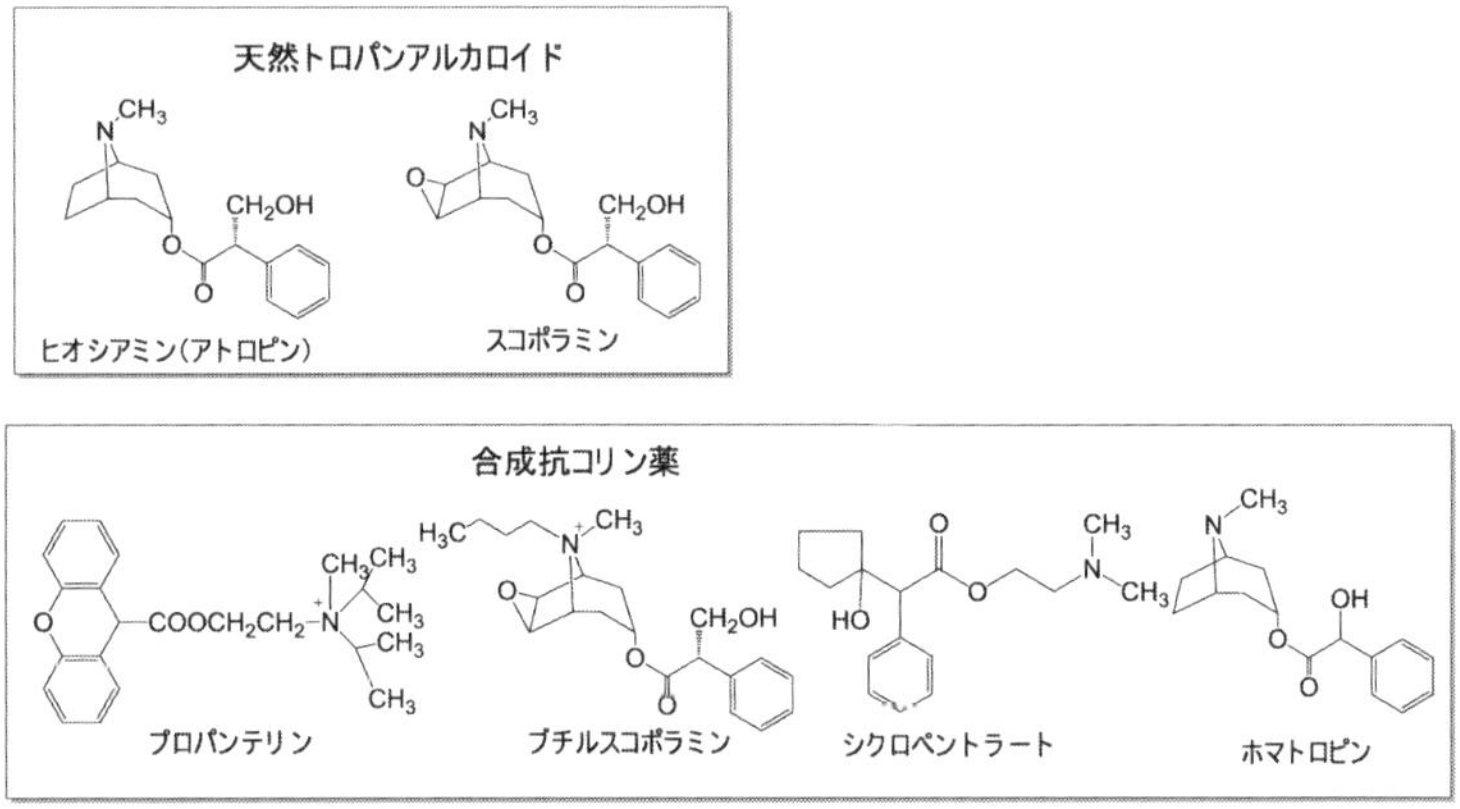

図7-11　ヒヨス、ベラドンナ、ハシリドコロなどナス科の薬用植物から得られたトロパンアルカロイドであるヒオシアミンやスコポラミンは多彩な生理活性を持つが、これらを参考に、より有効な合成抗コリン薬が開発されている。

7-11上）。これらアルカロイドはトロパンアルカロイドと呼ばれるもので、ナス科植物に特徴的な成分である。ヒオシアミンおよびスコポラミンは、旋光度がマイナスの*l*-体で存在するが、ヒオシアミンはラセミ化が起こりやすく、容易に旋光度を持たないラセミ（*d,l*）-体となり、アトロピンと称して用いられる。

　これらトロパンアルカロイドは、副交感神経節のシナプスにおいてアセチルコリンと拮抗することにより副交感神経を抑制する抗コリン薬として働く。鎮痛、鎮痙、鎮静、瞳孔散大、止汗、気管支の弛緩、消化液分泌抑制などの多彩な生理活性作用が知られている。その中でも瞳孔散瞳作用が強いため有機リン剤などの毒ガスや農薬の中毒による治療に用いられる。地下鉄サリン事件の際、サリンにより瞳孔が収縮し視野が真っ暗になった被害者の瞳孔を開くための治療に用いられたことは有名である。

　ロート根の基原植物であるハシリドコロの名前の

由来は、これを誤食するとその中毒症状で走り出すということにある。また、ベラドンナという名は、この成分を目に投与すると瞳孔が散大して女性が美しくなることから命名されたといわれている。

我が国に野生するハシリドコロは、春の芽生えの頃、柔らかくて美味しそうな姿をしているため、山菜と間違えて食べ、中毒する例が後を絶たない。適当量を専門の医師がコントロールして用いれば有用な医薬品であるが、大量に摂取すれば命に関わることになる。

このように多彩な生理活性を持つトロパンアルカロイドをリード化合物として、作用の持続性、より強い活性、臓器に対する選択制を上げるための開発が行われ、多くの合成抗コリン薬であるプロパンテリン、ブチルスコポラミン、シクロペントラート、ホマトロピンなどが開発されている（**図7-11下**）。

●コカイン

インカ帝国の時代から南米産のコカの木 *Erythroxylum coca*（コカノキ科）の葉は、かじることにより気分が高揚し疲労感や痛みを改善するということで用いられていた。コカの葉は1500年頃ヨーロッパに持ち込まれ、19世紀中頃にそこから分離されたアルカロイドの結晶がコカインと命名された。やがて局所麻酔作用のあることが明らかになると、多くの医学者により用いられるようになった。

コカインの有害性が知られていなかった当時は広く利用され、小説『シャーロック・ホームズ』シリーズの中でもホームズがコカインの愛用者として描かれている。過去には、清涼飲料であるコカ・コーラに使用されていたことも有名である。

その後、コカインの中毒症例が世界中で報告されるようになり、1903年にはコカ・コーラからコ

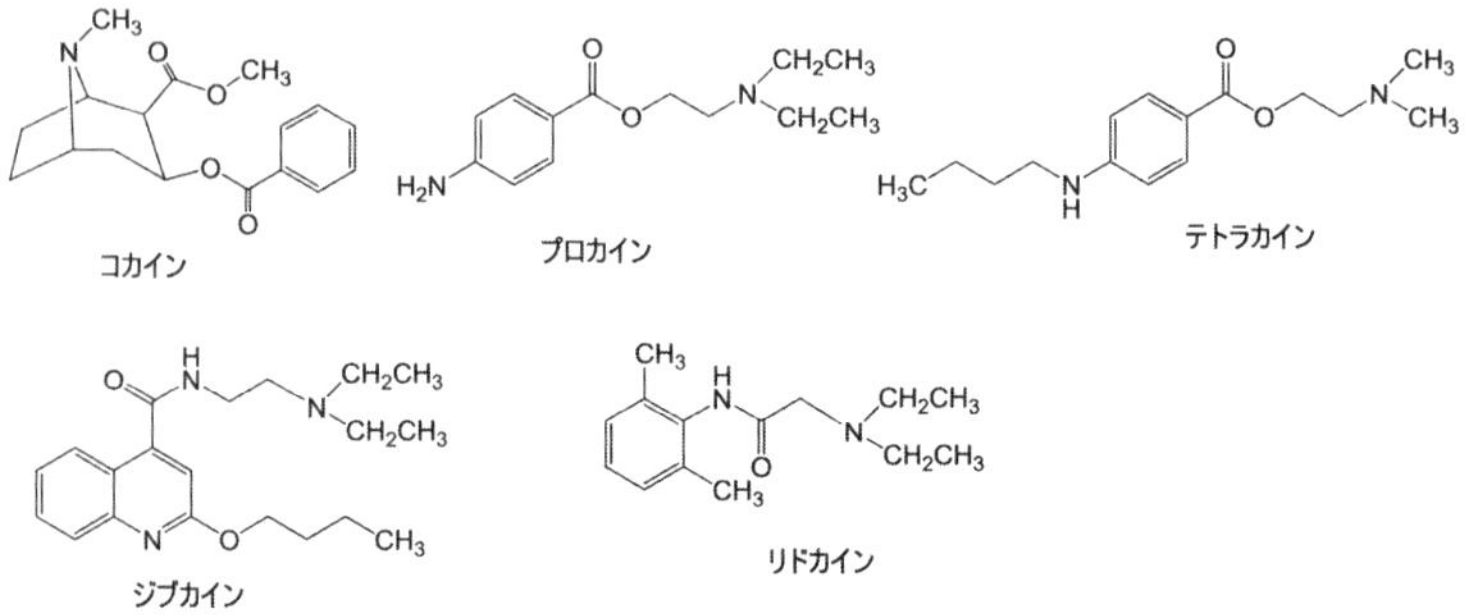

図7-12　コカインは強い局所麻酔作用を持つが依存症が問題になっている。そこでその構造を参考に、依存症を持たない合成局所麻酔薬が数多く開発されている。

カインが除かれたといわれている。ただし、アメリカでは規制後も不法に流通しベトナム戦争の帰還兵や裕福な白人層、またシリコンバレーのハイテク企業の技術者の間で用いられた。現在でも、世界のコカイン消費量の約30％がアメリカで使われているとされ、社会問題になっている。

　コカから分離されたコカインはトロパン骨格を持つアルカロイドで、中枢神経興奮作用を持ち、疲労感の緩和、多幸感、幻覚、錯乱を示す。強い依存性を持つことから麻薬としての側面が強く、アヘンやモルヒネと並んでその乱用が世界中で問題になっている。

　しかし、強力な局所麻酔作用というコカインの薬理作用は捨てがたく、その化学構造を参考にして、コカインの持つ依存症などの副作用を軽減した合成の局所麻酔薬が20世紀初め頃から開発され、プロカイン、テトラカイン、ジブカイン、リドカインなどが歯科、眼科、皮膚科、外科などの治療のために広く用いられている（**図7-12**）。

　今でも南米では、つらい仕事の後の疲労解消のためにコカの葉をかじる風習が残っている。

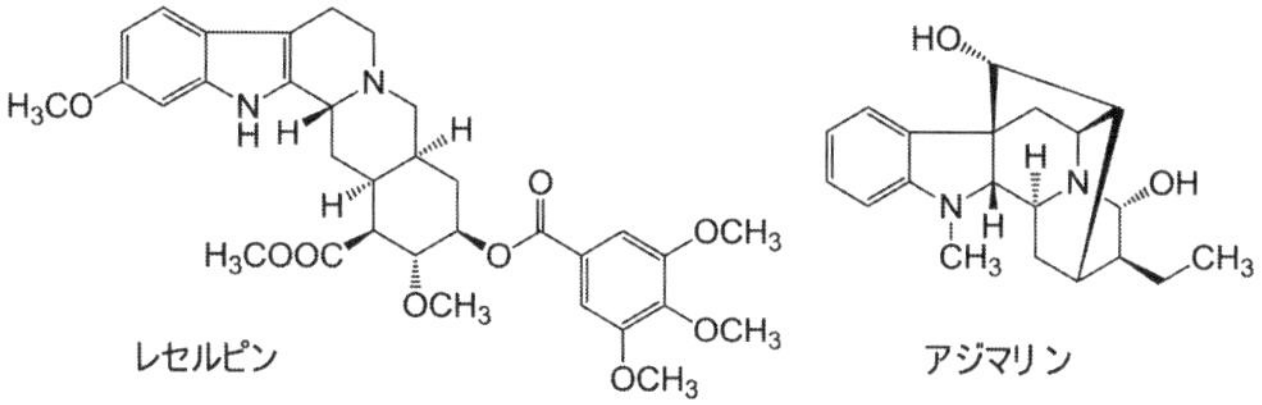

図7-13　インドジャボクに含まれるレセルピンとアジマリンは代表的なインドールアルカロイドである。レセルピンは鎮静作用や血圧降下作用があり、アジマリンは不整脈を抑制する作用が知られている。

●ラウオルフィアアルカロイド

インド、タイ、マレーシア、インドネシア、ミャンマーに自生するキョウチクトウ科の常緑低木であるインドジャボク（*Rauwolfia serpentina*）は、根の形がヘビに似ているから、あるいは古くインドではヘビの咬傷《こうしょう》の治療に用いたことから印度蛇木という和名がついたと言われている。このインドジャボクからラウオルフィアアルカロイドが60種余り分離報告されているが、主要成分としてレセルピンやアジマリンが知られている（**図7-13**）。ともに、構造中にインドール骨格を持つインドールアルカロイドに属している。

レセルピンは交感神経のニューロンを遮断する効果があり、中枢神経系に作用することで鎮静作用や血圧降下作用を持っており、医薬品として用いられている。また、抗精神作用があるということで精神疾患の治療にも用いられる。一方、アジマリンは鎮静作用や血圧降下作用は示さないが抗アドレナリン作用を持ち、心拍を穏やかにして細動を消失させることなどで不整脈を改善する作用があり医薬品として用いられている。レセルピンおよびアジマリンは全合成がされており、インドジャボクから抽出分離された

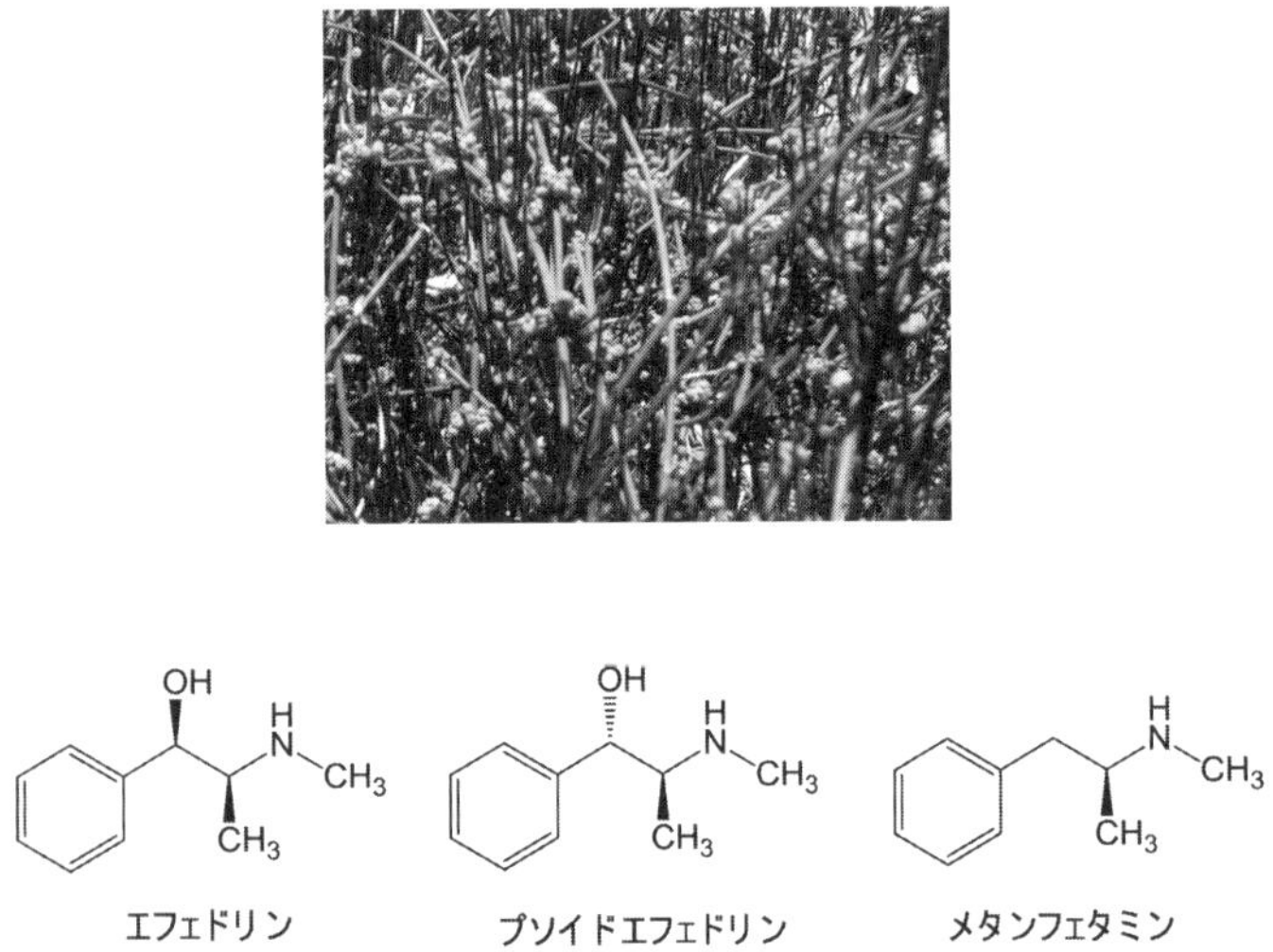

図7-14　マオウ（上）から分離されたエフェドリンとプソイドエフェドリンは、水酸基の立体配置が逆の立体異性体の関係にある。エフェドリンおよびプソイドエフェドリンから水酸基が失われたものがメタンフェタミンである。

製品とともに合成品も医薬品として供給されている。

●エフェドリン

薬用植物として知られている裸子植物は、イチイ、イチョウ、マオウなどがあるが、漢方処方に用いられている生薬はマオウぐらいで、葛根湯や麻黄湯、小青竜湯などの漢方薬に処方されている。マオウ（*Ephedra sinica* や *E. intermedia* など）は雌雄異株で、乾燥地域に自生し、水分の蒸発を防ぐため葉が退化して鱗片状になっており、葉に代わり緑の茎が光合成を行っている。マオウにはエフェドリンやその立体異性体であるプソイドエフェドリンなどのアルカロイドが含まれており、鎮咳作用、気管支拡張作用、発汗作用、去痰作用、交感神経興奮作用など多くの生理活性が知られている。

明治維新になり日本の科学を欧米のレベルに近づけるために多くの科学者がヨーロッパに留学し、近代科学を勉強してきた。その一人である永井長義は、1800年代末にマオウからエフェドリンを分離し構造を明らかにするという、当時としては画期的な業績を上げている。

エフェドリンは多彩な生理活性を持っており、主に風邪薬や鎮咳薬などとして気管支炎や喘息の治療などに用いられているが、その構造は覚醒剤として規制されているメタンフェタミンと類似している（図7-14）。このためエフェドリンには弱いながら交感神経に対する賦活作用がある。エフェドリンあるいはマオウを用いたサプリメントをネット通販などで入手するのは可能ではあるが、使いすぎには問題がある。またスポーツ選手は、汎用される漢方処方や喘息の治療薬などとしてしばしば摂取する可能性のあるエフェドリンに関するドーピングに注意が必要である。

エフェドリンおよびプソイドエフェドリンはメタンフェタミンの前駆物質ともなる構造を持っているため、これらを含む一般薬の販売は、原則として一人一包装（箱または瓶）と決められている。

●d-ツボクラリン

古くから南米の原住民が狩猟などに用いる矢や吹矢の先に塗る毒の総称として、クラーレというものが知られていた。原住民の住む地域や部族により基原となる植物が異なり、保存法も異なっていた。保存する容器によって、竹筒クラーレ（tubo-curare）、壺クラーレ（pot-curare）、瓢箪《ひょうたん》クラーレ（carabasch-curare）の3つに分類されている。竹筒クラーレと壺クラーレの毒物はツヅラフジ科の植物が原料とされ、瓢箪クラーレは主にマチン科の植物が原料とされていた。ともに猛毒であるが、この

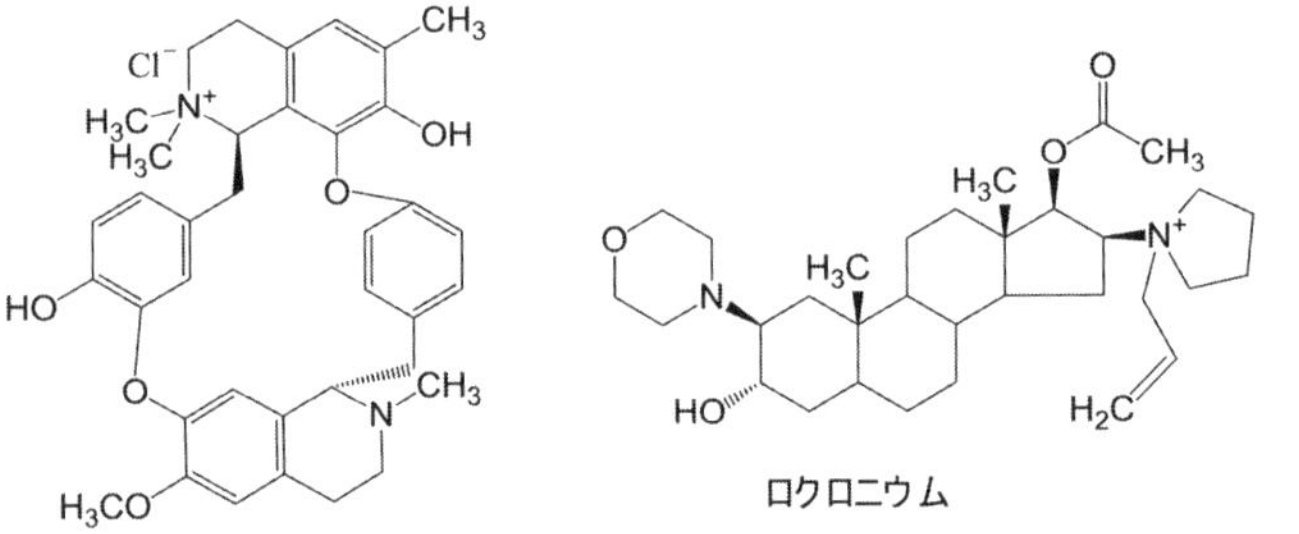

d-ツボクラリン　　ロクロニウム

図7-16　竹筒クラーレから分離されたイソキノリンアルカロイドであるd-ツボクラリンには強い筋弛緩作用があるが、副作用があるため、これをモデル化合物として合成筋弛緩薬ロクロニウムが開発された。

うちツヅラフジ科の植物である *Chondodendron tomentosum* から得られた竹筒クラーレは特に強い毒性を示した。

竹筒クラーレが傷口から体内に入ると、運動神経末端のシナプスにおいてアセチルコリンと拮抗することで骨格筋を麻《ま》痺《ひ》させ、最終的には呼吸麻痺により死に至らしめることになる。このクラーレの有毒成分として1935年にイギリスのハロルド・キングによりd-ツボクラリンが分離された。d-ツボクラリンは強い筋弛緩作用があり、イソキノリンアルカロイドの環状二量体で特徴的な構造を持っている。d-ツボクラリンは臨床に用いられたが副作用があり、より安全な筋弛緩薬として、アミノステロイド誘導体であるロクロニウムが開発され用いられている（**図7-16**）。

筋弛緩薬は犯罪に用いられたことがあり、毒物として悪いイメージがある。しかし医療分野においては、治療に日常的に用いられることはないが、全身麻酔などの際にはなくてはならない薬物である。筋弛緩薬がない状況では外科手術などの際、安全な麻酔管理は不可能である。

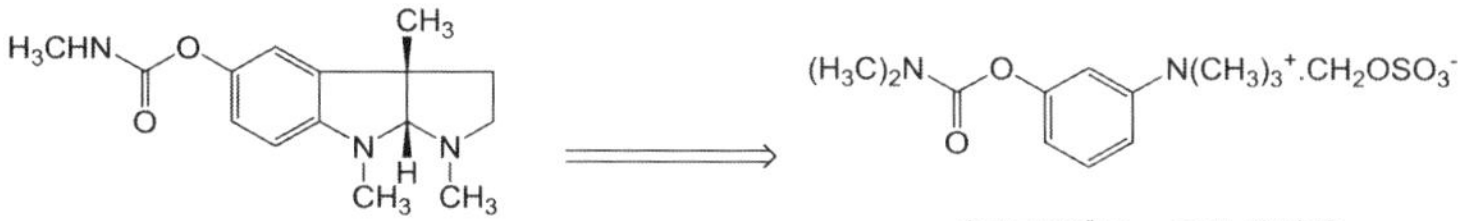

図 7-17　フィゾスチグミンの構造を参考にしてネオスチグミンの誘導体が開発され、より安全で治療域の広い薬品として利用されている。

●フィゾスチグミン

西アフリカ原産でマメ科のカラバルマメ（*Physostigma venenosum*）の豆は猛毒であることが知られていた。現住民の原始的な裁判において、この豆を食べて死ねば有罪、死ななければ無罪であるとして、容疑者が有罪か無罪かの判定を行うために用いられていたといわれている。有毒成分として、アルカロイドであるフィゾスチグミン（別名エゼリン）などが分離されている。フィゾスチグミンはアセチルコリンエステラーゼを阻害し、アセチルコリンの分解を抑制して副交感神経の興奮を持続させることで生理活性を示す。

この活性はうまく用いれば副交感神経興奮薬として利用できることから、当然その構造を参考に開発が行われ、合成品であるネオスチグミンが広く用いられている（図7-17）。

フィゾスチグミンは縮瞳薬など眼科の治療に用いられるが、ネオスチグミン・メチル硫酸塩などは重症筋無力症の症状をはじめ、手術後の腸管の麻痺、排尿困難、弛緩性便秘などの改善に広く適用される。

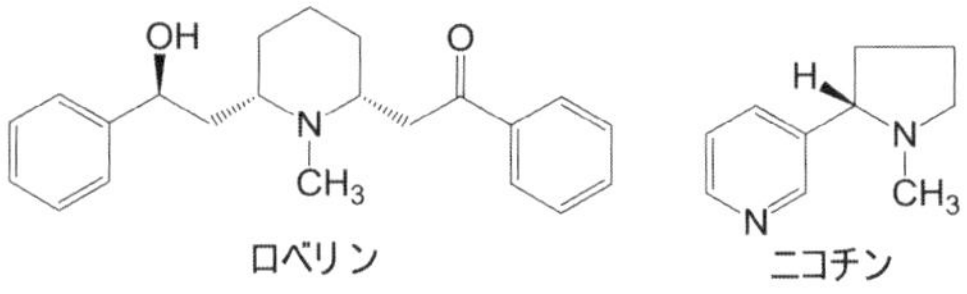

図7-18　キキョウの仲間で北米原産のロベリアソウや、我が国に自生するサワギキョウに含まれるロベリンは、ニコチン様作用を示すことから、覚醒剤、コカイン、アルコールなどの依存症の治療に用いられる。

●ロベリン

ロベリンは、北米原産のキキョウ科の一年草であるロベリアソウ（*Lobelia inflata*）やデビルズタバコ（*L. tupa*）などに含まれるアルカロイドで、その他の*Lobelia*属植物からも見つかっている。我が国に自生する有毒植物のサワギキョウ（*L. sessilifolia*）やミゾカクシ（*L. chinensis*）にもロベリンが含まれている。

水辺に生え、秋には紫色の花を咲かせる風雅な佇まいのサワギキョウは人気の高い山野草だが、乱獲や開発による水辺の減少などでその自生地が少なくなっている。毒草であることが知られているため、横溝正史の推理小説『悪魔の手毬唄』の中で、庄屋さん殺しの毒草「お庄屋ごろし」として描かれている。

ロベリンはピペリジン骨格を持った比較的単純な構造のアルカロイドで、タバコの成分であるニコチンと似た構造を持っており、神経節や神経接合部に対してニコチン様作用を示す（**図7-18**）。呼吸を興奮させる作用があり、麻酔薬の使いすぎによる呼吸抑制、新生児の仮死状態、一酸化炭素やモルヒネの急性中毒に対して呼吸興奮剤として用いられる。また、禁煙のための補助剤として使われるほか、覚醒剤やコカイン、アルコールなどの依存症の治療にも用いられる。

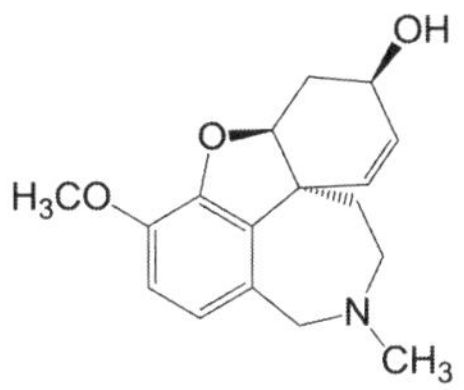

図7-19　ヒガンバナ科のスノードロップなどに含まれるガランタミンは、アセチルコリンの分解を阻害することで神経伝達機能を活性化する。

●ガランタミン

アルツハイマー型認知症は、認知症の中で最も患者の多い疾病で比較的若い人にも多く表われる。脳の神経細胞が減少し脳内のニューロンシナプスが脱落し神経情報が伝えられなくなることで起こる。そこで、情報伝達物質であるアセチルコリンを分解するコリンエステラーゼを阻害し、アセチルコリンの減少を防ぐことで、症状の進行を抑えたり改善したりできると考えられる。

ガランタミンは、*Galanthus* 属のスノードロップ（*G. caucasicus*）やスイセン属（*Narcissus*）、ヒガンバナ属（*Lycoris*）などのヒガンバナ科植物から得られるアルカロイドで、１９５０年代にソ連の科学者によりアセチルコリンエステラーゼに対する阻害作用が明らかにされた（図7-19）。ガランタミンはアセチルコリンエステラーゼを阻害しシナプスにおけるアセチルコリン濃度を高めるとともに、ニコチン性アセチルコリン受容体のアセチルコリンの作用を高めることにより認知機能を高める。軽度および中程度のアルツハイマー型認知症における認知症状の進行を遅らせる効果が期待され、レミニールの商品名で用いられている。

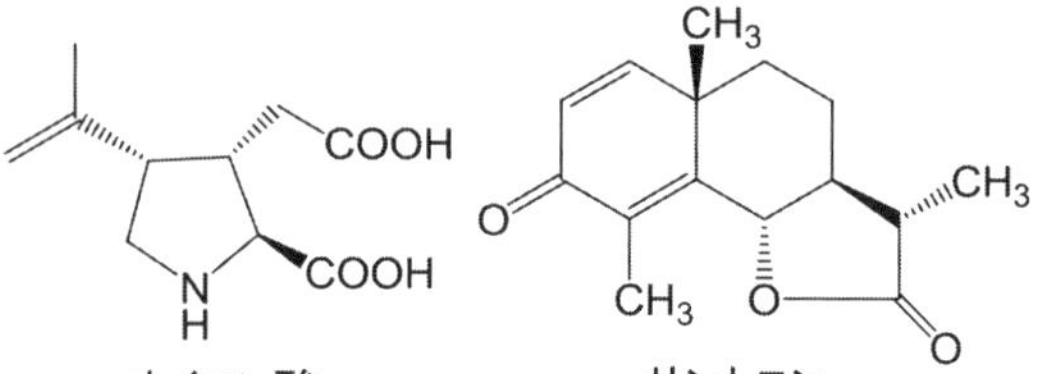

カイニン酸　　サントニン

図7-20　ミブヨモギから分離されたサントニンとマクリから分離されたカイニン酸。サントニンとマクリは回虫駆除薬として広く用いられた。

アルカロイド以外の植物基原医薬品

アルカロイドに比べるとその数は少ないが、アルカロイド以外の天然物から開発された医薬品も多く見られる。以下に紹介する。

●海人草とサントニン

日本が太平洋戦争に敗戦した後、焼け野原からの復興に向けて人々が頑張っていた時代は貧しい苦難の時代であった。物のない時代の農業は化学肥料などもちろんなく、糞尿を肥料とするやり方が普通であったため、日本人の90%に回虫が寄生していると考えられていた。特に子どもたちは非衛生的な生活環境の中で栄養不良や感染症の拡大に晒されており、寄生虫は子どもたちの成長にとって深刻な問題であった。

そこで子どもたちは学校で、寄生虫駆除のために海藻であるマクリを煎じた薬を飲まされた。マクリは海人草《かいにんそう》とも呼ばれ、その煎じ薬は海藻独特の匂いがし、多くの子どもたちにとっては飲むのが苦痛であり、鼻をつまんで飲んだ記憶がある。駆虫薬であるサントニンと同時に使用すると回虫駆除の相乗効果があるということで、海人草とサントニンを一緒に飲まされた。

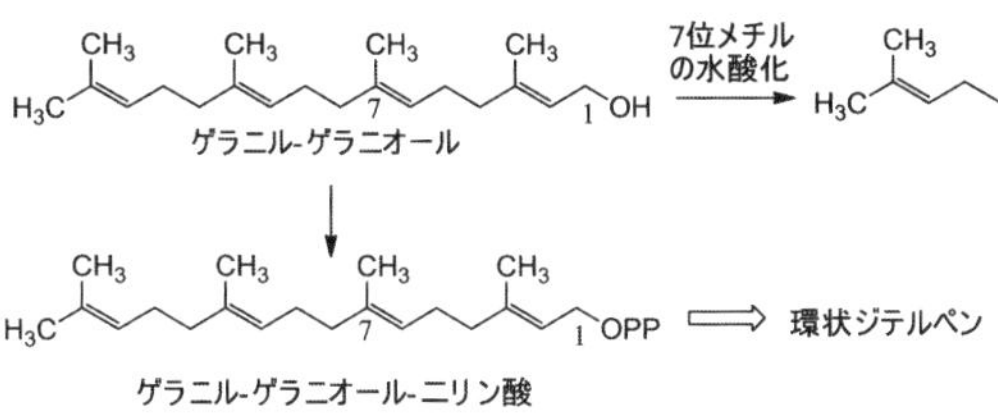

図7-21　プラウノトールはゲラニル-ゲラニオールの7位のメチル基が水酸化されたシンプルな化合物である。ゲラニル-ゲラニオールの1位が二リン酸化された化合物は環状ジテルペン生合成の中間物質として働いている。

サントニンを飲むと白目が黄色くなり、周りが黄色く見えるようになったことを思い出す。これは明らかにサントニンの一時的な副作用で、この症状は時間の経過とともに比較的速やかに解消する。海人草とサントニンのどちらの効果かはわからないが、効き目は抜群で、下はお尻から、上は口から大きな回虫を引きずり出したことを思い出す。今では考えられないような時代であった。

マクリ（*Digenea simplex*）はフジマツモ科の紅藻で、駆虫薬として用いられていた。駆虫成分としてピロリジン骨格を持つ個性的な環状構造のカイニン酸というアミノ酸誘導体が含有されていることが、東北大学薬学部の竹本常松らによって明らかにされていた（**図7-20**）。

サントニンはキク科のミブヨモギ（*Artemisia maritima*）から得られたセスキテルペン誘導体である。ミブヨモギという名前は、この植物を導入した日本新薬の薬草園が京都の壬生《みぶ》にあり、そこで初めて栽培されたことからつけられた。

●プラウノトール

三共（現・第一三共）の研究グループは、天然物からの医薬品開発の過程で、タイで外科治療薬などとして用いられていた民間薬であるトウダイグサ科の植物プラウノイ（Plau-noi, *Croton sublyratus*）に胃潰瘍薬開発の可能性を見出した。その成分の探索を行った結果、胃潰瘍治療薬の候補化合物であるジテルペン誘導体を得、化学構造とその有用性を確認し、プラウノトールと命名した。プラウノトールは炭素数20のジテルペンで、多彩なジテルペン誘導体生合成の中間体であるゲラニル-ゲラニオールの7位のメチル基が水酸化されたシンプルな構造である（図7-21）。特に特徴のないこのような化合物が有用な生理活性を持っていることは驚きである。

現地タイでプラウノイの栽培からエキス製造までを行い、日本に輸入して最終製品化することで、植物資源を植物原産地から持ち出すことなく、現地の雇用を確保し経済にも貢献した。

プラウノトールは、胃組織におけるプロスタグランジンの合成を促進し、胃粘膜の血流促進、胃粘液物質の生成促進などにより胃粘膜を強化し、胃酸に対する抵抗力を高めることで胃炎や胃潰瘍の治療に用いられる。非ステロイド系の抗炎症性鎮痛薬などによる消化管に対する副作用を改善することができる。

プラウノトールはケルナックの商品名で第一三共から発売され用いられてきたが、植物原料を供給するタイの工場の閉鎖により、2013年に販売中止となった。

●グアイアズレン

キク科植物であるユーカリやカモミールの油などから得られるセスキテルペンであるグアイアズレンは、アズレン骨格という炭素-炭素二重結合が高度に共役した特徴的な構造を持っており、濃い青色を

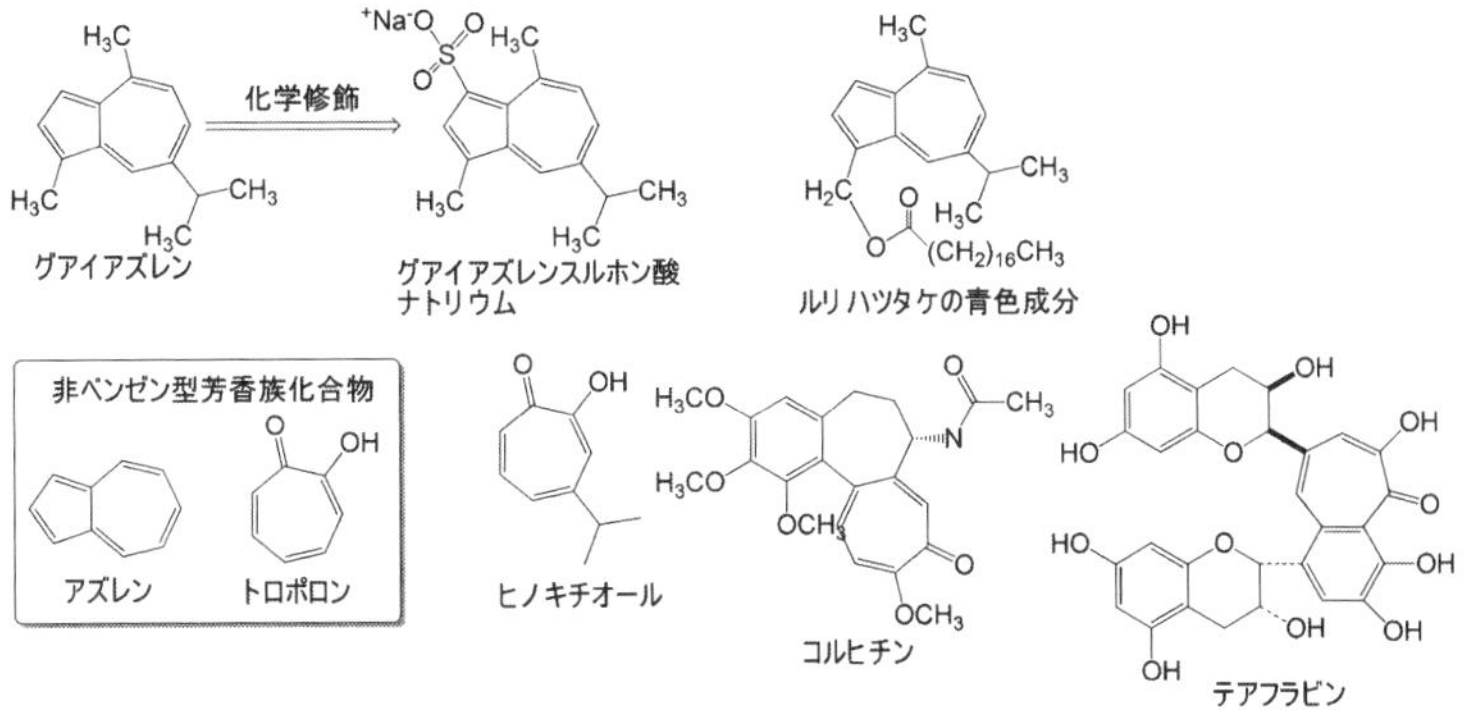

図 7-22　独特の共鳴構造であるアズレン骨格を持つグアイアズレンは、水に溶けないため利用に限界があったが、スルホン酸基を付加して化学修飾し水溶性とすることで、色素や医薬品としての利用が容易になった。グアイアズレンと同様の非ベンゼン型芳香族化合物であるトロポロン骨格を持つヒノキチオール、コルヒチン、テアフラビンなども生理活性物質、機能性物質として用いられている。

呈する（図7-22）。グアイアズレンは炭素と水素だけから構成する化合物であるため、硫酸やリン酸には溶けるが水には溶けない。

　グアイアズレンは古くから抗炎症作用などが知られており、皮膚の障害や口内炎の治療に用いられていた。水に溶けないため医薬品としての使用に限界があったが、グアイアズレンの3位にスルホン酸基を導入し水溶性とすることで、グアイアズレンスルホン酸ナトリウムの形に化学修飾して広く用いられるようになった。米国では化粧品の着色料として許可されている。

　青色をしたキノコであるルリハツタケ（*Lactarius subindigo*）の色素として、グアイアズレン誘導体であるステアリン酸のエステル誘導体が得られている。ルリハツタケの「ルリ」は瑠璃色、すなわち青色を表し、学名の小種名 *subindigo* の indigo は、インディゴブルーを意味している。グアイアズレンの置換基を取り除いたアズレン自身も濃い青色をして

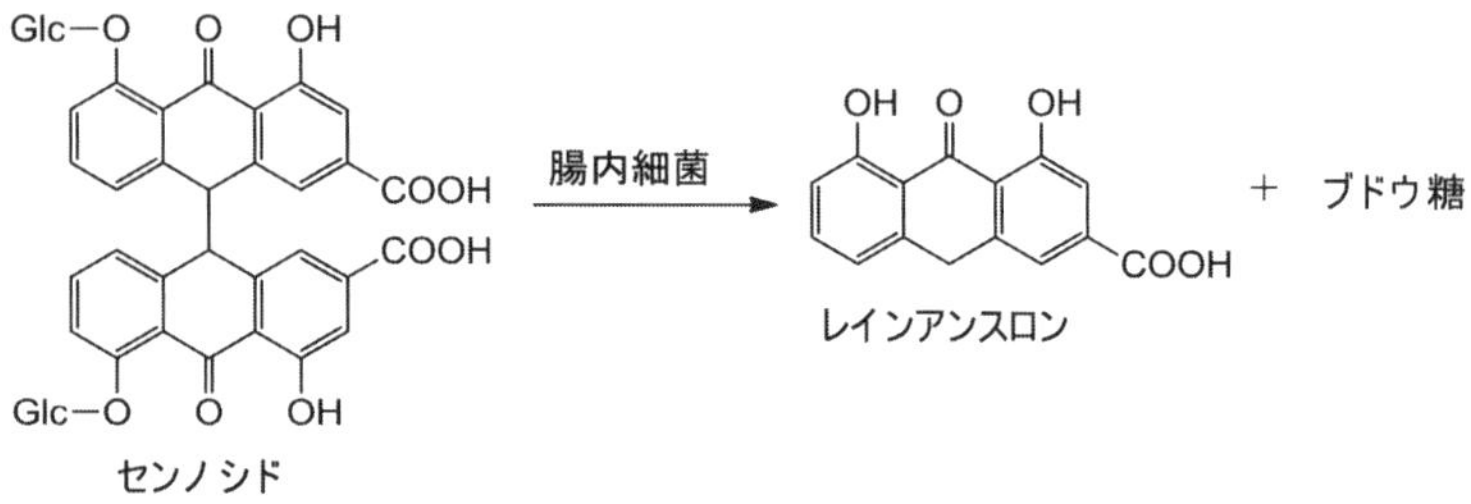

図7-23　センナやダイオウには多種類のアンスラキノン誘導体が含まれているが、主成分は、アンスラキノンの還元体であるアンスロンの二量体にブドウ糖が結合したセンノシドである。センノシドは腸内細菌で代謝されレインアンスロンとなり、瀉下作用を示す。

おり、アズレンは非ベンゼン型の芳香族化合物として有名である。アズレン関連化合物の青い色は、この独特の化学構造に起因している。

非ベンゼン型の芳香族化合物のもう一つの例として、トロポロンが知られている。トロポロン骨格を持つ天然物として、1936年、当時の台湾帝国大学教授の野副鉄男により台湾ヒノキから分離されたヒノキチオールが有名である。ヒノキチオールは青森ヒバやネズコに多く含まれている。この発見は非ベンゼン型芳香族化合物の化学の発展に大きく貢献した。

トロポロン骨格を持つ化合物として、イヌサフランから得られたコルヒチンは痛風や家族性地中海熱の治療薬として用いられている。また、紅茶の特徴的な成分であるテアフラビンはポリフェノールの特徴として、抗酸化作用をはじめいろいろな機能性が期待されている。

●センノシド

先にも述べたように、分類的に大きく異なるセンナおよびダイオウには、共通の主成分としてエモジンやセンノシド等が含まれ

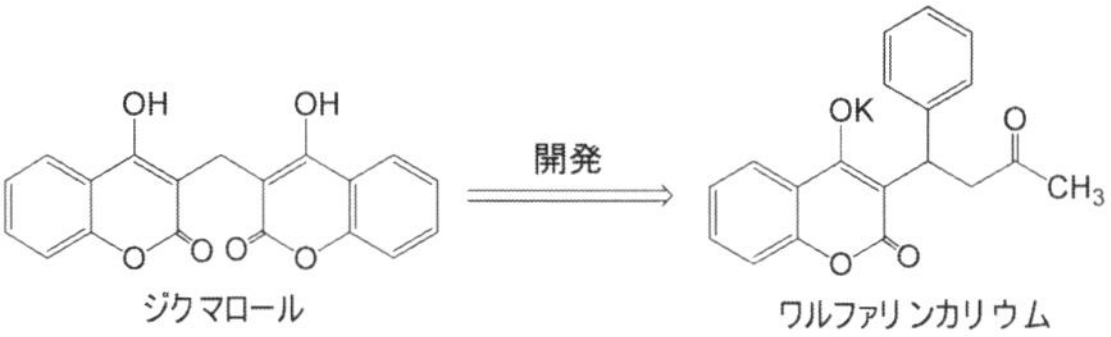

図7-24　天然物として得られたジクマロールをリード化合物として、血栓治療薬であるワルファリンカリウムが開発され血栓症の治療に用いられている。

ている。これら成分には共通して瀉下作用があり、特にセンノシドは穏やかな瀉下剤としての優れた作用が知られている。

配糖体であるセンノシドは、そのままでは瀉下剤としての作用を持たないが、服用後腸内細菌による加水分解で糖が除去され、さらに還元作用を受けることでレインアンスロンとなって瀉下作用を示すと考えられている（図7-23）。レインアンスロンは、結腸において水と電解質の輸送に影響し腸の蠕動《ぜんどう》運動を活発にする。しかもその作用が穏やかであるために、緩やかに作用を示す下剤の主要成分として多くの市販の便秘治療薬に用いられている。市販の便秘薬では、センノシドを配合したり、ダイオウあるいはセンナを配合したものが一般的である。

●ジクマロール

1920年頃、米国で家畜が出血多量により死亡する事故が発生した。マメ科植物のムラサキウマゴヤシ（*Medicago sativa*）を食べたことが原因であり、しかもその牧草がカビで汚染されていることがわかった。カビで汚染された牧草からジクマロールが分離され、クマリンの二量体で血液凝固阻害作用のあることが明ら

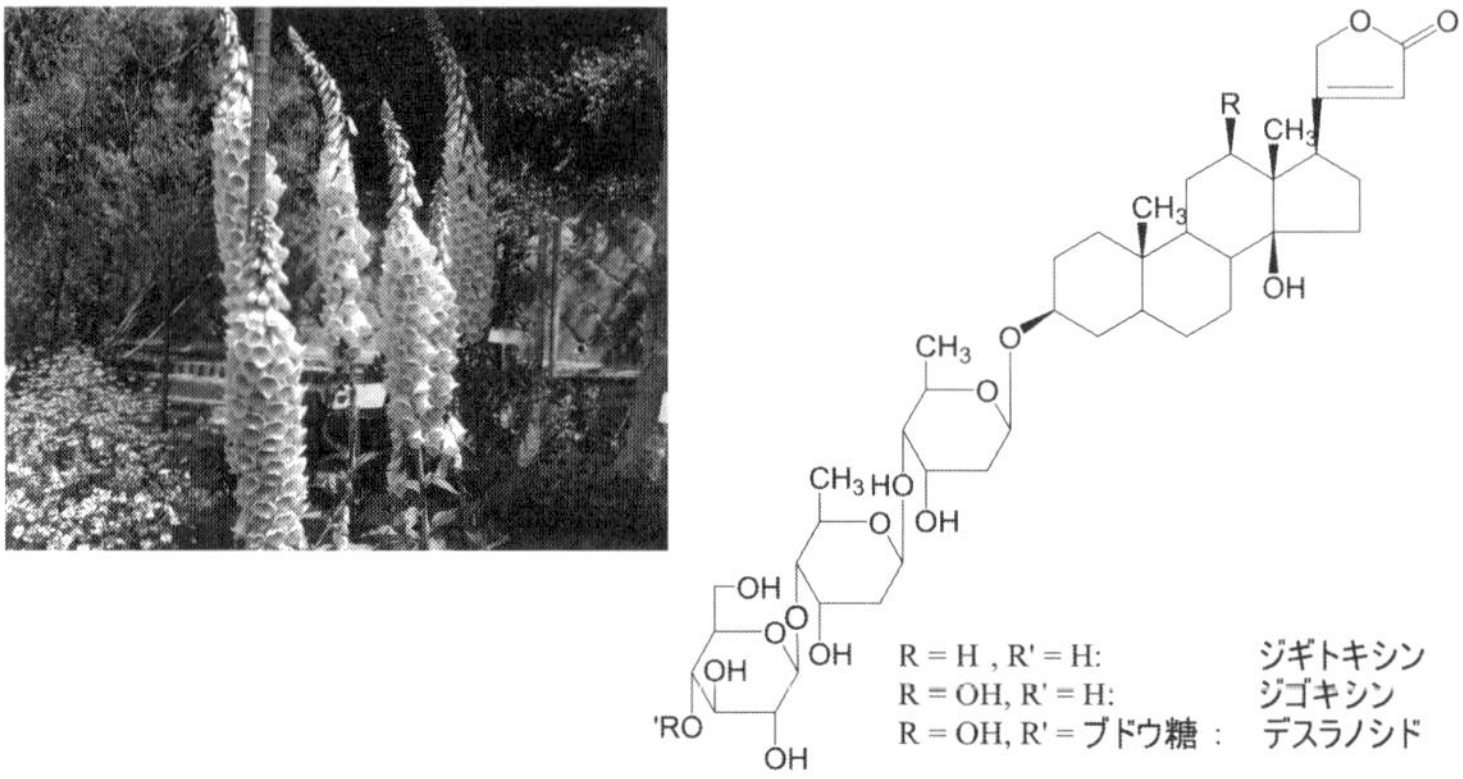

図7-25　ジギタリス（左）などに含まれる強心配糖体は、側鎖に5員環のラクトン構造を持つステロイド誘導体の配糖体で、デオキシ糖を持つ特徴的な構造である。

かになったことから、家畜の出血死亡事故の原因物質がジクマロールであることが確定した。

ジクマロール自身は植物中には見つかっておらず、植物に寄生したカビによりジクマロールのような二量化体が生成していることが明らかになっている。

このように血液凝固阻害作用を持つジクマロールをもとにワルファリンが開発され、殺《さっ》鼠《そ》剤《ざい》として高い需要を得ていたが、その後、利用法を工夫すればヒトに用いても安全な血液凝固阻害剤であることが明らかになり、血栓症治療などに用いられるようになった（**図7-24**）。ワルファリンは、アイゼンハワー大統領の心臓発作の治療に用いられて良好な結果が得られ、知名度を上げることになった。静脈血栓症、心筋梗塞、肺塞栓、脳塞栓などの血栓症に用いられる。このような血液凝固抑制作用にはクマリン構造部分の存在が重要であることがわかる。

●強心配糖体

多くの有毒植物の中でも、特に有名なキョウチクトウ

(*Nerium oleander* var. *indicum*)やジギタリス(*Digitalis purpurea*)などの植物は、強心配糖体といわれるステロイドの配糖体を主成分として含んでおり、心臓の働きを活発にする強心作用を持つ。これらより作用が弱いが、ガガイモ科のイケマ(*Cynanchum caudatum*)やキジョラン(*Marsdenia tomentosa*)、ユリ科のカイソウ(*Urginea maritima*)なども強心配糖体を含んでいる。植物基原の強心配糖体は、ステロイド骨格の側鎖部分に5員環のラクトン構造を持つカルデノライドにいくつかの糖が結合した配糖体である(**図7-25**)。強心配糖体の構成糖の多くは、デオキシ糖といわれる水酸基が少なくなった糖であるため、配糖体でありながらあまり極性が高くないのが特徴である。

ヨーロッパ原産の二年草でオオバコ科のジギタリスは、花の特徴的な形態からキツネノテブクロとも呼ばれている。ジギタリスには強心配糖体であるジギトキシン、ジゴキシンやデスラノシドなどが含まれ、心不全の患者に対して用いることにより、心臓の動きを正常の状態に戻すことができる。現在臨床にはジゴキシンおよびデスラノシドが用いられている。強心配糖体は、治療域と毒性域が近く、副作用を引き起こしやすいため、専門の医師による慎重な取り扱いが必要とされている。

大量に体内に入ることにより、心臓の活動を過剰に活発にしてヒトの死を引き起こすことが知られており、有毒物質としての認識が高い。そのため、ジギタリスは劇物扱いになっている。

column

9・・・医薬品開発

薬は高度な基礎研究を必要とする商品であることはよく知られている。医薬品の開発には10～15年の時間と、数百億円ほどの費用がかかるとされていたが、今では1000億円以上にもなるといわれている。その成功率は、研究対象物の数万個から一つが製品化されれば良いともいわれている。新薬の研究は非常に困難だが、近年はより高度な医薬品が求められ、しかも安全性に関する要求も高くなっていることから、さらにその開発が難しくなっている。我が国では、1年に約40～50種類の新薬が開発されている。このような厳しい新薬開発環境では、創薬はアメリカ、イギリス、ドイツ、フランス、スイスおよび日本などの国でのみ可能といわれている。

新薬の開発はいくつかのステップを経て行われる。最初のステップである基礎研究は、新薬となる可能性のある物質を見つけ出すことで、2～3年がかかる。次のステップは候補物質の有効性や安全性を動物試験などで確認し選び出す研究で、3～5年を必要とする。次がヒトに対する有効性と安全性について研究する臨床試験が行われ、第Ⅰ相試験、第Ⅱ相試験、第Ⅲ相試験の3つのステップを経る。この試験には3～7年の年月が必要で、最も多くの費用がかかるステップである。このステップをクリアすればいよいよ承認申請し審査が行われ、認可されることで販売に漕ぎ着ける。それからさらに発売後の日常診療のもとでの有効性と安全性の確認を行うことにより、真の新しい薬が誕生することになる。

臨床試験の第Ⅰ相試験では、健康な成人を対象に開発中の薬剤を投与し、その安全性を中心に、吸収・排泄を検討する。第Ⅱ相試験では、比較的少数の患者に対し、投与法、投与期間、投与間隔の試験を行い、効果と副作用について試験を行う。第Ⅲ相試験では、多数の患者に対して試験薬と偽薬、すでに使われている同効薬などを投与し比較検討するなどして確かな有効性を確認する。

特に臨床試験（治験）では、ヒトに対して試験を行うため、治験に参加する患者の人権と安全を守るために最大限の配慮が必要である。

世界における医薬品開発競争の激化に対応するために製薬企業の買収や合併が行われており、巨大化が進んでいる。我が国の製薬企業でも合併再編が続いているが、残念ながら世界の製薬企業に比べその規模が小さい。その売上高は、我が国トップの武田薬品工業でさえ世界では16位であり、続くアステラス製薬が22位、大塚HDが23位となっている（２０１８年現在）。２０１９年には、武田薬品がアイスランドの製薬企業シャイアーを買収し世界で8位になったとのニュースが報じられた。

あとがき

四大文明発祥の時代から、植物基原の薬用植物、いわゆる生薬が病気の治療に用いられてきた歴史があり、現在に至っている。これは、植物が多彩な二次代謝産物を生合成して蓄積し、それらに何らかの生理活性が存在しているからである。科学が進歩してきた19世紀になり、薬用植物の活性本体がどんなものかに興味が持たれ、モルヒネ、キニーネ、カフェイン、ニコチンなどの生理活性物質が次々分離されるようになった。それから2世紀経った今では5万種以上といわれる植物成分（二次代謝産物）が分離報告されている。しかし、ごく最近まで、何のために植物が二次代謝産物を生合成しているのか明らかになった例は少なかったし、また、議論されることもあまりなかった。人々の興味は植物成分にどんな薬効があるか、スパイスやハーブの成分はどんな化合物か、有用な植物色素はどんなものかなど、もっぱら人々に恩恵を与えてくれるものへと向けられてきた。

しかし、植物が多くのエネルギーを用い苦労して生合成する二次代謝産物が、植物にとって必要なものであることは当然である。近年このことを明らかにする研究報告例も増えてきたことから、「植物が何のために二次代謝産物を生合成するのか」について多くの情報が集まってきている。そこで、二次代謝産物の植物における存在意義をテーマにした『植物　奇跡の化学工場』を、２０１８年、築地書館から出版した。幸い、この本に対して好意的な評価も頂くことができた。

自分自身は、天然物化学の研究者であり、50年の間、有用な生理活性物質を植物に求める研究を行ってきた。当然、植物が生産する二次代謝産物がいかに我々人間の日々の生活に関わり、役に立っているかに関心があり知識を蓄積してきた。そこで、前著のちょうど裏腹の「植物の生産する二次代謝産物がいかに人々の役に立っているか」との内容をまとめてみたいとの考えから「植物からの贈り物」というテーマで植物成分について述べたのが本書である。

植物由来の有用物質の話になると、香料、甘味物質、色素、スパイス、ハーブ、健康食品やサプリメント、薬用植物、植物基原医薬品など、それぞれ個別のテーマで記述された本はたくさん出版されている。しかし、二次代謝産物の形で植物が与えてくれる恩恵ということで、これらを一冊の本にまとめて記述したものはほとんどないように思われる。

今回は、香りや甘味物質、色素、健康食品、生薬、植物基原医薬品を一冊の本に記述するということで、幅を広げすぎたきらいもあり、まとまりのない内容になってしまったかもしれない。しかし、「我々は、植物からこんなにも多くの恩恵を受けているのか」ということを、この一冊の本を読むことで実感してもらえればと思う。ということで、あえてこのような内容になってしまったことを理解いただきたい。

植物が炭素循環を駆動して我々の生存を担ってくれるだけでなく、いろいろな場面で我々の日々の生活を豊かにしてくれていることを感じていただければ、幸いである。

最後になりましたが、前著のときと同様、築地書館編集部の黒田智美氏による丁寧な推敲と適切な助言を頂き、内容が硬く退屈になりがちな記述を読みやすい形にすることができた。心からお礼を申し上げます。

２０１９年11月

黒柳正典

用語解説

NADH、NADPH……NADHは酸化還元補酵素であるニコチンアミドアデニンジヌクレオチド（NAD）の還元型の略記号で、NADPHは同じ酸化還元補酵素であるニコチンアミドアデニンジヌクレオチドリン酸（NADP）の還元型の略記号である。ともに高い還元能力、すなわち高い化学エネルギーを持っているため、呼吸鎖においてその化学エネルギーをATPに受け渡すことになる。

アーユルヴェーダ……古代インドで発祥した伝統医学で、今でもインドを中心に、近隣のパキスタン、バングラデシュ、ネパール、スリランカ、インドネシアなどの国々で実践されている。アーユル Ayurはサンスクリット語で生命と生活を、ヴェーダ Vedaは知恵と知識を意味している。使用される薬物は2000種類以上といわれている。

アポトーシス……遺伝子によりプログラムされた細胞死ともいわれる現象で、オタマジャクシがカエルになるときの尻尾の消失や脊椎動物の水かきがなくなるなどの現象。ウイルス感染や放射性被曝《ひばく》などで損傷した細胞を除去するためにもアポトーシスが働く。がん細胞ではアポトーシス機能が壊れているため盛んに増殖する。

オプシン……脊椎動物の目の網膜に存在する視物質中のタンパク部分のこと。オプシンと色素物質であるレチナールが結合したロドプシンが光を受容すると、レチナール部分の二重結合がシスからトランスに変化する。この変化がオプシン部分の構造変化を引き起こし、電気信号となり視覚中枢に送られることで、光の強さや色彩を感ずることになる。

化学進化……ロシアのオパーリンによって唱えられた考え。生命誕生以前の原始地球において、メタン、アンモニア、水、二酸化炭素などの簡単な分子から、宇宙線や紫外線、放電などによりアミノ酸や核酸などが生成し、さらに長い時間を経て重合して高分子となり原始生命へとつながる過程。

加水分解……糖分子が重合したデンプンやアミノ酸分子が重合したタンパク質、エステル縮合体などを、酸やアルカリ、酵素によって水を付加することで分子間の結合を切断する反応。デンプンを加水分解する酵素としてエムルシンが知られている。

家族性地中海熱……数週間から数か月ごとに繰り返し発症する遺伝性の自己免疫疾患で、難病の一つである。発症すると発熱や胸痛、背痛、腹痛、関節痛の発作が起こる。地中海地域が発祥のアラブやトルコ、ユダヤ系の人々に多い。原因を治す薬はないが、コルヒチンで症状を抑えることができる。

加齢黄斑変性……目の網膜上の中心に存在し、光を感じる組織である黄斑は光を常に受けることになる。その結果、常に有害紫外線も浴びることになり、年を取ると黄斑に障害が生じ視力低下など弊害が現れる。高齢化の昨今、高齢者の患者が増えてきている。

共鳴……有機化合物において、電子や不飽和結合が移動することで、同じ分子が異なる構造の間を行ったり来たりする変化。このような共鳴構造を採ることで分子は安定化する。ベンゼンが安定であるのが良い例である。

クエン酸回路……解糖系と酸化的リン酸化をつなぐ重要な代謝系で、生物のエネルギー生産だけでなく、この回路の過程で生合成される物質から、生命維持に必要なアミノ酸が供給される。この回路の入口でクエン酸が最初に合成されるのでこの名前がついている。この回路の発見者にちなみクレーブス回路とも呼ばれ、トリカルボン酸回路などの名前もある。

嫌気性細菌と好気性細菌……地球生命誕生の初期にはすべての生物は酸素を用いないで生命活動を行っていた。現在も微生物の一部は酸素を用いないでエネルギーを取り出して生活をしている。このような菌を嫌気性細菌という。有機化合物の代謝の最終段階で、酸素を用いることで効率的に呼吸を行う細菌が誕生し、好気性細菌と呼ばれる。ミトコンドリアは好気性細菌の仲間である。

原核生物……原始的な細胞の形態で、遺伝子が特に膜組織で隔離されず細胞質中に分散した状態で存在している。生命誕生後の初期にはすべての生命が原核生物であったが、現在では、バクテリアなどの単細胞生物が原核生物である。

交感神経と副交感神経……呼吸、体温調節、消化、循環、生殖など生命維持のため、意思に関係なく自律的に機能を調節している自律神経系は、交感神経系と副交感神経系に分けることができる。この両神経系はお互いに抑制し合って働いている。例えば、交感神経が心臓の働きを活発にし、血管を収縮、瞳孔を散大、発汗を促進、消化管の働きを抑制するのに対して、副交感神経はこの逆の作用を示す。

固相法……タンパク質(ペプチド)やDNAなどの人口合成法の一つで、生体高分子の化学合成を可能にした技術。ペプチドの合成では、その原料となるアミノ酸を樹脂に固定して順次つなげていく方法である。高い収率で合成が可能であるとともに、目的のペプチドを試薬類など夾雑物から分離することが容易である。

コホート研究……疾病の特定の外的要因に晒された対象集団（コホート）と、晒されていない集団を一定期間追跡調査し、研究対象とする疾病の発生の状況を比較検討する。それにより、発症の要因と疾病の発症の関係を客観的に調べる研究。原則として、コホート研究は介入をしないで、観察のみで行われる。

酸素官能基……文字通り酸素を含む官能基で、水酸基、カルボニル基、エポキシ基などがある。これらの官能基が分子中に存在すると反応性が高くなるとともに、極性が高くなる。特に水酸基の存在により分子の極性が高くなるので、多数の水酸基を持つ糖は極性が高く水にもよく溶ける。

シアノバクテリア……生命誕生から比較的初期の時代に、光合成を行うことができる細胞として誕生、繁栄し、酸素が存在しなかった地球に酸素を供給することになった。その後の好気性生物誕生の引き金ともなった。真核生物にシアノバクテリアが共生し植物が誕生した。

シナプス……神経の軸索末端部と細胞の間の情報を伝達する仕組みで、シナプス前部である軸索末端部では化学情報物質が放出され、これを細胞側のシナプス後部にある受容体が受けて神経情報が伝えられる。使用済みの伝達物質は特異的な酵素により分解されることになる。

真核生物……原核細胞から進化したもので、遺伝子を核膜という膜組織で隔離しており、原核細胞より優れた機能を持ち、ミトコンドリアが共生することでより高等生物への進化を可能とした。動物、植物などの高等生物は真核生物。

スーパーオキシドアニオンラジカル……活性酸素の一つの形で、O_2^-・で表され、モノラジカルの形を持っており反応性が高い。この活性酸素は生体中で生ずるため、スーパーオキシドジスムターゼという酵素がその無毒化のため働いている。

トポイソメラーゼ……一時的にDNA二本鎖に切れ目を入れ、DNAの転写・複製をスムーズに進行させ、再度切断部分を修復する酵素で、二本鎖の一方を切るトポイソメラーゼⅠと二本鎖を同時に切るトポイソメラーゼⅡがある。

配糖体とアグリコン……二次代謝産物の多くは糖が結合した配糖体としてより安定な状態で存在することができる。配糖体から糖が外れたものをアグリコンと呼ぶ。一般的にアグリコンとなることで反応性が高くなり生理活性を示すようになる。ワサビの辛味成分がその例である。

白内障……目の水晶体は常に光が透過しているため、加齢とともに障害が表れ、結果として水晶体に濁りが生じ、視覚に悪影響が出る。早い時期での治療が望まれる。

微小管……チューブリンタンパク質が重合して形成される筒状の細胞内構造物で、細胞内小器官や顆粒の輸送などに関わっている。細胞分裂の際には紡錘体として染色体の移動にも関与している。一部の制がん剤は、微小管の正常な働きを阻害することで、抗がん活性を発揮する。

ミトコンドリアと酸化的リン酸化……好気性細菌であるミトコンドリアが共生することにより、酸素を用いて効率よくエネルギーを取り出す酸化的リン酸化という術を進化させ高機能化した真核生物は、多細胞となり動物や植物などの高等生物への進化を可能にした。

水俣病……1956年に熊本県水俣市でその発生が明らかになった公害。地元のチッソ水俣工場による水俣湾への排水中に含まれた大量の有機水銀が魚介類を汚染し、魚介類を食べた地元の人々の間で起こった公害病で、多くの人々に深刻な害をもたらした。日本の公害事件の中でも最も悲惨な公害と考えられている。石牟礼道子による長編小説『苦界浄土』は水俣病の悲惨さを世に訴えた名著。

リード化合物……植物や微生物などからスクリーニングなどにより発見された生理活性物質で、その化学構造、生理活性、薬物動態、選択性、毒性などが改善される可能性を秘めた医薬品開発の候補化合物。リード化合物の探索は新薬開発の最初の一歩となる。

臨床試験……ヒト（患者や健常者）を対象として、医薬品や医療器具の有効性や安全性を検討するため、治療を行いながら進める試験である。そのため、公平性、透明性、倫理性に十分に配慮して行われる。第Ⅰ相、第Ⅱ相、第Ⅲ相の3つの段階がある。

参考文献

青木正明『天然染料の科学』（B&Tブックスおもしろサイエンス）日刊工業新聞社、2019年
アレン、ゲイリー（竹田円訳）『ハーブの歴史』（「食」の図書館）原書房、2015年
今堀和友・山川民夫監修『生化学辞典 第4版』東京化学同人、2007年
大東肇「生理活性を持つ食品開発の新戦略2――野生チンパンジーの食と薬」日本食品科学工業会誌、42巻10号、859‐868頁、1995年
北川勲・三川潮他共著『生薬学』廣川書店
久保田紀久枝・森光康次郎編『食品学――食品成分と機能性』東京化学同人、2003年
公益社団法人東京生薬協会「新常用和漢薬集」http://www.tokyo-shoyaku.jp/f_wakan/
佐竹元吉『薬草の科学』（B&Tブックスおもしろサイエンス）日刊工業新聞社、2013年
佐藤成美『「おいしさ」の科学――素材の秘密・味わいを生み出す技術』講談社ブルーバックス、2018年
重信弘毅監修、石井邦雄・栗原順一編『パートナー薬理学 改訂第2版』南江堂、2013年

田中治・野副重男他編『天然物化学 改訂第6版』南江堂、２００２年
田中修『植物のひみつ――身近なみどりの〝すごい〟能力』中公新書、中央公論新社、２０１８年
塚崎朝子『世界を救った日本の薬――画期的新薬はいかにして生まれたのか？』講談社ブルーバックス、２０１８年
丁宗鐵編著『スパイス百科――起源から効能、利用法まで』丸善出版、２０１８年
韮沢悟・栗原良枝「味覚と高分子――甘味タンパク質および甘味誘導タンパク質の構造と機能」高分子、45巻6号、３８０-３８４頁、１９９６年
橋本正史「機能性表示食品におけるルテインとゼアキサンチンの科学的根拠」ファルマシア、52巻60号、５３４-５３８頁、２０１６年
ハフマン、マイケル・A「野生チンパンジー薬草利用研究――成果と展望」霊長類研究、９巻２号、１７９-１８７頁、１９９３年
平山令明『「香り」の科学――匂いの正体からその効能まで』講談社ブルーバックス、２０１７年
桝田哲哉「甘味タンパク質の構造機能相関――ソーマチンから見えてきたこと」化学と生物、52巻1号、23-32頁、２０１４年
御影雅幸・木村正幸編『伝統医薬学・生薬学』南江堂、２００９年
前橋健二「甘味の基礎知識」日本醸造協会誌、１０６巻12号、81-８２５頁、２０１１年
村松敬一郎・小國伊太郎他編『茶の機能――生体機能の新たな可能性』学会出版センター、２００２年

【ワ行】

【マ行】

【ヤ行】

【ラ行】

【ナ行】

【ハ行】

【タ行】

【サ行】

索引

著者紹介

黒柳正典（くろやなぎ・まさのり）

専門は生薬学、天然物有機化学、有機立体化学。

1968年、静岡県立静岡薬科大学（現：静岡県立大学薬学部）修士課程修了。1968年、国立衛生試験所（現：国立医薬品食品衛生研究所）研究員。1978年、薬学博士学位取得（東京大学）。1978年、静岡県立大学薬学部教員。1982年、米国コロンビア大学留学。1998年、広島県立大学生命資源学部（現：県立広島大学生命環境学部）教授。2009年同大学名誉教授。2012年より、静岡県立大学客員教授。

著書に『植物　奇跡の化学工場——光合成、菌との共生から有毒物質まで』（築地書館）、『健康・機能性食品の基原植物事典』（中央法規、分担執筆）。

人の暮らしを変えた植物の化学戦略
香り・味・色・薬効

2020年3月10日　初版発行
2021年2月22日　2刷発行

著者　黒柳正典
発行者　土井二郎
発行所　築地書館株式会社
〒104-0045
東京都中央区築地7-4-4-201
☎ 03-3542-3731　FAX 03-3541-5799
http://www.tsukiji-shokan.co.jp/
振替 00110-5-19057
印刷・製本　シナノ印刷株式会社
装丁　吉野　愛

 ISBN 978-4-8067-1596-2